高等职业教育**计算机类专业**系列

（人工智能技术应用专业）

U0676946

边缘计算应用技术

BIANYUAN JISUAN YINGYONG JISHU

主　编　别　牧　陈依民

副主编　冯应柱　向丽娜　黄　凯

重庆大学出版社

—————————— 内容提要 ——————————

　　本书全面而深入地探讨了边缘计算这一前沿技术的核心原理与应用实践。首先,从"初识边缘计算"开篇,为读者介绍了边缘计算的基本概念与重要性,阐述了其在现代信息处理体系中的独特地位。其次,通过"边缘计算基础资源架构技术",详细解析了边缘计算所需的硬件、软件及网络资源架构,为构建高效边缘计算环境提供了理论支撑。然后,通过"边缘计算网关技术",深入探讨了网关作为边缘计算关键节点的设计原理、功能特性及部署策略,强调了其在数据流转与处理中的桥梁作用。紧接着,通过"边缘计算框架实践",介绍常用边缘计算平台及其物联网部署、数据分析流程,让读者能够亲手实践边缘计算项目的开发与部署。随后,本书还特别关注边缘计算安全与隐私保护,"边缘计算安全与隐私保护"项目分析了边缘环境下可能面临的安全威胁,并提出了相应的防护机制与策略。最后,"边缘计算案例实践"项目以一系列实际案例为切入点,展示了边缘计算在智能工厂、智能家居、智能交通等领域的广泛应用,也为读者提供了宝贵的实践经验与启示。

　　本书既可作为高等职业院校物联网、人工智能等专业的核心教材,也可作为边缘计算领域工程技术人员的实战指南。

图书在版编目(CIP)数据

边缘计算应用技术 / 别牧,陈依民主编. -- 重庆:
重庆大学出版社, 2025.5. -- (高等职业教育人工智能
技术应用专业系列教材). -- ISBN 978-7-5689-5342-9

I. TN929.5

中国国家版本馆 CIP 数据核字第 2025AP4690 号

边缘计算应用技术

主　编　别　牧　陈依民
副主编　冯应柱　向丽娜　黄　凯
策划编辑:杨粮菊

责任编辑:付　勇　　版式设计:杨粮菊
责任校对:刘志刚　　责任印制:张　策

*

重庆大学出版社出版发行
出版人:陈晓阳
社址:重庆市沙坪坝区大学城西路 21 号
邮编:401331
电话:(023)88617190　88617185(中小学)
传真:(023)88617186　88617166
网址:http://www.cqup.com.cn
邮箱:fxk@cqup.com.cn(营销中心)
全国新华书店经销
中雅(重庆)彩色印刷有限公司印刷

*

开本:787mm×1092mm　1/16　印张:15.75　字数:376 千
2025 年 5 月第 1 版　　2025 年 5 月第 1 次印刷
印数:1—1 000
ISBN 978-7-5689-5342-9　定价:48.00 元

前　言

在数字经济与智能制造深度融合的当下,边缘计算作为支撑万物智联的核心技术,正以前所未有的速度重塑产业格局。为响应国家新工科建设需求,深化产教融合,本书结合"1+X"嵌入式边缘计算软硬件开发职业技能等级证书考试标准,立足"新技术、新场景、新实践"三大维度,系统构建边缘计算技术知识体系,旨在培养兼具理论深度与实战能力的复合型技术人才。

本书与"1+X"证书形成双向赋能:从边缘计算原理阐释、基础架构解析到容器化部署、云边协同实践,将内容设计与证书考核的知识目标相结合。本书通过智能工厂产线优化、智慧交通车路协同等典型竞赛级案例,将证书实操要求融入教学场景,使学生在完成课程学习的同时学习考取证书所需的核心技能。这种书证融通的设计,既保证了技术学习的系统性,又强化了职业认证的针对性。

在技术呈现上,本书突破传统学科界限,突出跨域融合创新特色:结合云计算与边缘计算的协同架构、5G MEC 网络部署方案、AIoT 边缘智能系统等前沿内容,系统解析了算力下沉、时延优化、数据本地化处理等技术突破;引入 KubeEdge 云边协同框架、区块链分布式信任机制等新技术栈,展现了边缘计算在智能制造、智慧城市等领域的颠覆性应用。这种"IT+CT+OT"的深度融合,为读者构建了完整的技术认知图谱。

为强化实战能力培养,本书对接全国职业技能大赛"云计算应用"、中国大学生计算机设计大赛"边缘智能应用挑战赛"等赛项要求,将竞赛场景转化为教学案例。这种赛教融合的设计,不仅提升了学生的应急处理能力、系统调优水平和综合创新素养,更通过"以赛促学、以赛促教"的闭环式架构,实现了实践能力的跃升。

本书由别牧、陈依民任主编,冯应柱、向丽娜、黄凯任副主编,王欣、张巡、刘晨、陈绯、林航、刘迪慧、聂新、张海清、唐练参与编写。具体编写分工为:项目1、项目2由别牧编写,项目3由陈依民、刘晨、林航编写,项目4由冯应柱、张巡、聂新编写,项目5由向丽娜、刘迪慧、张海清编写,项目6由王欣、陈绯、唐练编写。全书由别牧、冯应柱统稿。此外,北京新大陆时代科技有限公司的黄凯及其技术团队也为本书的编写提供了宝贵的建议和丰富的实训案例,为提升书籍的实用性和专业性作出了贡献。

由于编者水平有限,书中难免存在不足,恳请广大读者、专家不吝赐教。

编　者

2025 年 3 月

目　录

项目 1　初识边缘计算

任务 1.1　认识边缘计算..**4**

　　1.1.1　边缘计算概述..5

　　1.1.2　边缘计算的发展历程..7

　　1.1.3　边缘计算的应用..8

　　任务拓展　边缘计算技术的应用案例分析..10

任务 1.2　边缘计算原理..**11**

　　1.2.1　边缘计算原理..12

　　1.2.2　边缘计算的关键技术..14

　　1.2.3　业界新技术一览..15

　　任务拓展　业界公司对边缘计算的应用情况分析......................................16

项目实训　撰写《边缘计算的发展方向和发展趋势》项目报告..........................**17**

项目 2　边缘计算基础资源架构技术

任务 2.1　边缘计算与前沿技术的关联和融合..**22**

　　2.1.1　边缘计算与云计算..23

　　2.1.2　边缘计算与大数据..24

　　2.1.3　边缘计算与人工智能..25

　　2.1.4　边缘计算与5G...26

2.1.5　边缘计算与物联网 27

2.1.6　边缘计算与区块链 27

任务拓展　边缘计算与其他前沿技术的融合 28

任务 2.2　边缘计算核心技术与应用 **30**

2.2.1　边缘计算的优势 31

2.2.2　边缘计算覆盖范围 32

任务拓展　边缘计算技术的优势分析 33

任务 2.3　边缘计算架构 **35**

2.3.1　边缘计算架构的组成 36

2.3.2　边缘计算平台架构 37

2.3.3　边缘计算平台架构选型 39

2.3.4　机器学习在边缘计算架构中的演进 40

任务 2.4　边缘计算相关网络 **41**

2.4.1　通信网络 42

2.4.2　边缘计算的网络需求 45

2.4.3　边缘计算网络发展趋势 45

2.4.4　国内运营商网络演进 46

任务 2.5　边缘存储架构 **48**

2.5.1　什么是边缘存储 49

2.5.2　边缘存储的优势 50

2.5.3　边缘数据和存储类型 52

2.5.4　边缘分布式存储 53

项目实训　构建一个简单的边缘计算与存储模拟系统 **54**

项目 3　边缘计算网关技术

任务 3.1　网关与边缘计算网关核心解析 **65**

3.1.1　认识网关 65

3.1.2　边缘计算网关 67

任务拓展　边缘计算网关的连接 70

任务 3.2　边缘计算网关的数据处理与存储..**73**

　　3.2.1　数据采集与初步处理..74

　　3.2.2　边缘数据存储与缓存技术..75

　　任务拓展　数据管理软件的安装、配置与基础使用..76

任务 3.3　边缘计算网关架构..**80**

　　3.3.1　边缘计算网关的硬件架构..82

　　3.3.2　边缘计算网关的软件架构..84

　　任务拓展　边缘计算网关的数据安全和隐私保护..85

任务 3.4　网关开放接口..**87**

　　3.4.1　软件接口..88

　　3.4.2　硬件接口..95

　　任务拓展　如何实现 TCP 到 MQTT 的转换..97

项目实训　边缘计算网关技术实训..**99**

项目 4　边缘计算框架实践

任务 4.1　边缘计算平台选择与规划..**110**

　　4.1.1　边缘计算平台概述..111

　　4.1.2　边缘计算平台的选择标准..111

　　4.1.3　边缘计算平台的规划与部署考虑..112

　　4.1.4　边缘计算平台的性能评估..112

　　4.1.5　案例分析..113

　　任务拓展　常用边缘计算平台物联网部署数据分析..114

任务 4.2　容器化技术与边缘计算..**117**

　　4.2.1　容器化技术概述..118

　　4.2.2　Docker 基础与使用..118

　　4.2.3　容器编排与 Kubernetes 基础..119

　　4.2.4　容器化边缘计算应用部署案例..122

　　任务拓展　搭建一个 Docker 容器..123

任务 4.3　K8s 集群部署..**126**

4.3.1　部署 Kubernetes 集群方法 ………………………………………………… 126

4.3.2　环境需求 …………………………………………………………………… 127

4.3.3　初始环境配置 ………………………………………………………………… 128

4.3.4　Docker 启动与 Kubelet 配置 ……………………………………………… 130

4.3.5　Kubernetes-Master 节点初始化 …………………………………………… 134

4.3.6　Kubernetes-Node 集群节点配置 ………………………………………… 135

4.3.7　网络插件安装 ………………………………………………………………… 135

任务 4.4　KubeEdge 架构 ……………………………………………………………… 136

4.4.1　KubeEdge 和 Kubernetes 的联系 ………………………………………… 137

4.4.2　KubeEdge 概述 ……………………………………………………………… 137

4.4.3　KubeEdge 与 Kubernetes 版本 …………………………………………… 138

4.4.4　Cloudcore 介绍 ……………………………………………………………… 138

4.4.5　EdgeCore 介绍 ……………………………………………………………… 139

4.4.6　CloudCore 部署流程 ………………………………………………………… 140

4.4.7　KubeEdge 的部署 …………………………………………………………… 143

任务 4.5　部署 Nginx 访问实现 ……………………………………………………… 144

4.5.1　Nginx 概述 …………………………………………………………………… 145

4.5.2　部署 Nginx 的目的 ………………………………………………………… 145

4.5.3　部署 Nginx 的流程 ………………………………………………………… 146

任务拓展　Nginx 持久会话实现方案 ………………………………………………… 148

项目实训　部署一个 Kubernetes 集群 ……………………………………………… 150

项目 5　边缘计算安全与隐私保护

任务 5.1　边缘计算安全保护需求 …………………………………………………… 163

5.1.1　边缘计算安全保护概述 ……………………………………………………… 164

5.1.2　边缘计算数据安全与隐私保护体系 ………………………………………… 165

任务拓展　边缘计算安全保护需求分析报告 ………………………………………… 168

任务 5.2　边缘计算数据安全技术 …………………………………………………… 170

5.2.1　数据加密 ……………………………………………………………………… 171

　　　5.2.2　身份认证 ……………………………………………………………………174

　　　5.2.3　区块链＋边缘计算 …………………………………………………………175

　　任务拓展　智能家居场景下的边缘计算数据安全保护方案设计与实践 …………179

任务 5.3　边缘计算隐私保护技术 …………………………………………………**184**

　　　5.3.1　数据隐私保护 ………………………………………………………………185

　　　5.3.2　身份隐私保护 ………………………………………………………………185

　　　5.3.3　位置隐私保护 ………………………………………………………………186

　　　5.3.4　边缘联邦学习 ………………………………………………………………186

　　任务拓展　基于边缘计算的隐私保护方案设计与实现 ……………………………189

任务 5.4　边缘计算安全技术应用方案 ……………………………………………**194**

　　　5.4.1　雾计算中边缘数据中心的安全认证 ………………………………………195

　　　5.4.2　雾计算系统在无人机安全领域的应用 ……………………………………197

　　　5.4.3　区块链安全技术在车辆自组织架构中的应用 ……………………………198

　　任务拓展　智能工厂边缘云计算架构的安全技术应用方案设计与实现 …………200

项目实训　新零售边缘计算环境下的安全与隐私保护 ………………………………**201**

项目 6　边缘计算案例实践

任务 6.1　智能工厂 …………………………………………………………………**210**

　　　6.1.1　智能工厂概述 ………………………………………………………………211

　　　6.1.2　边缘计算在智能工厂中的应用 ……………………………………………213

　　　6.1.3　案例分析 ……………………………………………………………………215

任务 6.2　智能家居 …………………………………………………………………**218**

　　　6.2.1　智能家居概述 ………………………………………………………………219

　　　6.2.2　边缘计算技术在智能家居中的应用 ………………………………………221

　　　6.2.3　案例分析 ……………………………………………………………………222

任务 6.3　智慧交通 …………………………………………………………………**225**

　　　6.3.1　智慧交通概述 ………………………………………………………………225

　　　6.3.2　边缘计算技术在智慧交通中的应用 ………………………………………227

　　　6.3.3　案例分析 ……………………………………………………………………229

任务 6.4　新零售 **231**

　　6.4.1　新零售概述 231

　　6.4.2　边缘计算技术在新零售中的应用 233

　　6.4.3　案例分析 234

项目实训　边缘计算综合应用实训 **237**

参考文献 **241**

项目 1
初识边缘计算

【项目背景】

在 5G 与物联网技术加速普及的今天,全球联网设备数量已突破 300 亿台(IDC 2024 年数据)。"东数西算"国家工程实践表明,传统云计算模式面临着严峻挑战。比如宁夏某数据中心的监测数据显示,西部风电场的传感器数据若全部回传至东部云计算中心,延迟将高达 180 ms,远超智能电网调度 50 ms 的极限要求。这一现实困境催生了边缘计算的崛起——中国移动在内蒙古部署的"风电边缘智能平台",将 80% 的数据分析任务下沉至风机侧的边缘节点,使故障诊断响应时间缩短至 8 ms,年减少弃风电量 2.3 亿 kW·h。

边缘计算作为一种创新性的计算范式,如雨后春笋般涌现,成为科技强国建设中的一道亮丽风景线。其核心理念在于将计算能力与数据存储资源下沉至网络边缘,即用户设备或终端附近,这一战略性布局不仅显著降低了数据传输的延迟,有效缓解了带宽压力,更在源头上提升了数据处理效率与数据安全防护水平。边缘计算的运用,使数据能够在产生源头即被即时处理与分析,极大地缩短了决策响应时间,对于满足实时性要求极高的应用场景,如智能交通、远程医疗、工业自动化等领域,具有划时代的意义。图 1.1 直观地展示了边缘计算与云计算之间的区别。

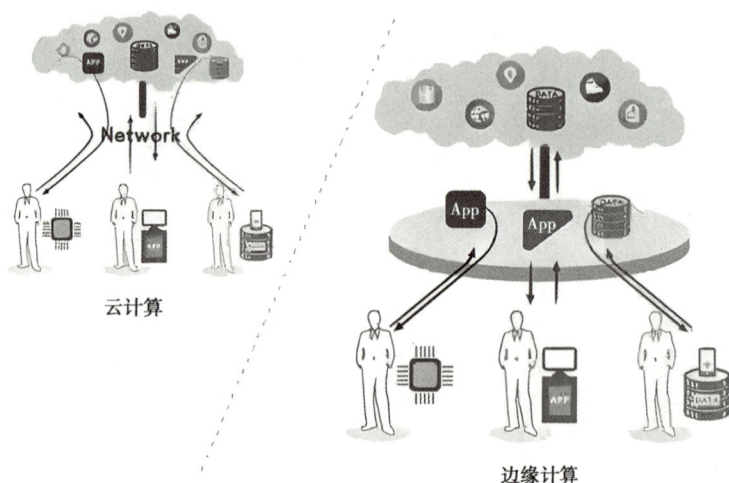

图 1.1　边缘计算与云计算的区别

边缘计算的应用领域非常广泛,包括但不限于智能城市、智能家居、自动驾驶汽车、工业自动化、医疗保健等。在这些应用中,边缘计算可以用于实时监控、数据分析、预测维护、安全监控等多种任务。边缘计算应用于加速数据分析如图 1.2 所示。

图 1.2　边缘计算应用于加速数据分析

本项目的目标是建立对边缘计算的初步认识,理解其基本概念、架构和优势,最后撰写项目报告。

【学习目标】

1. 了解边缘计算的产生和定义。
2. 熟悉边缘计算的发展历程和趋势。
3. 掌握边缘计算的基本结构和特点。
4. 掌握边缘计算的关键技术。
5. 了解业界新技术基本情况。

【能力目标】

1. 能够分析边缘计算技术发展趋势,涵盖数据处理与存储、网络通信、人工智能融合等。
2. 能够结合多领域的应用场景,剖析优势与挑战,并结合案例深入分析。
3. 能够探讨边缘计算对产业生态的影响,包括硬件、软件与平台、合作与标准化。
4. 能够分析边缘计算对社会和产业的影响,从效率提升、成本优化、安全性增强等方面提出案例。

任务 1.1　认识边缘计算

【任务导学】

　　本节任务围绕"边缘计算"展开，介绍了边缘计算的产生背景，即随着物联网和5G技术的发展，数据量呈爆炸式增长，传统云计算面临延迟、带宽和安全等挑战，边缘计算应运而生。明确了边缘计算的定义，即通过将计算和数据存储移动到网络边缘，靠近数据源，以减少延迟、节省带宽并提高数据处理效率。还讲解了边缘计算的发展历程，从20世纪90年代的CDN技术到如今的移动边缘计算、雾计算等。在应用方面，详细介绍边缘计算在计算卸载、视频分析、智慧城市、虚拟现实/增强现实、安防监控和智慧交通等领域的具体应用案例。此外，还深入探讨了边缘计算的关键技术，包括边缘计算算力技术、存储技术、网络技术、安全技术、基础应用和云边协同管理技术等。通过本任务的学习，读者将对边缘计算会有全面的认识，理解其在解决传统云计算问题和推动各行业数字化转型中的重要作用，以及未来的发展趋势。图1.3为认识边缘计算思维导图。

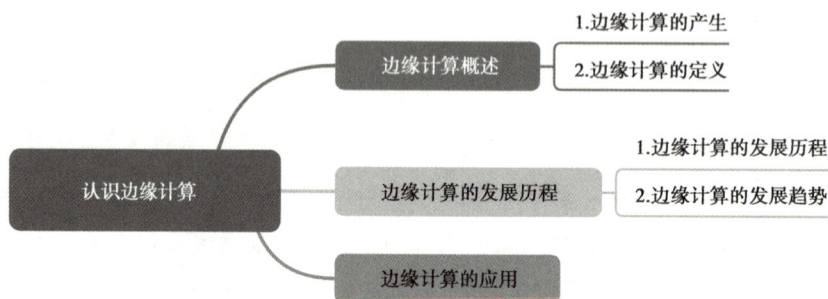

图1.3　认识边缘计算思维导图

【知识储备】

　　计算机技术正从"辅助人力""替代人力"发展到"延伸人力"的阶段，逐步完成物理世界信息化、智能化的过程。这一过程伴随着计算技术和通信技术的螺旋式发展，将算力形态从本地拉升到云端，又从云端分散到边缘，并最终形成"云、边、端"无处不在的计算模式。计算形态的进化过程呈现出一种"集中→分布→再集中→再分布"的模式，对应大型机、个人计算机、云计算、边缘计算四个阶段。随着5G/6G、Wi-Fi 6等通信技术和标准的快速发展,用户端到网络接入端的直接延迟可以降到个位数毫秒级,边缘计算正成为当下最流行、最值得关注的技术领域。与此同时,边缘计算的快速发展,给智能家居、智慧城市、智慧交通、智能制造、工业互联网等对实时计算有着高需求的产业应用带来了前所未有的机会。"十四五"期间,国家出台了一系列边缘计算相关政策,强调了建设面向特定场景的边缘计算设施,推进边缘计算与大数据、云计算、物联网等技术的融合下沉部署。这充分说明了边缘计算是国家大力推动的前沿创新技术。边缘计算已应用到工业、能源、交通、医疗等多个领域。初步预计到2028年,中国边缘计算行业市场规模有望超过9000亿元。但是,作为大众读者,大家难免困惑于这个多少有些新奇而又陌生的名词——"边缘计算"。对此,读者肯定会产生疑问:"什么是边缘计算?边缘计算可以做些什么?边缘计算能够带给人们些什么?边缘计算的价值在哪里?"为了正确回答这些问题,请您跟随我们一同踏上探索"边缘计算"的旅程。

1.1.1　边缘计算概述

1)边缘计算的产生

1946年在美国宾夕法尼亚大学,电子计算机ENIAC携170 m²、18 000个真空管的庞大身躯悄然问世,作为计算的载体,开启了现代计算机的发展之路。此后,晶体管代替了电子管,集成电路代替了晶体管,计算机的发展沿着摩尔定律的轨道一路狂奔,从巨大的机房一步步走进了千家万户,登上了小小的桌面,甚至作为可穿戴嵌入式设备成为人体的一部分。

在计算机发展初期,由于高昂的成本,计算机主要用于大型科学实验,几乎不存在现代意义的个人计算机。从计算模式的角度而言,大型机的计算采用了多用户共享的模式。而随着集成电路的出现,计算机体积沿着"摩尔定律"的轨迹不断缩小,计算成本不断降低,使得用户逐渐能够通过个人计算机来满足各类计算和数据存储的需求,计算的形态也从多用户分时共享变为了独占资源的个人计算机。随着计算机网络和通信技术的不断发展,计算机再也不仅仅是数据存储和运算的载体,而是承担了越来越多的信息传输和交互任务。与此同时,智能手机、交互式Web服务、社交网络的出现和普及,使得大量的用户信息由本地迁移到网络服务器当中。伴随着"信息网络化"这一过程,在数据被带到网络服务器上的同时,一部分运算过程也被带到了服务器上,一步步形成了如今云计算的形态。

随着物联网技术的飞速发展,万物互联的时代快速到来,各类智能移动设备呈爆炸式增多,移动互联网产业结构正在发生前所未有的深刻变化并逐步向移动大数据时代演进。全球移动通信系统协会和国际数据公司(International Data Corporation, IDC)预测,到2025年,移动终端规模预计达到252亿台,全球数据总量将达到175 ZB。如此持续快速的数据量增长推动了整个计算模式的演变,增强/虚拟现实、智能驾驶、动态内容交付等一系列资源密集、敏感延迟型应用相继出现并被广泛使用,这些新兴物联网应用对网络边缘侧业务的实时管理和智能分析提出了更高的要求,而传统云计算的效率不足以支持这些应用程序。富云服务的成功及物联网的蓬勃发展推动了一种新计算范式的发展,即"边缘计算",它要求数据的处理在网络边缘处,通过将计算能力从云数据中心扩展至网络边缘,为实现万物互联提供技术支持。边缘计算的产生为解决响应时间要求、带宽成本节省及数据安全性和隐私性等问题提供了新的方法和思路。

2)边缘计算的定义

边缘计算的核心思想是将计算和数据存储移动到网络的边缘,这样可以更接近数据源,从而减少数据传输的延迟和网络拥堵。那么,边缘计算到底是什么? 一千个人心中就有一千个哈姆雷特,不同的学者和机构对边缘计算的范围界定和描述上均存在差异。

美国韦恩州立大学计算机科学系施巍松等人把边缘计算定义为:在网络边缘执行计算的一种新型计算模式,边缘计算中边缘的下行数据表示云服务,上行数据表示万物互联服务。

Linux 基金会发布的《边缘计算开放词汇表》将边缘计算定义为:将计算能力传递到网络的逻辑终端,以提高应用程序和服务的性能、运营成本和可靠性。通过缩短设备与为其服务的云资源之间的距离,并减少网络跳数,边缘计算缓解了当今互联网的延迟和带宽限制,带来了新的应用类别。

边缘计算产业联盟把边缘计算定义为:在靠近物或数据源头的网络边缘侧,融合网络计算、存储,利用核心能力的开发平台,就近提供边缘智能服务,满足行业数字化在敏捷联接、实时业务、数据优化、应用智能、安全与隐私保护等方面的关键需求。

OpenStack 社区关于边缘计算的定义:边缘计算是为应用开发者和服务提供商在网络的边缘侧提供的云服务和 IT (信息技术)环境服务;目标是在靠近数据输入或用户的地方提供计算、存储功能。

通俗地说,边缘计算提供了一种"边缘侧"服务,可以快速响应用户需求,具有低时延、高带宽、高稳定等特点,可以在终端设备、边缘服务器存储、计算部分甚至全部待处理的数据。事实上,日常生活中所使用的手机就是"边缘端"的一种。边缘计算架构如图 1.4 所示。

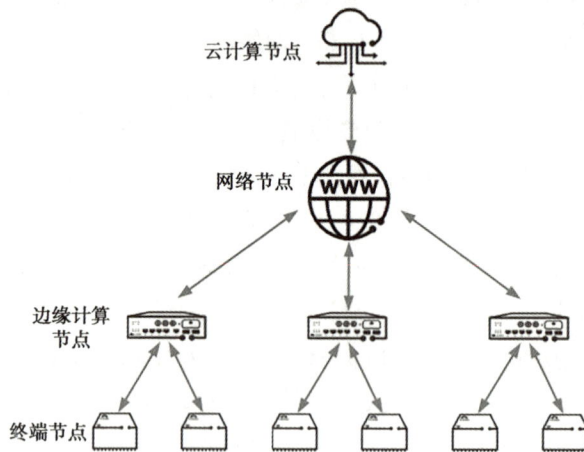

图 1.4　边缘计算架构

为了进一步加深对边缘计算的理解,用一个简单的例子来说明吧! 在日常生活中,你的智能手机里可能安装了音乐 App(手机应用软件),在使用期间,它会主动收集你的个人信息,包括性别、年龄、音乐播放偏好、搜索关键词等。这些数据可以被送入后台进行大数据分析,并建立个性化的用户画像,为你推荐合适的歌曲。那么,如何快速地计算出你的"音乐喜好"呢? 在云计算模式下,这些个人信息会被传送至主云中心服务器,并在主云中心服务器上进行计算,这很可能会带来较高的传输时延。此时,手机仅作为数据收集、发送和接收的对象。然而,在边缘计算模式下,你的"智能手机"拥有本地算力,作为"边缘端"可以直接对个人信息进行运算分析,构建用户画像。因此,在边缘计算中,用户的个人信息可以在本地产生,并且依赖本地算力实现部分或全部的任务计算,大大提高计算效率。

根据上面的例子,读者对边缘计算可能有了直观理解:边缘计算是云计算模式由于带宽、传输速率、时延等限制,利用本地或靠近数据源的设备("边缘端")替代主云中心服务器进行数据或应用程序的计算、存储等服务。

如果把所有事情都交给主云中心服务器来处理,是不现实的。它可能给网络带来高时延以及中断的风险,严重降低任务执行效率。而边缘计算模式则可以将数据、应用程序的部分或全部从主云中心转移到"边缘侧"的逻辑端点,缓解其与主云中心服务器之间的通信带宽,有助于降低传输成本与时延。作为云计算的衍生物,边缘计算在继承其性能特征的基础上作了进一步改进,以满足万物互联时代的用户体验需求。

1.1.2　边缘计算的发展历程

1)边缘计算的发展历程

边缘计算的历史可以追溯到 20 世纪 90 年代,由阿卡迈(Akamai)公司提出的内容分发网络(Content Delivery Network,CDN)技术,通过在更接近用户的物理位置增加缓存服务器来实现内容高速传输,以解决网络带宽小、用户访问量大且不均衡等问题。

2005 年,美国韦恩州立大学的施巍松教授团队提出了功能缓存概念,并将其用在个性化的邮箱管理服务中,以节省延迟和带宽。

2011 年,思科提出雾计算概念,通过在云端和设备层之间增加雾计算层,减少云中心任务处理数量。

2013 年,美国太平洋西北国家实验室首次在报告中提出"边缘计算"一词,由此边缘部署计算、存储等资源的思想在学术界和工业界逐步蔓延。

2015 年,边缘计算开始被业内熟知,相关研究迅速发展。具有代表性的是移动边缘运算(Mobile Edge Computing,MEC)、雾计算(Fog Computing,FC)和海云计算(Sea Computing)等。值得注意的是,2016 年由华为技术有限公司、中国信息通信研究院等多家单位联合发起的边缘计算产业联盟(Edge Computing Consortium,ECC)正式成立,同时也意味着国内边缘计算的发展与国际近乎同步。

2）边缘计算的发展趋势

边缘计算涵盖的内容十分广泛,对于边缘计算的理论和技术研究,按出发点的不同可以分为以下两类趋势。

（1）云计算的下沉

提升资源效率与服务质量。该方向的研究工作主要由云计算的科研机构与产业联盟发起,旨在基于云计算方面的技术积累打通边缘计算架构中的各个环节,并最终实现类似于云服务的边缘服务。其中设备厂商专注于对各类网络接入设备的改造,使其具备边缘服务器所需的运算和存储能力;服务提供商则专注于将资源配置粒度更加细化,进一步提升计算效率和资源利用率,并且形成如 Serverless 的产品形态,方便各类用户端开发者以更低的成本将其程序转移到云和边缘的环境当中。

（2）物联网的增强

应对资源限制及定制化要求。该方向的研究工作主要由物联网相关的科研机构与产业联盟发起,旨在利用边缘计算的思想增强各类物联网系统的算力,持续丰富物联网系统的产品形态和生态。其中一部分研究专注于面向资源受限的物联网设备的边缘计算过程,如任务拆分、卸载决策、任务传输方法等。此外,还有一部分工作研究现有的各类人工智能如何在边缘计算的环境中以低成本、安全可靠的方式实现。不仅如此,相当一部分研究工作也针对各种典型的物联网系统,设计定制化的边缘计算架构和系统方案,以促进边缘计算与物联网的深度融合。

未来可期的五个发展方向包括边缘人工智能、边缘安全、分布式边缘云、边缘智能制造、边缘智能城市。

1.1.3　边缘计算的应用

边缘计算是将原本需要在主云中心服务器进行计算、存储的任务下沉至"边缘侧"节点。那么,边缘计算在生活中又有什么样的实际应用呢?

> **案例一:计算卸载**
>
> 随着物联网技术的发展,许多日常设备具有了计算能力,如智能手机、智能手表、高清摄像机等,它们可以被理解为"小型计算机",直接对数据进行处理分析。这些都是以前的人们无法想象到的。从前,当任务在智能设备上产生时,通常的做法是将相关数据、应用程序发送给云服务器,这势必会造成较长的时延,降低用户体验。而计算卸载,则可以将应用任务在智能设备上完成计算操作,有效地减轻了云服务器的计算负担。举个例子,你正在浏览购物 App,想要为自己挑选一件时尚的 T 恤,打开店铺、挑选商品、点击付款、确认收货方式……这每一步操作的背后都需要进行数据的处理与分析,但其中的每一步操作都是在你的智能手机上完成的。

案例二：视频分析

网络摄像头的广泛使用使视频分析成为一项新兴技术。举一个在城市中寻找迷路老人的例子来进行说明。当有老人走失后，家人通过报警，警方可以调用部署在城市范围内的摄像影像进行回溯搜寻。但该方式须花费大量的时间回溯老人可能走过的每一个街道、每一个路口，这不仅浪费了大量时间，对老人的安全也是一种威胁，毕竟，时间就是生命！当采取边缘计算模式时，部署在城市范围内的摄像机，首先从云端获取搜索走失老人的请求，然后在其内部存储的相关影像数据中进行搜索分析，一旦发现信息即发出报告，最后同时在摄像机端进行实时的人像识别，大大提高了任务执行效率。

案例三：安防监控

传统安防监控严重依赖人工审查，且通过摄像机收集到的监控视频需要通过核心网传输至云中心服务器进行计算与存储，这无疑给网络带来了负担。人们相信，在边缘计算模式下，摄像机能够充当"边缘终端"，因为它具备强大的数据采集能力，并对收集到的视频、图像数据进行预处理，包括缓存数据、本地判决、数据清洗等，有效降低网络传输压力和业务端到端时延。此外，安防监控还可与人工智能相结合，通过在云中心训练算法，在边缘计算节点执行算法推理，协同完成本地决策与实时响应，实现人像重定位、人脸识别、身份鉴别、危险报警等业务应用。请想象一下：夜黑风高，有一个陌生人闯入了工业园区。此时，架设在墙角的摄像机捕捉到了他的"身影"。"边缘端"立刻对收集到的视频、图像进行筛选、清洗，并进一步运用云端训练好的人工智能算法对陌生人进行人像重定位、身份识别、危险行为识别等。一旦发现可能存在盗窃、毁坏园区的现象，立刻上报值班工作人员或联网报警。

案例四：智慧交通

当前，城市交通系统正面临重大变革。随着机动车、非机动车的普及，以及城市道路的建设，据公安部统计，截至 2022 年上半年，我国汽车保有量达 3.1 亿辆，其中新能源汽车保有量达 1 001 万辆，汽车驾驶员数量达到 4.54 亿人。因此，如何提高交通系统的整体效率，提升市民出行的质量是最重要的挑战。"自动驾驶"是智慧交通的关键部分。要实现汽车的智能化，加强汽车的感知能力与计算能力，就必须给汽车搭载激光雷达、红外摄像头等感应装置，通过将收集到的路况数据传输给路侧边缘节点，能够在复杂路况下实现协同决策、事故预警、辅助驾驶等应用，加强车与车、车与路的协同能力，并进一步实现人、车、路之间高效互联互通和信息共享。在未来，道路边缘节点还将集成地图系统、交通信号信息、移动目标信息，通过与云端融合，为边缘节点下发调度指令，整体提高交通系统的运行效率，最大限度地保障市民出行的安全与质量。边缘计算应用场景如图 1.5 所示。

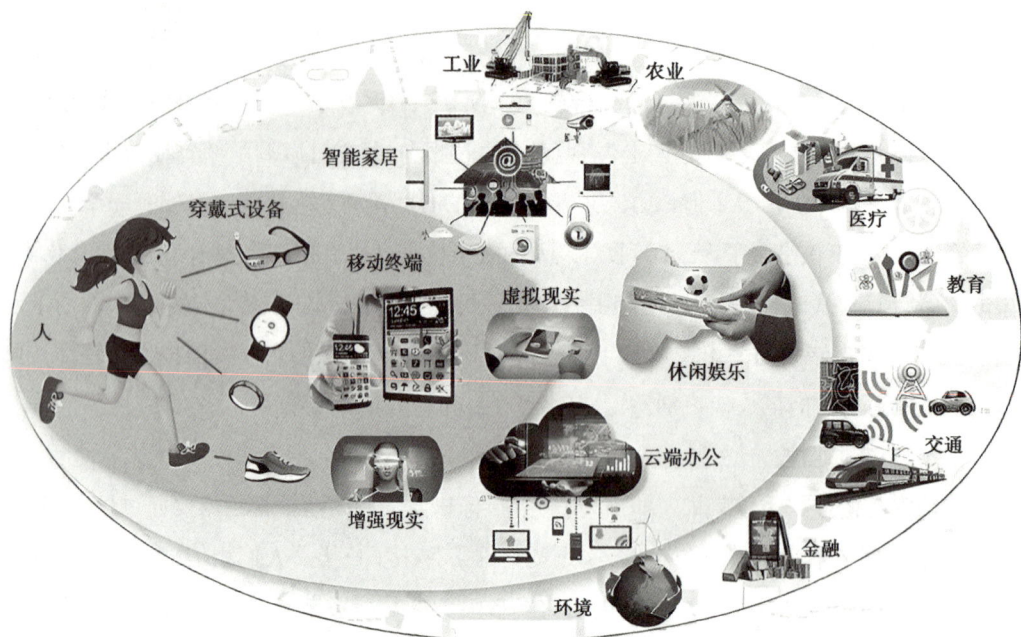

图 1.5 边缘计算应用场景

任务拓展

边缘计算技术的应用案例分析

边缘计算作为一种新兴的计算范式,正在快速改变人们生活和工作的方方面面。它通过将计算和数据存储推向网络边缘,靠近数据源和用户,有效解决了传统云计算面临的延迟、带宽和安全等问题。本小节通过查询资料,分析边缘计算技术在其他领域的应用案例,并探讨其对边缘计算技术的使用情况。

1)工业物联网

工业物联网涉及大量设备的实时监控和数据采集,对实时性和可靠性要求极高。边缘计算在工业物联网中被广泛应用于设备的实时监控、故障预测和自动化控制。通过在工厂车间部署边缘计算节点,可以直接对生产设备产生的数据进行预处理和分析,快速检测异常并发出警报,从而减少停机时间并提高生产效率。例如,西门子在一些工厂中部署了边缘计算解决方案,通过实时分析设备数据,实现了对生产过程的优化和故障预测。

2)智能电网

智能电网需要实时监测电力设备的运行状态,快速响应电网故障,以确保电力供应的稳定性和可靠性。边缘计算技术被用于智能电网的分布式能源管理、故障检测和电力质量监测。通过在变电站和配电网络中部署边缘计算设备,可以实时分析电力设备的运行数据,快速检测故障并进行局部处理,减少对云端的依赖。例如,美国爱迪生联合电气公司利用边缘计算技术实现了对电力设备的实时监测和故障预警,显著提高了电网的可靠性和运行效率。

3）医疗保健

医疗保健领域对数据的实时性和隐私性要求极高。例如，远程医疗、可穿戴医疗设备和医疗影像分析等应用场景需要快速处理数据，同时也需要保护患者的隐私。边缘计算在医疗保健中的应用包括实时健康监测、医疗影像预处理和紧急事件响应。通过在医院和社区医疗中心部署边缘计算节点，可以对患者的生命体征数据进行实时分析，快速检测异常并发出警报。例如，一些医院利用边缘计算技术对患者的医疗影像进行预处理，提高了影像诊断的速度和准确性。

4）环境监测

环境监测需要实时采集和分析大量的环境数据，如空气质量、水质和气象数据。在传统云计算模式下，数据传输和处理的延迟可能导致无法及时采取措施应对环境问题。边缘计算在环境监测中的应用包括实时数据采集、污染源定位和环境预警。通过在监测站点部署边缘计算节点，可以实时分析环境数据，快速检测污染源并发出预警。例如，一些城市利用边缘计算技术实现了对空气质量的实时监测和污染源定位，为环境保护提供了有力支持。

边缘计算技术的应用范围广泛，涵盖了工业、医疗和环境等多个领域。通过将计算和数据存储推向网络边缘，边缘计算技术有效解决了传统云计算面临的延迟、带宽和安全等问题，为各行业的数字化转型提供了有力支持。随着技术的不断发展和应用场景的不断拓展，边缘计算将在未来发挥更加重要的作用。

任务 1.2　边缘计算原理

【任务导学】

本任务将围绕"边缘计算原理"展开，首先介绍边缘计算的基本结构，包括边缘设备、边缘网络和边缘应用，以及它们共同构成边缘计算的基础架构。其次，详细阐述边缘计算的工作原理，包括就近计算、数据分发、协同工作、安全保障和弹性扩展，这些原理使得边缘计算能够实现更高效、更安全的数据处理。然后，任务还总结了边缘计算的特点，如联接性、数据第一入口、分布性、约束性和融合性，这些特点体现了边缘计算在处理海量数据和实时业务方面的优势。接着，项目深入探讨边缘计算的关键技术，包括边缘计算算力技术、存储技术、网络技术、安全技术、基础应用、云边协同管理技术、边缘基础设施、边缘计算云技术和边缘计算 SDN 技术，这些技术为边缘计算的实现提供了支持。最后，项目分析业界新技术与应用案例，包括华为、中兴、网宿科技、星环科技等公司在边缘计算领域的技术创新和行业应用,展示边缘计算在实际应用中的广阔前景。通过本任务的学习,读者将对边缘计算的原理有全面的认识,理解其在提高数据处理效率和安全性方面的重要作用,以及未来的发展趋势。图1.6为边缘计算原理思维导图。

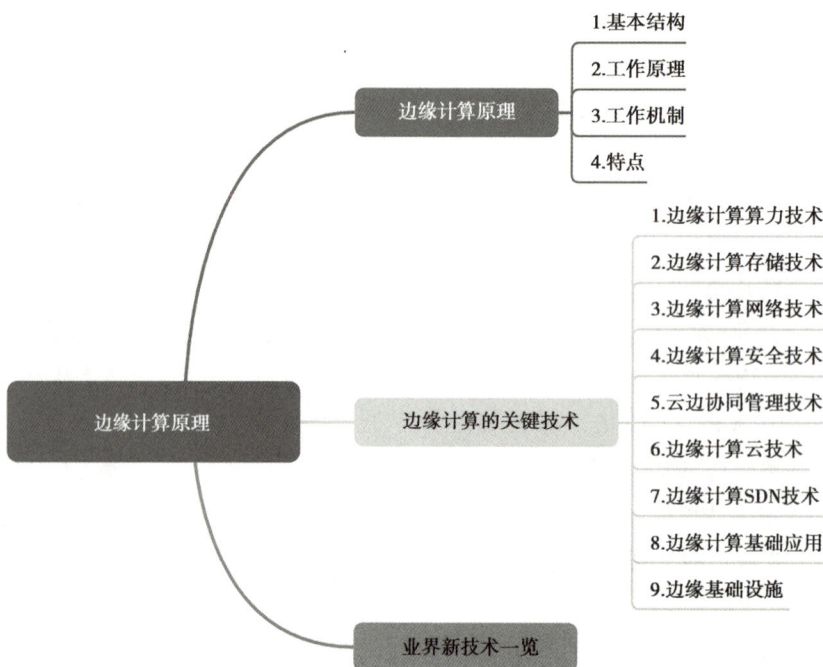

图1.6　边缘计算原理思维导图

【知识储备】

1.2.1　边缘计算原理

1)边缘计算的基本结构

边缘计算中的边缘是一个相对的概念,指从数据源到云计算中心数据路径之间的任意计算资源和网络资源。边缘计算是将存储和计算任务迁移到网络边缘节点中,如基站、无线接入点、边缘服务器等。在满足终端设备计算能力扩展需求的同时,又能够有效地节约计算任务在云服务器和终端设备之间的传输链路资源。图1.7为基于"云-边-端"协同的边缘计算基础架构图。

基于"云-边-端"协同的边缘计算基本架构,由核心基础设施、边缘计算中心、边缘网络和边缘设备四层功能结构组成。核心基础设施提供核心网络接入和用于移动边缘设备的集中式云计算服务和管理功能。边缘计算中心也称为边缘云,主要提供计算、存储、网络转发资源,是整个"云-边-端"协同架构中的核心组件之一。边缘网络通过融合多种通信网络来实现物联网设备和传感器的互联。边缘设备不仅扮演了数据消费者的角色,而且作为数据生产者参与了边缘计算结构所有的四个功能结构层中。

图 1.7 基于"云 - 边 - 端"协同的边缘计算基础架构

2)边缘计算的工作原理

边缘计算技术是一种将计算和数据存储能力从传统云计算中心向网络边缘推送的新兴技术。它的工作原理是通过在靠近用户终端设备的边缘节点上部署可以进行计算和数据处理任务的硬件和软件资源,实现更近距离、更快速的数据处理和响应。

边缘计算技术的工作原理可以概括为以下 5 个方面。

(1)就近计算

边缘计算技术的核心思想是将计算能力尽可能靠近用户终端设备。在传统的云计算模式下,所有的计算和数据处理任务都需要通过网络传输到云端进行处理,然后再将结果返回给用户,这样的方式存在一定的延迟和带宽消耗。而边缘计算技术将计算资源放置在离用户更近的边缘节点上,可以大大减少数据传输的时间和流量,提高数据处理的效率。

(2)数据分发

边缘计算技术通过将数据分发到靠近用户终端设备的边缘节点上,实现了数据的近端存储和处理。当用户设备产生大量的实时数据时,可以通过边缘节点进行实时处理和分析,减少数据传输和数据存储的负担。在边缘节点上部署智能算法和机器学习模型,可以实现智能决策和即时响应。

(3)协同工作

边缘计算技术通过联合多个边缘节点进行协同工作,实现更高效的资源利用。不同边缘节点之间可以共享计算和存储资源,互相协作完成大规模的数据处理任务。这种分布式计算模式可以有效降低单个节点的负载,提高计算效率和可靠性。

(4)安全保障

边缘计算技术通过在边缘节点上实现数据处理和存储,可以提高数据的安全性。用户的数据不再需要通过公共互联网传输到云端进行处理,而是在边缘节点内部进行处理,减少了数据传输的风险。边缘节点上也可以部署安全防护机制,对数据进行加密、身份认证和访问控制,提高数据的安全性。

（5）弹性扩展

边缘计算技术可以根据需求进行弹性扩展。当用户设备数量增加或数据处理任务变得更加复杂时，可以通过增加更多的边缘节点来满足需求。边缘节点可以根据实际情况进行分布式部署，可以在城市、企业或家庭网络环境中灵活配置，以满足不同规模和需求的应用场景。

3）边缘计算的工作机制

边缘计算的工作机制主要由 3 个关键要素组成：边缘设备、边缘网络和边缘应用。边缘设备包括传感器、物联网设备和智能终端等，通过收集和处理数据来完成特定的计算任务。边缘网络是连接边缘设备的通信网络，它可以是有线或无线的，能够提供高速的数据传输和低延迟的通信。边缘应用是在边缘设备上运行的软件程序，它能够实现数据的处理、分析和存储，以满足用户的需求。

4）边缘计算的特点

边缘计算拥有显著的"CROSS"价值，即联接的海量与异构（Connection）、业务的实时性（Real-time）、数据的优化（Optimization）、应用的智能（Smart）、安全与隐私保护（Security）。主要特点包含以下 5 个方面：

①联接性，是边缘计算的基础，边缘计算下游场景丰富，需要具备丰富的联接功能，如各种网络接口、网络协议等；

②数据第一入口，边缘计算平台部署于网络边缘靠近终端设备的位置，面临大量实时、完整的第一手数据；

③分布性，边缘计算天然具备分布式特征，包括分布式计算与存储、分布式资源动态调度与统一管理、分布式智能、分布式安全等；

④约束性，行业数字化多样性场景要求通过软件和硬件集成与优化，以支撑各种恶劣的工作条件和运行环境；

⑤融合性，边缘计算是 OT 技术与 ICT 技术融合的基础，需要支持联接、数据、管理、控制、应用和安全等方面的协同。

除以上 5 个主要特点外，还包括临近性、低时延、带宽、位置认知等特点。

1.2.2　边缘计算的关键技术

业务需求指引技术发展方向，为了满足业务在快速连接、实时业务、数据处理、智能分析、安全保护等方面的需求，也为了满足业务的云边通信、任务协调要求，需要边缘计算能在边缘侧为业务提供计算、存储、网络、安全、应用、云边协同管理等能力。因此，边缘计算的关键技术包括以下 9 个方面。

1）边缘计算算力技术

边缘计算是一种新型分布式计算模型，通过将传统云计算架构中的部分任务下沉到智能终端设备或边缘计算节点执行，提供实时的数据计算服务。

2）边缘计算存储技术

边缘计算存储是一种面向边缘场景的新型分布式存储架构,它将数据分散存储在临近的边缘存储设备或中心,大幅度缩短了数据产生、计算、存储之间的物理距离,降低了数据的传输开销,为业务提供高速、低延迟的数据访问。

3）边缘计算网络技术

边缘计算在确保业务间流量的可靠、稳定及安全的前提下,满足云边控制相关业务传输时间的确定性和数据完整性的需求。业务在接入过程设计运营商网络、边缘数据中心网络以及客户现场网络等环节。

4）边缘计算安全技术

边缘计算的基本思想是将大量对实时性要求较高的数据留在边缘处理,尽可能减少数据上云的传输时间,以提高数据的实时性和安全性。然而,每台边缘设备都代表了一个潜在的易受攻击的端点,其安全性设计和设备更新维护等设置都不能与数据中心相提并论。边缘计算网络是边缘计算的重要保障。当前,边缘计算安全技术虽已取得一定成果,受到广泛关注,相关系统性研究也在持续推进,但仍面临复杂多变的安全挑战。

5）云边协同管理技术

云边协同设计是多层的全面协同,包含基础资源管理协同、基础应用管理协同、业务管理协同三个层面。

6）边缘计算云技术

边缘计算需要满足多用户共享网络边缘计算和存储资源,但服务器容量相比起云计算处理中心的服务器容量较小,因此需要引入云化的软件架构,将软件功能按照不同能力属性分层解耦部署,实现有限资源条件下任务处理的高可靠性、高灵活性、可扩展性。

7）边缘计算SDN技术

移动边缘计算部署在网络的边缘,需要大量的接口配置、对接和调测,SDN技术将核心网的用户面和控制面进行分离,并向上提供灵活的可编程能力,这极大地提高了网络的灵活性和可扩展性,同时大幅减少了网关的配置工作。

8）边缘计算基础应用

边缘计算基础应用包括业务进行处理需要用到的各类中间件,包括数据库、全文检索引擎、消息队列、流式计算框架等。

9）边缘基础设施(边缘一体机)

智能边缘一体机将计算、存储、网络、虚拟化和环境动力等产品有机集成到一个机柜中,以一个机柜承载所有业务,具有免机房、易安装、管理简单、业务远程部署等特性。

1.2.3 业界新技术一览

1）华为——边缘计算与5G相结合

华为在5G网络中广泛应用边缘计算技术,通过在网络边缘部署计算资源,支持低延迟应用,如自动驾驶、远程医疗等。结合5G的高速率和低延迟特性,边缘计算能够为这些应用提供更强大的支持,确保数据处理的实时性。

2)中兴——边缘计算完善工业自动化

在工业自动化领域,中兴通过边缘计算技术实现了生产过程的实时监控和优化。边缘计算节点可以快速处理来自生产线的数据,优化生产流程,提高生产效率。边缘计算的低延迟特性确保了生产过程的实时性和高效性,减少了生产中断的风险。

3)网宿科技——边缘计算优化内容分发网络(CDN)

网宿科技利用边缘计算技术优化其CDN服务,通过在靠近用户的位置部署边缘计算节点,快速缓存和分发内容,减少延迟,提高用户体验。边缘计算节点能够根据用户请求实时调整缓存策略,确保内容的快速分发。

4)星环科技——拥有边缘AI应用构建平台

星环科技公司研发了边缘AI应用构建平台,面对海量的异构数据以及复杂的模型运行环境,该平台提供统一的数据接入以及模型部署能力,以低代码的方式高效完成AI模型与设备数据实时对接,并创新性地在边缘侧支持可视化业务流程定义来响应业务快速更迭。

此外,百度、金山云等企业也在边缘计算领域上有各自的突破。

任务拓展

业界公司对边缘计算的应用情况分析

边缘计算作为一种新兴的计算范式,正成为全球科技竞争的焦点之一。中国作为全球最大的物联网市场,在边缘计算领域拥有巨大的发展潜力。近年来,众多中国企业通过技术创新和行业应用,取得了显著成果。本小节将分析中国公司在边缘计算技术领域的应用情况,探讨其在不同行业的实践成果。

1)腾讯(Tencent)

腾讯通过腾讯云IoT平台,推动了边缘计算在智能交通、智能安防和工业自动化中的应用。腾讯通过边缘计算技术优化交通信号控制,实现车路协同,提高交通系统的运行效率。在深圳的智慧交通项目中,腾讯利用边缘计算技术实现了交通流量的实时监测和优化。

2)百度(Baidu)

百度是中国最大的搜索引擎公司,其在人工智能和云计算领域拥有强大的技术实力。百度通过百度云IoT平台,推动了边缘计算在智能交通、智能安防和工业自动化中的应用。百度推出的边缘计算平台,支持物联网设备的实时数据处理和智能分析,该平台广泛应用于工业自动化等领域。百度与多家工业企业合作,利用边缘计算技术优化生产设备的实时监控和故障预测,减少停机时间,提高生产效率。

3)浪潮集团(Inspur)

浪潮推出的边缘计算服务器,支持物联网设备的实时数据处理和智能分析,广泛应用于智能城市、工业自动化和智能安防等领域。在济南的智慧城市项目中,浪潮利用边缘计算技术实现了对城市交通、环境和能源的实时监测和优化。

　　边缘计算技术是中国科技企业的重要布局方向，华为、阿里巴巴、腾讯、百度、中兴通讯和浪潮集团等公司通过技术创新和行业应用，推动了边缘计算技术在智能交通、智能安防、工业自动化和智能城市等领域的广泛应用，为数字经济的发展提供了强大支撑。

📌 项目实训

撰写《边缘计算的发展方向和发展趋势》项目报告

任务名称	撰写《边缘计算的发展方向和发展趋势》项目报告			
任务目标	①理解边缘计算的基本概念、技术特点及其在不同领域的应用； ②掌握边缘计算的发展趋势，包括技术创新、应用场景拓展和产业生态构建； ③分析边缘计算对社会和产业的影响，并提出合理的发展建议； ④提升学生的研究能力、分析能力和报告撰写能力			
	步骤	任务描述	关键要点	参考设计
	步骤1:项目选题与背景研究	确定项目主题为"边缘计算的发展方向和发展趋势"，并完成背景研究，撰写引言部分	理解边缘计算的定义、优势及其与云计算的区别	项目报告引言部分
	步骤2:技术发展趋势分析	分析边缘计算的技术创新，包括数据处理与存储技术、网络与通信技术、人工智能与边缘计算的结合	重点研究硬件技术、5G技术、AI技术对边缘计算的推动作用	项目报告第2部分（技术创新）
	步骤3:应用场景拓展研究	研究边缘计算在物联网、智能制造、自动驾驶、智慧城市等领域的应用案例，分析其优势和挑战	选择至少两个应用场景进行深入分析	项目报告第2部分（应用场景拓展）
任务内容与步骤	步骤4:产业生态构建分析	探讨边缘计算对硬件产业、软件与平台、合作与标准化的影响，分析其产业生态构建现状	研究相关企业（如微软、亚马逊、华为等）的解决方案	项目报告第2部分（产业生态构建）
	步骤5:社会与产业影响分析	分析边缘计算对社会（如智能交通、医疗健康）和产业（如制造业、物流、能源）的影响，提出具体案例	从效率提升、成本优化、安全性增强等方面展开分析	项目报告第3部分（社会与产业影响）
	步骤6:发展建议与未来展望	根据研究结果，提出边缘计算在未来发展中的建议，包括技术研发、产业合作、数据安全等方面	提出具有前瞻性和可行性的建议	项目报告第4部分（发展建议与未来展望）
	步骤7:撰写完整报告	撰写完整的项目报告，确保内容完整、逻辑清晰、语言规范	包括引言、技术趋势、应用场景、产业生态、社会与产业影响、发展建议等部分	项目报告整体结构
	步骤8:任务自我总结	完成任务后，总结任务过程中的问题及解决方式，反思学习收获	重点总结在研究、分析、写作过程中遇到的问题与解决方法	任务工单要求

续表

	评价维度	评价指标	评价标准	配分/分	评价方式		
					互相评价	教师评价	自我评价
任务检查与评价	方法能力（30分）	任务规划与执行	能否合理规划任务步骤,按时完成各阶段任务	10			
		信息收集与整理	能否有效收集相关资料,并进行合理整理与分析	10			
		问题解决能力	遇到问题时能否积极思考并提出解决方案	10			
	专业能力（40分）	技术理解（15分）	1. 对边缘计算的定义、特点(如低延迟、高安全性、低功耗等)理解准确	5			
			2. 能够分析边缘计算与云计算、物联网等技术的关系	5			
			3. 对边缘计算的六大特点(如分布式计算、实时性、智能化服务等)有清晰阐述	5			
		应用分析（15分）	1. 能够分析边缘计算在智能制造、智能交通、智慧城市等领域的具体应用	5			
			2. 结合实际案例(如自动驾驶、远程医疗)分析边缘计算的优势	5			
			3. 对边缘计算在不同应用场景中的技术需求(如硬件支持、网络要求)有明确分析	5			
		解决方案的合理性（10分）	1. 提出的发展建议具有前瞻性和可行性,如技术创新方向、产业合作模式等	5			
			2. 能够针对边缘计算的挑战(如硬件性能、数据安全)提出具体解决方案	5			
	素养能力（30分）	团队协作	在任务过程中是否积极参与团队讨论和成员有效协作	10			
		学习态度	对任务是否充满热情,是否主动学习相关知识	10			
		沟通表达	报告撰写是否清晰、规范,能否准确表达观点	10			
	合计			100			

	序号	过程中的问题	解决方式
任务自我总结	1		
	2		
	3		

【课后习题】

1. 什么是边缘计算？（　　）

A. 在云数据中心进行的计算　　　　　　　B. 在设备本地进行的计算

C. 在网络边缘进行的计算　　　　　　　　D. 在远程服务器上进行的计算

2. 边缘计算的主要目的是什么？（　　）

A. 减少数据中心的负载　　　　　　　　　B. 提高数据处理的效率

C. 降低数据传输的延迟　　　　　　　　　D. 所有以上选项

3. 以下哪个不是边缘计算的优点？（　　）

A. 实时处理　　　　　　　　　　　　　　B. 减少带宽使用

C. 提高数据安全性　　　　　　　　　　　D. 需要更多的数据中心

4. 边缘计算通常位于哪里？（　　）

A. 仅在云数据中心　　　　　　　　　　　B. 仅在用户设备上

C. 在靠近数据源的网络边缘　　　　　　　D. 在互联网骨干网上

5. 边缘计算如何帮助物联网（IoT）设备？（　　）

A. 通过将所有数据发送到云数据中心　　　B. 通过在设备上直接处理数据

C. 通过限制设备的连接性　　　　　　　　D. 通过增加数据存储容量

6. 边缘计算与雾计算的主要区别是什么？（　　）

A. 边缘计算更侧重于移动设备　　　　　　B. 雾计算使用更多的硬件资源

C. 边缘计算在网络边缘进行数据处理　　　D. 雾计算依赖于集中式数据中心

7. 边缘计算在哪些行业中可能产生最大的影响？（　　）

A. 娱乐业　　　　　　　　　　　　　　　B. 金融业

C. 医疗保健　　　　　　　　　　　　　　D. 所有以上行业

8. 边缘计算的关键挑战是什么？（　　）

A. 确保数据隐私　　　　　　　　　　　　B. 管理大量的边缘设备

C. 保持与云数据中心的稳定连接　　　　　D. 所有以上挑战

9. 以下哪个技术趋势最有可能推动边缘计算的发展？（　　）

A. 人工智能　　　　　　　　　　　　　　B. 区块链

C. 虚拟现实　　　　　　　　　　　　　　D. 5G网络

10. 边缘计算拥有显著的"CROSS"价值不包括（　　）

A. 海量与异构　　　　　　　　　　　　　B. 业务的实时性

C. 数据的优化　　　　　　　　　　　　　D. 低速与稳定

项目 2
边缘计算基础资源架构技术

【项目背景】

随着数字化时代的加速演进,中国在 5G、人工智能、物联网等前沿技术领域的突破性进展正深刻重塑着全球科技格局。以昇腾 AI 边缘计算芯片的商用部署为例,这一自主创新技术已成功应用于深圳智慧交通系统,通过与云计算、大数据平台的协同,实现了路口信号灯毫秒级动态优化,使高峰期通行效率提升 40%。这种"云 - 边 - 端"协同的分布式架构正是中国科技部"新一代人工智能发展规划"中重点推进的典型范式——将算力下沉至靠近摄像头、传感器的网络边缘侧,既保障了自动驾驶等场景对 10 ms 级超低时延的严苛要求,又通过边缘节点间的联邦学习,强化了数据隐私保护。

边缘计算以其独特的分布式计算模型,将计算资源精准部署于数据源与终端设备附近,有效缩短了数据传输的时延,实现了数据处理的即时响应;不仅极大地提升了数据处理效率,更为对实时性要求极高的应用场景,如物联网的万物互联、工业自动化的智能升级、智能城市的精细化管理等,提供了强有力的技术支撑。图 2.1 所示为边缘计算分布式架构图。

图 2.1   边缘计算分布式架构图

本项目的目标首先是认识各类前沿技术的概念,然后理解边缘计算与前沿技术之间的关联性,最后撰写边缘计算基础资源架构技术实训项目报告。

【学习目标】

1. 认识云计算、人工智能、大数据、5G、物联网等前沿技术。
2. 熟悉边缘计算与云计算、人工智能、大数据、5G、物联网等技术之间的关联。

【能力目标】

1. 能够分析边缘计算与人工智能、物联网、5G等前沿技术之间的相互作用，理解其技术原理和应用场景。

2. 通过实践或案例分析，掌握如何将多种前沿技术与边缘计算相结合，应用于复杂场景。

3. 能够对比边缘计算与传统云计算、雾计算等技术的优劣势，明确其适用场景。

4. 掌握边缘计算架构设计原则和方法，能够设计出满足不同需求的边缘计算架构。

任务 2.1　边缘计算与前沿技术的关联和融合

【任务导学】

前沿技术如云计算、大数据、人工智能、5G和物联网正与边缘计算融合，推动智能化发展和社会经济变革。这种融合显著提升了处理效率，促进了资源利用和隐私保护。例如，边缘计算与5G在工业互联网和自动驾驶中发挥重要作用，而与人工智能的结合则广泛应用于自动驾驶、智能家居和智能安防等领域。边缘计算与前沿技术的关联和融合的思维导图如图2.2所示。

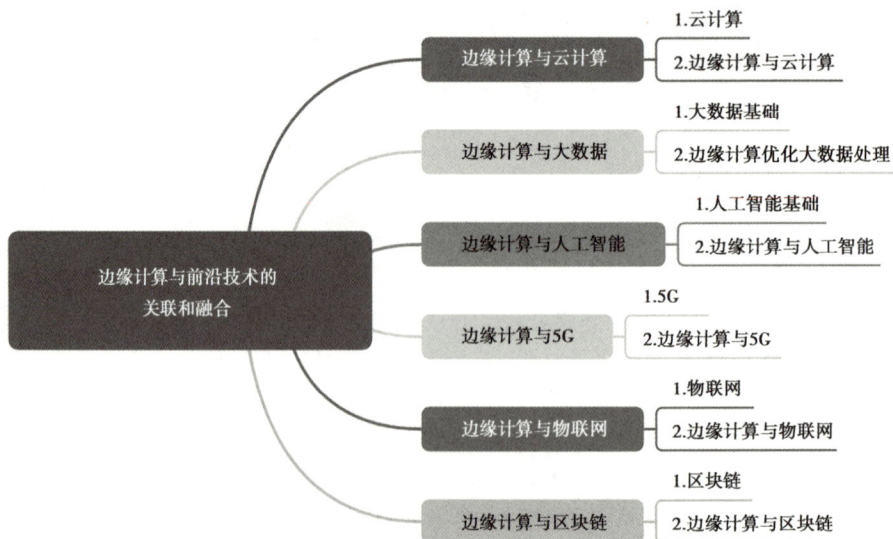

图 2.2　边缘计算与前沿技术的关联和融合思维导图

【知识储备】

2.1.1　边缘计算与云计算

1）云计算

云计算（Cloud Computing）是一种基于互联网的计算模式，通过网络向用户提供各种计算资源和服务，包括服务器、存储、数据库、网络、安全、软件等。用户无须了解底层硬件设备和基础设施的详细信息，只需按需支付所使用的计算资源和服务。

云计算以集中式资源管控为核心，通过多个互联数据中心统一管理软硬件资源，实现高效调度。其关键特点包括：

（1）按需自助服务

用户可以根据需要自主地获取计算资源，如服务器时间和网络存储，无须与每个服务提供商直接互动。

（2）广泛的网络访问

云资源可以通过标准的网络访问，并且可以使用各种终端设备（如手机、平板、笔记本电脑）进行访问。

（3）资源池化

云计算提供商将计算资源集中在一个池中，用户通过虚拟化技术共享这些资源。资源根据需求动态分配和再分配，用户不知道资源的具体位置，但能够透明地获取和使用这些资源。

（4）快速弹性

云计算可以根据用户需求快速地伸缩计算能力。这种弹性是动态的，可以迅速扩展和收缩，以适应负载变化。

（5）计量服务

云计算系统自动控制和优化资源使用，通过计量能力（如存储、处理、带宽）向用户收费。对资源的使用可以进行透明的监控和报告，确保用户支付的费用与其实际使用量相匹配。

2）边缘计算与云计算

边缘计算与云计算各具优势。云计算依托集中式计算和存储资源，适用于非实时、长周期的大数据分析和复杂计算任务，如业务决策支持与长周期维护。边缘计算则侧重于实时、短周期数据处理，依靠本地计算能力降低延迟、提升响应速度，适用于对时效性要求高、数据量大且交互频繁的应用场景。

云边协同可提升计算效率与数据价值。边缘计算不仅靠近执行单元，还充当高价值数据采集端，支持云端大数据分析。同时，云计算可向边缘端下发优化后的业务规则，以提升本地智能化处理能力。边缘计算并非替代云计算，而是二者互补协同，共同构成完整的计算体系。

边缘计算涵盖了边缘IaaS、PaaS和SaaS，可以实现与云端的资源协同、数据与智能协同、服务协同。未来，云计算将进一步向边缘侧延伸，通过"云-边-端"统一管控，增强计算资源的可及性，形成高效、灵活、智能的计算生态。云计算的强大存储与计算能力结合边缘计算的低延迟特性,将推动复杂应用场景优化,并加速数字化与智能化转型。

2.1.2 边缘计算与大数据

1)大数据基础

大数据是指无法通过传统软件工具在有限时间内抓取、管理和处理的大规模数据集合。其核心特征可概括为4V,具体的描述见表2.1。

表2.1 大数据"4V"特征

特征	描述
Volume(数据量)	数据规模庞大,达TB、PB级别,且随着物联网、社交媒体、传感器数据的增长而不断扩大
Velocity(速度)	数据生成与传输速率极快,实时分析在金融、物联网等领域尤为重要
Variety(多样性)	涵盖结构化、半结构化和非结构化数据,包括文本、音频、视频、传感器数据等
Veracity(真实性)	数据质量受噪声、缺失和不一致性影响,需借助数据治理与清洗技术提升可靠性

2)边缘计算优化大数据处理

边缘计算通过将计算和存储资源推向靠近数据生成源的位置,降低了数据传输延迟,提高了实时处理能力。而大数据技术则致力于收集、存储、处理和分析大规模数据,以提取有价值的信息和洞见。两者的结合与融合能够在处理和分析海量数据的同时,提供快速、智能和高效的服务。边缘计算与大数据处理的智能交通应用案例如图2.3所示。

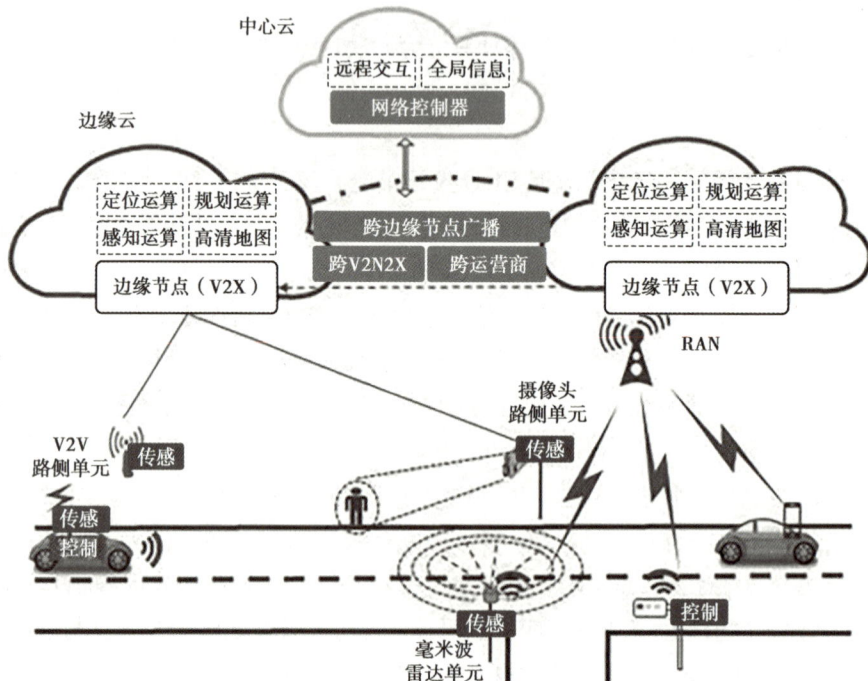

图2.3 边缘计算与大数据处理的智能交通应用案例

边缘计算将计算与存储资源下沉至数据源附近,以降低传输延迟、提高实时处理能力,与大数据分析形成互补。

2.1.3　边缘计算与人工智能

1)人工智能基础

人工智能(AI)是一门研究计算机如何模拟和执行人类智能任务的学科,它涵盖了学习、推理、感知、问题求解和自然语言处理等核心能力。

①学习是通过数据和经验进行自我改进的能力,涉及监督学习、无监督学习和强化学习等多种方法。

②推理则是从已有信息中得出结论或做出决策的能力,它使计算机能够像人类一样进行逻辑思考。

③感知能力让计算机通过处理感官输入(如视觉、听觉)来理解和解释周围环境。

④问题解决能力使计算机能够识别问题,制订并执行解决方案。

⑤语言理解与生成能力(Language Understanding and Generation)则使计算机能够理解和生成自然语言,这涉及自然语言处理技术。

随着人工智能技术的发展,各行业都实现了智能化升级。未来,广义人工智能(AGI)的实现将进一步促进社会创新和效率提升。

2)边缘计算与人工智能

边缘计算与人工智能的融合不仅优化了数据处理效率、降低了延迟,还推动了智能应用在自动驾驶、工业监控、智慧医疗等领域的广泛应用,成为智能化时代的重要支撑技术。边缘计算在 AI 自动驾驶中的应用场景如图 2.4 所示。

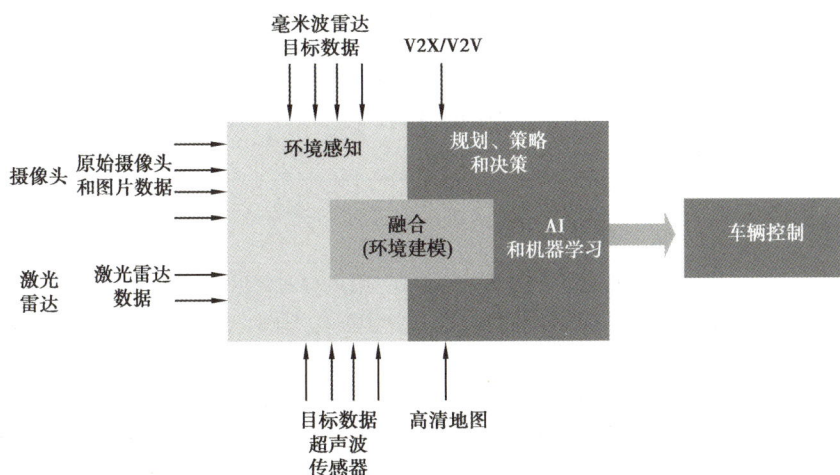

图 2.4　边缘计算在 AI 自动驾驶中的应用

2.1.4　边缘计算与5G

1）5G网络

国际电信联盟（ITU-R）定义的5G关键指标包括：峰值吞吐率10 Gb/s、时延1 ms、连接密度100万/平方千米、支持500 km/h的移动速度。5G具备大容量、大带宽、低时延、低功耗及广泛连接等特性，致力于构建智能互联网，实现信息高效传输与社会系统重构。安全性是智能互联网的核心要素，5G需构建全新的安全体系，否则将带来潜在风险。

2）边缘计算与5G

当前网络架构中，核心网部署位置较高，导致传输时延难以满足超低时延业务需求。此外，所有业务均在云端终结既浪费带宽，也增加时延。5G的低时延、高连接数特性决定了业务终结点需前移，移动边缘计算（MEC）正满足该需求。MEC通过将计算和存储能力下沉至网络边缘，减少数据回传，提高业务响应速度，实现本地化处理和智能化流量调度。

5G需支持超大规模设备连接，满足每平方千米100万连接的密度要求。然而，现有移动网络对端到端时延的优化有限，长期演进技术（LTE）虽可提升空口吞吐率10倍，但端到端时延仅优化3倍。移动边缘运算(MEC)通过在无线网络侧增加计算、存储和处理能力，构建移动边缘云，有效降低数据传输时延，提高业务处理效率。在网络拥堵的情况下，MEC可显著改善移动视频等应用的用户体验。

边缘计算与5G技术的关系紧密且互补，具体体现和详细描述见表2.2。

表2.2　边缘计算与5G技术的关系具体体现表

具体表现	详细描述
低延迟需求	边缘计算通过就近计算减少数据传输时延；5G提供超低时延通信能力，支撑实时数据处理
高带宽需求	5G提供大带宽支持，满足边缘计算对高清视频、物联网数据等大规模传输需求
大规模设备连接	边缘计算支持物联网终端的数据管理；5G实现百万级设备连接，为边缘计算提供网络支撑
分布式计算架构	边缘计算采用分布式架构分担中心云压力；5G通过网络架构优化，支持高效分布式计算
增强用户体验	边缘计算通过本地处理数据，减少用户端的延迟，提升响应速度；5G网络提供了高速、低延迟的网络连接，进一步增强用户体验，尤其在AR/VR、游戏和流媒体等领域
支持移动应用	边缘计算处理靠近移动终端的数据，减少移动设备的计算负担，提高电池续航时间；5G网络支持高速移动下的稳定连接，使得边缘计算在移动场景中更具可行性
提高系统可靠性	边缘计算通过分布式计算和本地处理，提高系统的弹性和故障恢复能力；5G网络提供高可靠性的网络连接，确保边缘计算节点间的通信稳定可靠

5G与边缘计算的深度融合为智能化应用提供支撑，推动各行业数字化转型和智能升级，

带来显著的社会与经济价值。

2.1.5　边缘计算与物联网

1）物联网

物联网（Internet of Things，IoT）通过互联网连接各类物理设备，实现数据交互与智能化控制。这些设备包括传感器、家电、汽车、工业设备等，依托嵌入式系统和网络通信，实现与用户及其他设备的数据共享与交互。物联网依赖集中式云计算进行数据存储、分析和决策，再将处理结果反馈至终端设备。然而，大量数据回传至云端会增加带宽消耗和时延，影响实时性应用的效率。例如，在自动驾驶的连接车中，每小时产生了大量数据，数据必须上传到云端进行分析，并将指令发送回汽车。低时延或资源拥塞可能会延迟对汽车的响应，严重时可能导致交通事故。

2）边缘计算在物联网中的作用

边缘计算通过在数据源附近进行计算和存储，优化物联网系统性能的主要说明见表 2.3。

表 2.3　边缘计算优化物联网系统性能说明

优势	详细描述
降低时延	在边缘设备端直接处理数据，减少传输至云端的延迟，提高实时性
减少网络负载	在本地存储和分析数据，降低对高带宽网络的依赖，提升系统稳定性
降低成本	仅传输必要数据至云端，减少云计算资源消耗和网络基础设施成本
提升响应速度	边缘计算赋予终端设备更高的计算能力，实现更快的数据处理和决策响应
增强安全与隐私	数据在本地处理和存储，降低敏感信息通过网络传输的安全风险
与云计算协同	边缘计算并非替代云计算，而是通过合理分配计算任务，实现边缘与云端的协同优化

2.1.6　边缘计算与区块链

1）区块链

区块链是一种分布式数据库技术，它以链式数据结构的形式存储数据，每个数据块与前一个数据块相关联，形成了一个不断增长的数据链。每个数据块中包含了一定数量的交易信息或其他数据，这些数据经过加密和验证后被添加到区块链上。由于每个数据块都包含了前一个数据块的哈希值，因此任何尝试篡改数据的行为都会被迅速地检测出来。

边缘计算与区块链的结合是近年来技术领域的重要研究方向，两者在分布式计算、去中心化和安全性方面具有天然的互补性。以下从多个角度详细分析边缘计算与区块链的融合及其应用。

两者结合的主要动机在于以下三点：

资源优化:边缘计算为区块链提供计算资源和存储能力,从而降低中心化服务器的压力,同时降低数据传输的延迟。

安全性增强:区块链的去中心化特性可以弥补边缘计算在分布式环境中可能面临的安全漏洞,例如数据隐私保护和身份认证。

效率提升:边缘计算通过本地化处理减少了对云端的依赖,而区块链的分布式特性则进一步提高了数据处理的效率和可靠性。

2)边缘计算与区块链

边缘计算是指将计算和数据存储移动到网络的边缘,即设备或终端,以提高响应速度和降低网络带宽需求。而区块链是一种分布式账本技术,通过去中心化的方式确保数据的安全性和可信度。当边缘计算与区块链结合时,可以实现更高效、更安全的数据处理和分析。边缘计算与区块链的结合已经在多个领域展现出巨大潜力,包括但不限于以下应用场景,图 2.5 是边缘计算与区块链结合场景架构图。

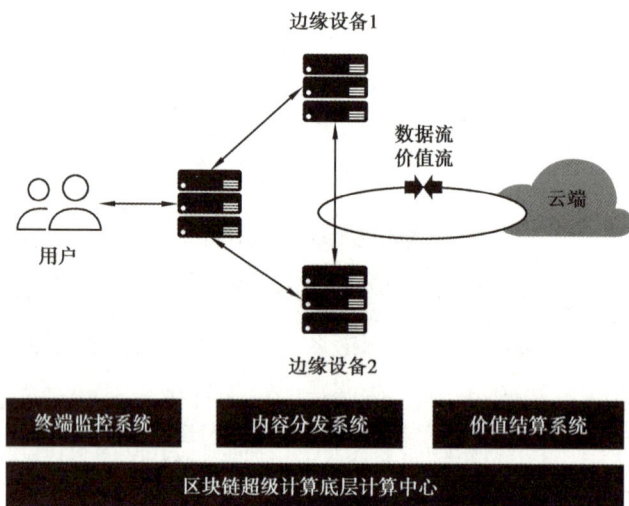

图 2.5　边缘计算与区块链结合场景架构图

边缘计算可以提高区块链的效率。由于区块链的去中心化特性,其数据传输和处理需要消耗大量的计算资源和网络带宽。而边缘计算可以将这些资源转移到网络的边缘,从而降低中心化服务器的负担,提高整体效率。

区块链可以为边缘计算提供信任和安全性保障。在边缘计算中,数据的隐私和安全是一个重要问题。通过使用区块链的加密技术和去中心化的账本,可以确保数据的可信度和安全性,从而避免数据泄露和篡改。

任务拓展

边缘计算与其他前沿技术的融合

在本次任务中,读者学习了云计算、大数据、人工智能、5G、物联网等前沿技术的概念,了解了边缘计算与这些技术的关联与融合。随着科学技术水平的不断发展,边缘计算技术正与更多前沿技术深度融合,推动各领域的智能化发展。本报告通过查询资料,分析边缘计算与前沿技术的融合现状、面临的挑战,并展望其未来发展。

1)边缘计算与其他前沿技术的融合现状

(1)边缘计算与5G的融合

5G技术以其超高速率、低时延和高可靠性,为边缘计算提供了强大的网络支持。边缘计算则通过在靠近数据源的位置处理数据,进一步降低延迟,提升实时性。这种融合在工业互联网、自动驾驶和智能医疗等领域展现出巨大潜力。例如,通过5G网络切片技术,边缘计算能够为不同场景提供定制化的网络服务,实现工业设备的实时监控和智能维护。

(2)边缘计算与人工智能的融合

边缘计算与人工智能(AI)的结合正在重塑智能设备的角色。通过在边缘设备上部署AI模型,数据可以在本地进行实时处理和分析,从而实现毫秒级的决策。这种融合在自动驾驶、智能家居和智能安防等领域表现出色。例如,Apple Vision Pro通过嵌入式AI和边缘计算技术,实现了无延迟的实时渲染和场景交互。

(3)边缘计算与物联网的融合

物联网设备数量的爆发式增长对数据处理提出了更高要求。边缘计算通过在物联网设备端进行数据过滤和初步处理,减少了对云端的依赖,降低了网络流量和能耗。这种融合在智能家居、智能城市和工业物联网等领域展现出显著优势。

(4)边缘计算与云计算的融合

边缘计算与云计算的结合形成了"云边协同"的新模式。云计算提供强大的后台支持和资源池,而边缘计算则负责数据的实时处理和低延迟传输。这种融合为需要高实时性的业务(如智慧城市和工业自动化)提供了更高效的服务。

2)面临的挑战

(1)技术复杂性与成本

边缘计算与多种前沿技术的融合增加了系统的复杂性,同时也带来了更高的硬件和软件成本。例如,部署边缘AI模型需要高性能的边缘设备和优化的算法。

(2)数据安全与隐私保护

边缘计算设备的分布式特性增加了数据安全和隐私保护的难度。尽管边缘计算减少了数据传输,但设备端的数据处理仍需加强安全机制,如加密技术和差分隐私。

(3)标准化与兼容性问题

随着边缘计算技术的广泛应用,标准化和兼容性问题成为关键挑战。不同厂商的设备和平台之间的互联互通需要统一的标准和规范。

(4)能耗与可持续性

边缘计算设备的能耗问题不容忽视。随着技术的普及,如何在低功耗下实现高性能计算成为研究的重点。同时,绿色计算和可持续发展也成为未来的重要方向。

3)未来发展趋势与展望

边缘计算将与5G、AI、物联网等技术实现更深度的融合。例如,通过"边缘‐边缘协同"

和"边缘-云协同",多个边缘设备可以实现高效的数据共享和分布式训练,提升系统的智能化水平。

未来,边缘计算将更加注重低功耗和绿色计算。硬件设计将结合可再生材料和低温芯片技术,以减少碳足迹。

边缘计算与其他前沿技术的融合正在推动各领域的智能化发展。尽管面临技术复杂性、数据安全和标准化等挑战,但其在提升效率、优化资源利用和保护隐私方面的优点使其具有广阔的应用前景。未来,随着技术的不断进步和应用场景的拓展,边缘计算将在数字经济和社会发展中发挥更加重要的作用。

任务 2.2　边缘计算核心技术与应用

【任务导学】

本次任务旨在全面分析边缘计算的优势及其在不同视角下的应用价值,同时深入探讨边缘计算基础资源架构的准则和关键特性。边缘计算通过低延迟、数据过滤和压缩、环境感知能力等优势,应对传统云计算在实时性、带宽和隐私保护方面的挑战。从企业、网络运营商和云服务提供商的视角来看,边缘计算能够优化运营效率、提升用户体验并拓展服务范围。此外,边缘计算的基础资源架构准则(如时延要求、异构计算、负载整合和隐私安全)为构建高效、可靠和安全的边缘计算系统提供了指导。通过本节任务的学习,读者能够全面理解边缘计算的核心价值及其在现代技术体系中的重要性,为未来的技术应用和发展提供清晰的方向。边缘计算核心技术与应用的思维导图如图 2.6 所示。

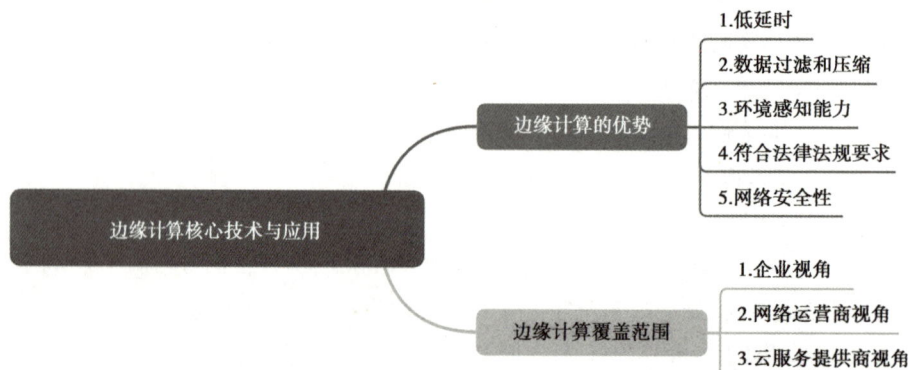

图 2.6　边缘计算核心技术与应用思维导图

【知识储备】

在数字化飞速发展的时代,边缘计算技术凭借其降低数据延迟、提升实时处理能力、优化用户体验以及强化数据安全与隐私保护等优势,正逐步成为物联网、智能制造、智慧城市等领域的核心技术。其应用范围广泛,涵盖从智能家居到自动驾驶汽车,从工业自动化到智能城市的各类场景,为各行各业带来新机遇。为实现高效、安全、可靠的边缘计算,需遵循资源利用最大化、资源分配动态化、资源管理智能化等基础资源架构准则,以充分发挥其潜力,为未来发展提供强大支撑。

2.2.1　边缘计算的优势

1)低延时

边缘计算与云计算协同互补,云计算适用于大规模数据处理和长期存储,而边缘计算则在实时数据处理和本地决策中发挥关键作用。

例如,无人驾驶汽车需要在毫秒级内处理传感器数据并作出决策,智能工厂的自动化生产亦依赖实时响应。传统云计算架构受限于数据传输的延迟,而边缘计算则通过就近处理数据,显著降低了时延,提高了系统实时性和响应效率。

2)数据过滤和压缩

边缘计算可在本地对数据进行预处理,减少上传数据量,降低网络带宽占用和传输延迟。通过数据过滤剔除冗余信息,并采用压缩技术优化存储和传输效率,特别适用于嵌入式系统和移动设备。此外,边缘计算可根据需求动态调整压缩策略,提高资源利用率并降低能耗。

3)环境感知能力

边缘计算节点可直接接入 Wi-Fi 热点、5G 基站等无线网络,获取地理位置、用户身份、网络状态等信息,为智能交通、室内导航等应用提供精准支持。基于实时环境数据分析,边缘计算可动态优化业务逻辑,提升系统性能和用户体验。

正是基于这些丰富的信息来源,边缘计算节点具备了强大的环境感知能力。它们能够实时感知周围环境的变化,包括用户行为、网络状况以及设备状态等。这种环境感知能力为动态地进行业务应用优化提供了坚实的基础。通过实时分析环境数据,边缘计算节点可以自动调整业务逻辑、优化资源配置以及提升系统性能,从而为用户提供更加高效、稳定且个性化的服务。

4)符合法律法规要求

边缘计算在数据隐私保护方面具有优势,敏感数据可在本地处理,减少远程传输的安全风险,同时符合数据最小化原则,有助于企业遵守 GDPR 等隐私法规。对于涉及地理位置等敏感信息的场景,边缘计算可有效降低数据泄露风险,增强合规性。

边缘计算节点通过将敏感信息在边缘侧处理并终结的方式,不仅提高了数据处理的安全性和效率,还确保了企业能够更好地遵守相关的隐私和数据保护法律法规。这种处理模式在当前数字化时代显得尤为重要,它为企业提供了一种既高效又合规的数据处理解决方案。

5)网络安全性

边缘计算节点在网络安全防护方面扮演着至关重要的角色,作为第一道防线,有效保护云服务提供商的网络免受各种攻击侵害。

传统的网络安全策略往往依赖于集中式的防御机制,这使得云服务提供商的网络成为潜在的攻击目标。然而,随着边缘计算技术的兴起,网络安全防护的范式正在发生转变。边缘计算节点分布在网络边缘,靠近数据源和用户,这使得它们能够更快速地检测和响应潜在的安全威胁。

边缘计算节点通过分散攻击面、实时威胁检测、本地数据处理以及快速响应与恢复等手段,为云服务提供商的网络提供了强大的安全保障。这种分布式的网络安全防护策略不仅提高了网络的整体安全性,还为云服务提供商带来了更高的灵活性和可扩展性。

2.2.2　边缘计算覆盖范围

边缘计算作为一种分布式计算架构,其覆盖范围因不同利益相关者的需求和技术视角而异,包括企业、网络运营商和云服务提供商。各角色基于自身业务需求,选择最优的边缘计算部署策略,以提升计算效率、降低网络负载并优化用户体验。

1)企业视角

企业越来越关注将计算资源部署至靠近终端设备和用户的边缘,以降低数据传输延迟并提升实时处理能力。边缘计算节点在不同场景中发挥重要作用:智能网关设备广泛应用于办公和家庭环境,负责数据采集、初步处理和本地控制,实时响应需求并减轻云端负担;智能控制器在工业自动化中实时监测和控制生产流程,确保高效稳定并优化制造效率;企业级边缘服务器则在数据中心或分支机构中执行复杂数据分析,减少网络负载并支持企业决策。

通过这些边缘计算节点,企业能够实现精细化管理并推动数字化转型。智能网关设备快速获取设备状态,智能控制器提升生产效率和质量,企业级边缘服务器则降低传输成本并增强系统性能。这种部署方式不仅提高运行效率,还为智能化升级奠定基础。

2)网络运营商视角

网络运营商正积极利用边缘计算来优化网络性能和服务质量,以满足日益增长的用户需求。在基站机房中,他们部署了边缘服务器,这些服务器位于接入网与核心网之间,扮演着关键角色。

基站机房中的边缘服务器主要负责用户设备的连接管理及初步数据处理。在边缘层面完成这些任务,可以显著降低服务响应延迟。用户在使用网络时,能够感受到更加流畅、快速的服务,这对于提升用户满意度和忠诚度至关重要。

除了基站机房,网络运营商还在中心机房中部署了边缘服务器。这些服务器用于承载高数据流量和复杂业务逻辑,能够有效提升数据处理效率。同时,它们还支持与地理位置相关的个性化服务,根据用户的位置信息提供定制化的服务内容。这种个性化的服务方式不仅能够满足用户的多样化需求,还能够为网络运营商带来更多的商业机会和收益。

3)云服务提供商视角

云服务提供商积极利用边缘计算扩展云服务能力,通过优化数据分发与处理流程,减轻云数据中心压力,提升服务灵活性和响应速度,为用户提供高效、稳定的云服务体验。内容分发网络(CDN)节点作为边缘计算部署的重要形式,通过分布式缓存和内容分发技术,将数据缓存到离用户更近的边缘位置,提高访问速度,减少带宽消耗,降低运营成本。

此外,云服务提供商构建的边缘计算平台,为开发者提供了丰富的 API 和开发工具,便于其构建和部署高实时性、大数据处理量的应用,推动云服务创新与发展。边缘计算的覆盖范围因不同利益相关者的业务需求而异,各方依据自身资源和技术能力,制订最优部署策略,以实现高效计算和优化用户体验。

🧩 任务拓展

边缘计算技术的优势分析

本报告旨在详细阐述边缘计算的定义、基本概念及其主要优势,包括低延迟、数据隐私保护、带宽节省等,并通过具体应用场景的案例分析,展示边缘计算在实际使用中的价值和效果。

1)边缘计算的定义与基本概念

边缘计算是一种分布式计算范式,通过将数据处理和存储能力从云端或数据中心推向网络边缘(如物联网设备、边缘服务器或网关),从而实现数据的本地化处理。其核心特征包括以下 5 点。

①分布式节点架构:由多个边缘节点组成,这些节点分布广泛且异构性强。

②靠近数据源:计算发生在数据生成地附近,减少数据传输距离。

③低延迟和实时性:显著降低数据处理延迟,满足对实时性要求高的应用场景。

④增强数据隐私和安全:数据在本地处理,减少传输过程中的隐私泄露风险。

⑤支持离线操作:在弱网或无网环境下仍可运行。

2)边缘计算的主要优势

①边缘计算通过在网络边缘处理数据,显著减少了数据传输到云端的延迟,特别适用于自动驾驶、远程医疗、实时视频分析等对实时性要求极高的场景。

②边缘计算减少了不必要的数据传输量,仅将必要的数据传输到云端,从而减轻网络带宽压力,节省成本。

③边缘计算支持在弱网或无网环境下运行,保障关键业务的连续性。

④边缘计算通过合理分配计算任务,利用边缘设备的闲置计算能力,提升整体能效。

⑤边缘计算能够快速处理数据并做出决策,支持实时响应和快速决策。

3)边缘计算的应用场景与案例分析

(1)自动驾驶、智能安防中的实时处理与安全性

应用场景:

自动驾驶汽车需要实时处理来自多个传感器的数据,以实时做出驾驶决策;智能安防需要实时监控视频流并快速识别,实现快速响应,减少误报或延迟。

案例分析:

在自动驾驶领域,车载边缘计算单元可以实时分析道路状况,使用 GPU 加速的边缘设备能够快速处理来自摄像头、雷达和传感器的数据,避免因云端延迟出现安全隐患,如在遇到障碍物或突发情况时,可迅速触发紧急制动或避障操作,确保车辆在复杂交通环境中安全运行。

在智能安防方面,边缘设备可以实时对监控视频流进行分析,快速识别异常行为、人员或物体,如在公共场所或重要设施的监控中,能够及时发现潜在威胁并发出警报,实现快速响应,保障人员和财产安全。

(2)工业物联网与智能制造中的数据处理与优化

应用场景:

工业物联网与智能制造领域需要对生产设备的运行状态进行实时监控和分析,以实现设备的预测性维护、质量控制和能效优化,提升生产效率和灵活性。

案例分析:

某汽车制造工厂部署了 Apache Edgent,在边缘设备上实时监控生产设备的振动数据,通过对数据的实时分析,系统能够提前预测设备故障,减少停机时间,提高生产效率。

某智能家居企业通过 Spring Boot 开发边缘网关,实现了对家庭环境传感器(如温度、湿度、光照等)的实时数据采集和处理,并通过 MQTT 协议将数据同步到云端,进一步优化了家庭设备的管理和能耗。

(3)边缘计算与 5G 的深度融合

应用场景:

5G 网络的超低时延和高速率特性,与边缘计算相结合,可支持实时数据传输和毫秒级的决策,在自动驾驶、智能工厂等领域具有重要应用价值。

案例分析:

在自动驾驶中,5G 网络支持边缘计算节点快速获取和处理数据,如车辆与车辆(V2V)、车辆与基础设施(V2I)之间的通信,实现毫秒级的决策,提高自动驾驶的安全性和可靠性。在智能工厂中,5G 网络支持实时数据传输,边缘设备可以快速响应生产异常,如生产线上的质量检测、设备故障预警等,优化生产流程,提高生产效率。

边缘计算通过其低延迟、带宽节省、数据隐私保护等优势,正在成为解决传统云计算局限性的重要技术。它不仅提升了系统的实时性和可靠性,还为物联网、自动驾驶、工业自动化等新兴领域提供了强大的技术支持。随着技术的不断发展和应用场景的拓展,边缘计算将在更多领域发挥重要作用,为数字化转型提供关键支撑。

任务 2.3　边缘计算架构

【任务导学】

本任务首先将全面介绍边缘计算架构的组成、平台架构设计、选型以及机器学习在边缘计算中的演进。其次,分析边缘计算架构的各个组成部分(如服务器、异构计算、虚拟化技术等)和平台架构(如网络架构、数据存储等),展示其在不同应用场景中的技术特点和应用价值。然后,对主流边缘计算平台(如英特尔至强 D、华为昇腾 310、ARM 处理器、百度 DuEdge、阿里云 Link IoT Edge)进行介绍,展示边缘计算架构的多样化和灵活性。最后,探讨机器学习在边缘计算中的演进,展示边缘 AI 计算的机遇和挑战,以及云边协同的重要性。通过本次任务的学习,读者能够全面理解边缘计算架构的设计理念、技术特点和未来发展趋势。边缘计算架构思维导图如图 2.7 所示。

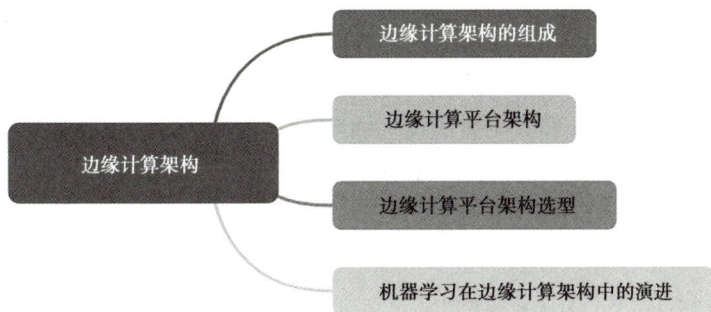

图 2.7　边缘计算架构思维导图

【知识储备】

在数字化转型中,数据快速增长和处理需求高涨对传统云计算模式提出了挑战。边缘计算通过在数据源附近提供计算能力,正在改变数据处理和智能应用的方式。理解边缘计算架构的组成是掌握这一技术的关键。

本任务将全面探讨边缘计算架构的组成,从边缘设备的智能化出发,深入到边缘服务器部署、平台高层设计,整合成高效可靠系统。同时模拟企业级边缘计算解决方案开发流程,涵盖需求分析、系统设计、实施评估等,结合实际业务需求和技术挑战,让读者掌握理论知识,提升项目管理、团队协作和技术实现能力。任务涵盖边缘计算核心组件,探讨安全性、隐私保护及机器学习在边缘计算中的应用,如何利用机器学习提升边缘计算智能化水平,实现模型有效部署和优化。

通过本任务的学习,读者将结合理论与实践,提升专业技能和综合素质。让我们一起开启探索之旅,揭开边缘计算架构的神秘面纱。

2.3.1 边缘计算架构的组成

1)服务器架构

边缘计算服务器的设计对整个架构的效能和稳定性至关重要。与传统数据中心服务器相比,边缘计算服务器在空间和能效方面面临更严格的限制。通常,边缘服务器会部署在空间有限的环境中,如通信基站、零售店或工业车间,工作空间往往不到传统数据中心机架的10%。因此,边缘服务器必须采用高密度设计,集成多核处理器、高速连接和大容量存储模块,以确保在资源受限的情况下能够高效运行复杂的计算任务。

在功耗管理方面,边缘计算服务器必须能够在不同环境下提供稳定的工作性能。特别是在执行深度学习推理等高性能计算任务时,服务器的功耗可能会达到300W。因此,边缘服务器需要支持不同的电源配置,例如直流电和交流电,以适应各种部署需求。在5G基站中部署的服务器可能还需支持48V直流电,并具备无风扇散热功能,从而降低对环境的散热需求。

带外管理功能是边缘服务器的重要特点之一,它使得系统管理员能够远程管理服务器,进行维护、升级及故障诊断。尽管带外管理是可选的,但在实际应用中,它对于保证边缘计算服务的稳定性和可靠性至关重要。

2)异构计算

随着物联网应用的普及和人工智能技术的广泛应用,边缘计算面临着前所未有的挑战。异构计算作为边缘计算的重要组成部分,越来越受关注。异构计算通过将不同类型的计算单元(如CPU、GPU、FPGA和ASIC)集成到同一平台中,实现了计算任务的高效分配和执行。

尽管异构计算能够提供显著的性能和功耗优势,但它也带来了系统架构的复杂性。不同计算单元之间的协同工作、硬件兼容性以及可扩展性问题,要求开发者采取合适的技术来保证系统的高效运行。

虚拟化技术和软件抽象层提供了解决这一复杂性的方法。通过虚拟化,多个操作系统和应用程序能够共享同一物理硬件,提升资源利用率和系统灵活性。而软件抽象层则通过统一的开发工具和API,简化了底层硬件的复杂性,使开发者能够更方便地进行跨平台应用的开发和部署。

3)虚拟机和容器

边缘计算架构利用虚拟机和容器技术有效管理计算资源,其中虚拟机适用于严格安全隔离需求,而容器技术(如Docker)以其高效资源利用和灵活部署在边缘计算中广泛应用,支持微服务部署并通过Kubernetes等工具实现自动化管理,提升系统可伸缩性和可靠性。同时,边缘终端节点参与计算和数据处理,需权衡计算与无线传输功耗以优化性能。整体架构涉及硬件设计、软件优化及虚拟化和容器化技术的综合协同。

2.3.2 边缘计算平台架构

边缘计算平台的基础资源包括计算、网络和存储模块,并辅以虚拟化服务。边缘计算平台架构如图 2.8 所示。

图 2.8 边缘计算平台架构图

1)异构计算

异构计算已经成为边缘计算中不可或缺的计算架构。随着物联网(IoT)设备的普及和人工智能(AI)技术的广泛应用,计算能力面临前所未有的挑战。这些挑战不仅体现在计算需求的增长上,还涉及数据类型的多样性以及计算任务的复杂性。为了应对这些挑战,异构计算应运而生,旨在通过协同多种计算单元(如不同指令集和架构)来优化性能、成本、功耗和可移植性。异构计算架构如图 2.9 所示。

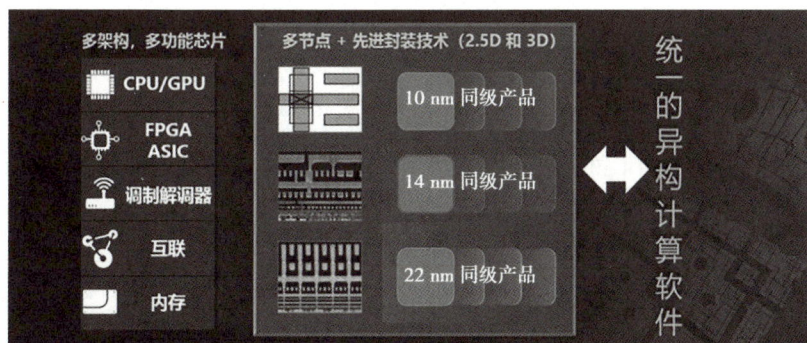

图 2.9 异构计算架构图

随着 AI 技术的发展,尤其是深度学习在边缘计算中的广泛应用,计算需求急剧增加。单次推理可能需要超过十亿次计算,这已超出了传统边缘设备的承载能力。为解决这一问题,当前的优化方向包括以下两种。

①自顶向下的优化:通过压缩训练后的深度学习模型,减少推理阶段的计算负载。

②自底向上的优化:重新设计适应边缘计算环境的算法架构,以满足资源限制和性能需求。

通过这些优化,异构计算在边缘计算中发挥了更大作用,提供了更高效的计算支持,助力物联网和 AI 应用。

2）网络层架构

在边缘计算的业务执行过程中,通信网络至关重要。为了满足对低延迟、数据完整性和高可靠性的需求,边缘计算网络必须具备高度的可靠性与可扩展性。在此背景下,时间敏感网络(TSN)和软件定义网络(SDN)成为边缘计算的关键技术。

TSN:TSN 技术通过提供实时优先级和时钟同步等功能,确保了数据传输的高可靠性和低延迟,非常适合工业自动化和智能制造等对高精度控制有严格要求的场景。

SDN:SDN 通过将控制平面与数据转发平面分离,提供网络的可编程化管理。这种架构可以支持海量设备接入和灵活扩展,提升边缘计算网络的自动化和安全性。

3）数据存储

随着物理世界动态变化的实时监控需求增加,时序数据的存储变得尤为重要。时序数据库(TSDB)是专为存储和管理时序数据而设计的。它具备图 2.10 所示的几个关键特性。

图 2.10　时序数据库关键特征图

时序数据的连续性和不可逆性要求 TSDB 不断插入新数据而非更新原数据,从而避免误差累积。

4）虚拟化管理平台

虚拟化技术从服务器扩展到嵌入式系统,有效降低开发和部署成本。在边缘计算中,处理器、算法和存储器需优化,强化 MCU 通用性或引入专用加速器是处理器设计的关键。随着计算需求的增加,高性能内存计算和新型存储器成为解决计算瓶颈的关键技术。

2.3.3   边缘计算平台架构选型

随着5G、物联网（IoT）与人工智能（AI）等新兴技术的快速发展，终端设备数量急剧增加并伴随着海量数据的生成与处理需求。传统的云端数据中心面临着严峻的挑战，尤其在实时性要求高的应用中，数据传输至云端会带来较高的延迟并占用大量带宽资源。因此，边缘计算应运而生，能够在离数据源更近的地方进行数据处理，以降低延迟并提高效率，同时在部署时需考虑成本、空间和能耗等因素。在此背景下，以下是几种主流的边缘计算平台架构及其特点。

1）英特尔平台

英特尔推出的至强D-2100处理器专为边缘计算设计，结合Intel Skylake核心，提供强大的计算能力。它支持高速IO、高效的Intel QAT加速器与iWARP RDMA以太网控制器，确保数据处理的高性能与可靠性。尽管具备强大的计算能力，但其热设计功耗（TDP）需保持在100 W以下，以成功实现性能、成本、空间与功耗之间的平衡。该处理器特别适合边缘AI推理、实时数据分析等任务，推动了边缘计算在数字化转型中的广泛应用。

2）华为昇腾310

华为的昇腾310芯片专为边缘计算中的AI场景设计，具有16 TOPS的算力，能够同时处理200个不同物体的实时识别，适用于自动驾驶、智能制造等高要求场景。昇腾310芯片采用华为创新的"达芬奇架构"，提供从低功耗到高算力的全面覆盖，支持开发者灵活应对不同应用需求。这一架构能够实现统一开发，并优化AI应用的部署与迁移，提高了开发效率和应用落地速度。

3）ARM处理器

针对移动和嵌入式市场的需求，ARM推出了具有4.6 TOPS计算能力的机器学习处理器，且能效表现出色，达到3 TOPS/W。该处理器设计包含固定功能引擎和可编程引擎，以高效处理卷积层与其他神经网络计算任务。通过独特的架构设计，支持从低功耗到高性能的多种配置，满足IoT、ADAS、5G等应用对计算力与能效的不同需求。此外，ARM的处理器兼容现有的CPU、GPU和机器学习框架，极大地方便了开发者。

4）百度DuEdge

百度DuEdge平台通过边缘计算技术，优化了数据传输路径，解决了跨网问题，提高了网站访问速度与网络效率。该平台不仅具备传统的数据传输功能，还拓展了设备消息收发、函数计算与安全防护等云端能力，增强了边缘节点的计算与处理能力。DuEdge平台采用分布式计算和物理上更靠近设备端的设计，有效提高了数据处理的实时性与安全性，成为支撑智能化应用的核心平台。

5）阿里云Link IoT Edge

阿里云的Link IoT Edge为边缘计算提供了强大的支持，支持各种智能设备和计算节点的部署。该平台的兼容性涵盖Linux、Windows和Raspberry Pi等操作系统，开发者可以根据需求选择最适合的开发工具和平台。Link IoT Edge 不仅增强了物联网设备的计算与数据处理能力,还为工业、交通、医疗等行业提供了低延迟、高效能的计算服务。

2.3.4 机器学习在边缘计算架构中的演进

机器学习在边缘计算中的演进展现了从云中心化向边缘分布式的转变。随着计算能力下沉和智能设备普及,边缘计算结合机器学习实现了低延迟、高效能的数据处理,同时保障了数据隐私与安全,推动了智能化应用在各行业的深入发展。

1)AI 精度需求差异

AI 在不同应用场景中对精度的需求各异。训练阶段要求高精度、大计算量及丰富内存资源;而推断阶段则更注重速度、能效与数据隐私保护,常需妥协模型精度以提升实时性和效率。AI 工作负载的数据密集性导致"内存墙"问题,成为性能提升的瓶颈。为此,业界正探索富内存处理单元和存内处理(PIM)技术,以减少数据传输开销并优化计算效率,旨在不牺牲性能的前提下实现低功耗与高效能。

2)低精度、可重构 AI 芯片趋势

AI 芯片设计尚未统一,低精度设计已成为明显趋势,尤其是针对推断任务的芯片。未来AI 芯片将朝可重构方向发展,提高灵活性和适应性。AI 开发框架如 TensorFlow 和 PyTorch 优化了模型开发与训练流程,推动了 AI 芯片技术的快速发展。NVIDIA、Google 等公司已推出高性能 AI 芯片,FPGA 在云端推理中也逐渐获得广泛应用。

3)边缘 AI 带来新机遇

边缘 AI 让智能设备迎来新机遇,随着 AI 技术的快速发展和应用生态的拓展,越来越多的AI 应用正从云端向边缘设备转移,尤其是在智能手机、平板电脑等移动终端上,AI 应用展现了巨大的创新潜力。这些终端设备具有便携性、实时性和个性化等优势,为 AI 应用的普及提供了坚实的基础。在众多边缘计算设备中,智能手机凭借其强大的计算能力、丰富的传感器资源以及广泛的用户基础,成为最具代表性的设备。许多手机芯片厂商,如苹果、华为、Qualcomm、联发科和三星等,纷纷推出了专为 AI 应用设计的芯片,这些芯片具备高性能、低功耗和高度集成等优势,能够加速神经网络计算并支持多种 AI 框架和算法,从而为开发者提供了便捷的 AI 应用开发环境。

4)云 + 端协同工作

云端与边缘设备在 AI 处理上各有侧重。云端强调高精度、强大计算能力,而边缘设备更注重功耗、响应时间、成本、体积和隐私安全等。实际应用中,云端负责训练神经网络,边缘设备负责实时推理。结合边缘计算技术,部分计算能力从云端转移至边缘设备,实现低时延、低能耗的深度学习模型推理。未来,虚拟化技术将提升资源共享效率,网络优化技术将大幅提升AI 在边缘设备上的性能和灵活性。

任务 2.4　边缘计算相关网络

【任务导学】

本次任务将系统地分析边缘计算与通信网络的关系,重点探讨数据中心网络、SDN/NFV、网卡虚拟化、虚拟交换机等关键技术在边缘计算中的应用。通过对边缘计算网络需求和发展趋势的分析,展示边缘计算对网络架构变革的推动作用。同时,结合国内运营商的网络演进案例,展示边缘计算在实际应用中的重要性和潜力。通过本次任务的学习,读者能够全面理解边缘计算网络的技术特点、发展趋势及应用价值。边缘计算相关网络的思维导图如图 2.11 所示。

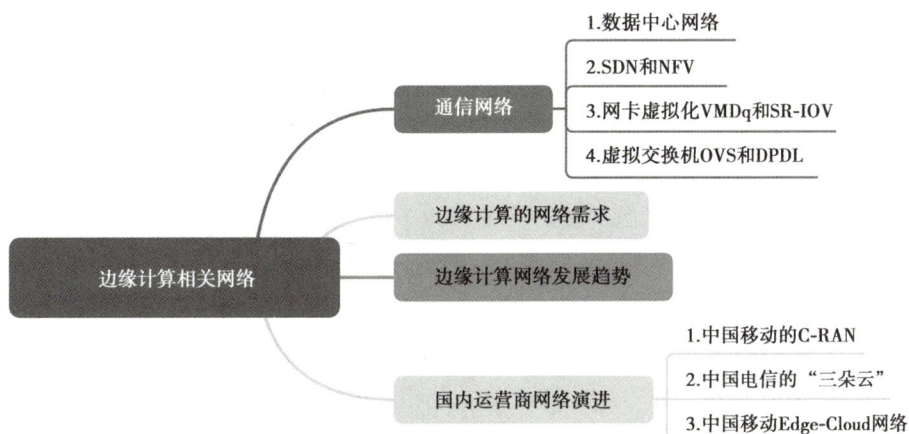

图 2.11　边缘计算相关网络思维导图

【知识储备】

在数字化浪潮的推动下,云计算成为企业信息化建设的重要支柱,但随着物联网设备的普及和智能应用的涌现,云计算面临海量数据实时处理、低延迟响应及带宽资源压力等挑战,促使边缘计算这一新兴计算范式应运而生。边缘计算通过将计算任务下沉至网络边缘,靠近数据产生和处理地点,显著降低数据传输延迟,提高处理效率和响应速度,对整个信息网络架构产生深远影响。然而,边缘计算的发展面临网络复杂性提升、数据安全性风险增加等挑战,需要更加精细化地管理和优化。边缘计算相关网络任务旨在深入探讨这些网络问题,从网络架构角度分析边缘计算对传统网络的挑战,如多样化网络拓扑、复杂通信协议及动态资源分配等,并探讨技术创新如网络虚拟化、软件定义网络(SDN)、网络功能虚拟化(NFV)等前沿技术的应用,同时重点关注边缘计算网络的安全性,旨在保障数据隐私和安全的前提下充分发挥边缘计算优势。通过深入了解边缘计算相关网络的各个方面,从理论基础到实践应用,从技术挑战到解决方案,为读者提供有力支持,推动未来边缘计算技术的发展和应用。

2.4.1 通信网络

移动网络和固定网络作为通信基础设施的两大支柱,各自承载着不同的业务需求与技术挑战。随着边缘计算的兴起,二者正面临新的发展机遇和挑战。移动网络通常分为接入网、承载网和核心网三大部分。以 4G 网络为例,无线接入网(RAN)作为其核心组成部分,主要包括天线、馈线、无线远端单元(RRU)和基带处理单元(BBU)。承载网的发展经历了从基于时分复用(TDM)的 T1/E1 技术构建的准同步数字系统(PDH),到同步数字体系(SDH)、多业务传输平台(MSTP)、分组传送网(PTN)以及软交换技术的兴起等阶段。在移动网络方面,LTE 网络迁移控制平面和用户数据流转功能至基站,催生了 IP 无线接入网(IP RAN)。在固定网络方面,接入网、汇聚网和城域网构成整体架构,无源光网络(PON)逐渐普及,政企用户可申请专线业务,城域网之上光传送网(OTN)作为骨干网实现全国互联。

随着边缘计算的不断发展,移动和固定网络面临新挑战与机遇,亟需技术创新与架构调整,以应对未来多样化的业务需求。

1)数据中心网络

早期大型数据中心网络架构普遍采用接入层、汇聚层和核心层的三层结构,旨在高效管理和优化网络。接入层交换机位于机架顶部(ToR),负责连接服务器、存储等资源,提供高速可靠的数据传输。汇聚层交换机则汇聚接入层数据,并提供防火墙、入侵检测等增值服务以确保数据中心的安全稳定。核心交换机作为核心组件,连接多个汇聚交换机实现高速数据转发。然而,由于核心交换机成本高昂,三层之间的带宽设计通常存在超占比,即接入层总带宽高于汇聚层,汇聚层又高于核心层,以适应当时以南北向流量为主的需求。但随着技术的发展,分布式计算、大数据和人工智能等现代应用导致东西向流量大幅增加,若这些流量集中占用核心交换机带宽,将因超占比导致整体网络转发能力下降,影响南北向流量的稳定传输。大型数据中心网络架构如图 2.12 所示。

为应对现代数据中心面临的流量挑战,网络架构逐步向 Spine/Leaf 架构演进。该架构通过引入 Spine 交换机和 Leaf 交换机,优化了网络结构,增强了平面性和高性能。在 Spine/Leaf 架构中,Leaf 交换机负责连接服务器,提供高速、低延迟的数据传输,而 Spine 交换机则负责连接所有 Leaf 交换机,实现高速数据转发。采用 ECMP(Equal Cost Multi Path)协议,数据可在多条路径中传输,有效缓解了传统三层架构中的超占比问题。此架构不仅降低了成本,还提升了网络的扩展性,通过增加 Spine 交换机数量即可轻松应对业务增长。此外,Spine/Leaf 架构的扁平化设计能更好地适应云计算时代变化的业务需求,并支持容错能力的提升,Facebook的成功应用便是其典型案例。Spine/Leaf 网络架构如图 2.13 所示。

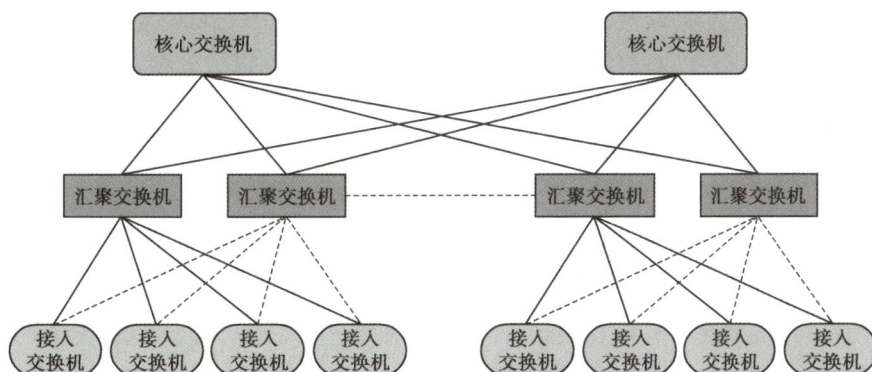

图 2.12 大型数据中心网络架构

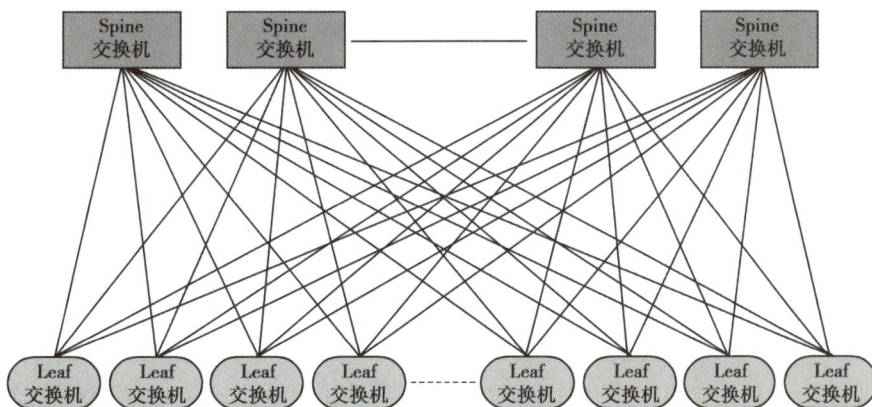

图 2.13 Spine/Leaf 网络架构

2)SDN 和 NFV 在边缘计算中的应用

SDN(软件定义网络)与 NFV(网络功能虚拟化)是当前网络领域的重要发展技术,尽管二者在设计理念上存在不同,但都在推动网络灵活性和开放性方面发挥着重要作用。SDN 的核心思想是将网络的控制面与数据面分离,通过集中式控制服务器提供策略管理,使得网络部署和管理更加简便。控制层与数据层的解耦,使得网络能够灵活支持不同的业务需求,而数据面则由硬件交换机负责数据转发。SDN 的标准化接口(如 OpenFlow)进一步增强了网络的可扩展性和灵活性。NFV 则主要关注网络功能的虚拟化,通过将传统网络功能从专用硬件转移到通用硬件上运行的软件应用,大幅降低了设备成本,并提高了资源利用效率。NFV 将硬件资源池化,能够根据实际需求灵活配置资源,适应不断变化的业务需求。

尽管 SDN 和 NFV 的侧重点不同,但它们之间具有高度的互补性。在许多场景中,SDN 的控制和数据分离策略可以与 NFV 结合,共同提高网络的灵活性和效率。总体来说,SDN 和 NFV 为未来网络的发展提供强有力的推动,助力网络迈向更加开放、灵活和智能的新时代。

3）智能网卡（VMDq、SR-IOV）

智能网卡技术 VMDq 与 SR-IOV 应对了现代物理主机支持多 CPU 核时 IO 设备数量有限的挑战。随着虚拟化技术广泛应用，物理网卡虚拟化成为扩展 IO 接口的关键。纯软件方案虽可行，但 CPU 资源消耗大，难以满足性能需求。因此，硬件辅助虚拟化成为主流，尤其是物理网卡虚拟化以支持虚拟机网络访问。

VMDq 技术通过网络适配器数据分类，使虚拟化主机 IO 访问性能接近线速，降低 CPU 占用。虚拟机管理器在网络适配器中为每台虚拟机分配独立队列，直接发送数据流量，减少虚拟交换机的排序和路由需求。然而，数据流量仍需在网络适配器和虚拟机间复制。

SR-IOV 技术更进一步，使虚拟机无须软件模拟即可直接访问网络适配器，性能接近物理机。它允许虚拟机高效分享 PCIe 设备资源，创建虚拟功能 VF 作为独立网卡设备。VF 与虚拟机间通过 DMA 进行高速数据传输，性能优于 VMDq，但需硬件支持。

SR-IOV 功能设备具有以下优点：标准化共享 IO 设备资源，提升虚拟系统资源利用率；物理服务器上每个虚拟机接近本地性能；确保虚拟机间数据安全；支持平滑虚拟机迁移，实现 IO 环境动态配置。

为进一步降低数据转发时延并卸载 CPU 资源，可采用 FPGA 或 ASIC 实现 OVS 数据面处理，控制面保留在主机端。结合 SR-IOV 直接访问网络适配器及虚拟机／容器内运行 DPDK 驱动 PMD 进行轮询和线程绑定，可获得极高网络吞吐量和性能。

4）虚拟交换机（OVS、DPDL）

在数据中心网络虚拟化的实现过程中，虚拟交换机（如 Open vSwitch，OVS）发挥着至关重要的作用。作为一种开源的虚拟交换机软件，OVS 不仅支持网络自动化运维，还具备标准的管理接口和协议，使其能够在多个物理服务器之间灵活部署和运行。与传统的物理交换机相比，OVS 展现出了极高的配置灵活性，单台服务器可以支持数十台乃至上百台虚拟交换机的并行运行，从而为数据中心的网络架构提供了显著的扩展性和灵活性。

OVS 等虚拟交换机的软件实现主要具备以下两大核心能力。

①高效的数据分组导入与导出：能够高效地处理大量数据分组的导入和导出操作，确保网络流量的稳定与高效。

②高吞吐量的数据转发：实现不同物理宿主机和虚拟机之间的高速数据传输，满足数据中心对高吞吐量网络流量的需求。

然而，OVS 的性能瓶颈主要来源于传统 CPU 的 IO 带宽限制。为了解决这一问题并提升数据转发性能，英特尔提出了数据平面开发套件（DPDK，Data Plane Development Kit），它能够与 OVS 结合使用。DPDK 提供了高性能的数据分组处理库和用户态驱动程序，替代了 Linux 内核下的传统网络数据分组处理机制，从而优化了转发路径，提高了数据处理效率。

与传统数据包处理方法相比，DPDK 具有的特点见表 2.4。

表 2.4   DPDK 特点表

技术特点	详细描述
轮询机制	通过轮询方式减少上下文切换开销,从而提高数据处理效率
用户态驱动	通过减少内存复制和系统调用的需求,加速了数据处理过程,并提升了优化迭代的速度
亲和性与独占性	允许特定任务与特定处理核心绑定,减少线程间的核切换开销,提升缓存命中率
降低访存开销	通过内存大页技术减少 TLB（Translation Lookaside Buffer）缺失率,并采用内存锁步和多通道技术减少内存延迟,提高内存带宽利用效率
软件调优	通过缓存行对齐、数据预取和批量操作等优化手段,进一步提升了数据处理性能

结合 DPDK 技术后,虚拟交换机在性能上接近中端物理交换机,支持 10 Gb/s 甚至更高的交换速率。这种高性能的虚拟交换机方案为数据中心提供了强大的网络基础设施支持,能够满足日益增长的网络需求,进一步推动了虚拟化环境中网络性能的提升。

2.4.2   边缘计算的网络需求

如高清视频、VR/AR 等新兴应用场景对网络带宽和响应时间要求极高,4G 难以满足,为此 ITU 定义了 5G 三大应用场景。然而,5G 高带宽和高功耗特性对许多静态且低功耗的物联网设备来说并不经济,物联网领域还存在多种适用于不同场景的无线传输技术。物联网设备数量庞大、业务复杂,用户对大带宽应用需求激增,企业业务向云端迁移,以及金融、医疗等对网络可靠性要求高的业务增多,加之移动通信系统网络现状复杂,多制式网络共存,都给边缘网络带来挑战,有效运行和维护多制式网络成为运营商关键问题。

5G 移动网络、物联网等的快速发展,对边缘网络提出超高速带宽、毫秒级超低时延、超高密度连接、超高速移动连接、多网络融合、安全隐私保障等需求。此外,业务下沉和隐私保护使安全性越发重要,超高速移动场景下的稳定连接和业务连续性也是挑战。边缘网络需不断适应技术进步和业务需求变化,以提供高效、可靠、安全的网络支持。

2.4.3   边缘计算网络发展趋势

网络运营商在数字化转型中面临挑战,需要在确保投资回报的同时,有效满足边缘网络多方面需求。单一网络架构难以兼顾所有功能需求,且核心需求间存在天然矛盾,运营商需寻求平衡之道。他们可利用边缘业务平台资源,将关键业务应用下沉至接入网络边缘,降低网络时延。同时,在边缘侧终结大部分本地流量,仅传送必要压缩数据至核心网和数据中心,减轻带宽压力并提升用户体验。此外,采用毫米波、Massive MIMO 等新兴无线技术,以及引入更高带宽的网络技术,如 25 G、50 G 乃至 100 G,可显著改善网络时延问题,提高带宽利用率,并支持超高速移动连接。运营商还可运用无线接入新技术、CU/DU 分离部署、端到端网络切片等策略,构建灵活、高效、可靠的边缘网络环境。

随着通信技术进步,通信网络日益依赖 IP 协议,促进了 CT 与 IT 的融合即 ICT 融合。ICT 融合主要体现在网络和设备层面的整合。网络层面,运营商可通过统一 IP 网络支持 IT 和 CT 业务需求,实现数据、语音和视频服务的统一承载。尽管传统通信网络关键设备在设计上可采用通用处理器实现,但实际部署时仍采用专用设备机箱。然而,随着 5G 网络架构的实施、SDN 和 NFV 技术的发展,以及网络云化和边缘计算的兴起,未来通信设备将越来越多地在通用边缘计算和传统服务器硬件平台上实现,推动 ICT 融合的深入发展。

面对未来 5G 和固网业务的增长需求,以及 SDN、NFV 等技术的快速发展,中国的三大运营商都在积极考虑如何结合自身已有的网络基础设施和业务特点,顺应 ICT 融合的大趋势,制定各自的技术演进策略。这些策略不仅涉及网络架构的升级,还包括设备的虚拟化、服务的智能化以及运营的自动化等方面,旨在构建一个更加高效、灵活和可扩展的下一代网络。网络需求与解决方案匹配方式如图 2.14 所示。

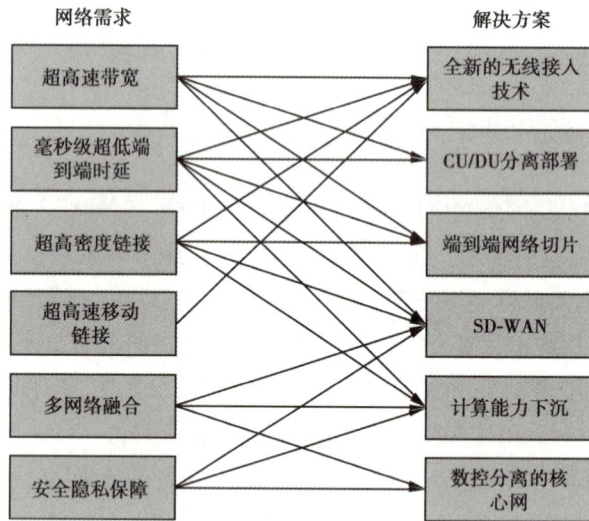

图 2.14　网络需求与解决方案

2.4.4　国内运营商网络演进

1)中国移动的 C–RAN 架构

中国移动的 C-RAN(Centralized Radio Access Network,集中式无线接入网)是其在无线网络架构方面的一项重要创新。该架构的核心思想是将传统无线接入网(RAN)中的基带处理单元(BBU)集中起来,形成一个集中式的基带资源池,而射频拉远单元(RRU)则分布在网络的边缘,负责信号的收发。

通过集中式的 BBU 池,C-RAN 实现了基带资源的共享,提高了资源利用率,有效降低了能耗和成本。集中式的架构便于进行网络性能的协同优化,如干扰管理、负载均衡等,从而提升了网络的整体性能。此外,C-RAN 减少了基站设备的数量,简化了网络部署和维护工作,降低了运维成本,同时加快了新基站服务的部署速度,缩短了网络建设周期。

C-RAN 架构还支持更加灵活的网络配置和调整,能够更好地适应不同地区和服务的需求。并且,它鼓励采用开放和标准化的硬件和软件平台,促进了产业链的发展和创新。在推进 C-RAN 的过程中,中国移动还结合了云计算、大数据、人工智能等技术,进一步提升了网络的智能化水平和服务质量。例如,通过引入 SDN(软件定义网络)和 NFV(网络功能虚拟化)技术,实现了网络控制的集中化和可编程化,提高了网络的灵活性和可扩展性。

C-RAN 的部署对于中国移动来说,不仅是技术上的升级,也是业务和服务模式创新的重要支撑。通过 C-RAN,中国移动能够更好地应对移动互联网时代的数据流量爆炸式增长,提供更加优质、高效的网络服务。

2)中国电信的"三朵云"架构

中国电信为满足 5G 多样化组网需求,构建灵活开放的网络环境,借鉴 SDN 和 NFV 理念,提出"三朵云"网络架构,包括控制云、接入云和转发云。

控制云是网络架构的核心,负责整体管理和控制,利用虚拟化、网络资源容器化及切片化技术,实现网络功能灵活部署和定制化处理,提供开放性和可扩展性。

接入云实现多网络、多业务场景的智能接入和灵活组网,涵盖 3G、4G、5G、物联网、车联网等服务,智能识别和处理不同业务请求,并将边缘计算能力下沉至网络边缘,降低时延,提高数据处理效率。

转发云专注于数据的高速转发和处理,以及业务使能单元的管理。在控制云协调下,根据不同业务需求,通过端到端网络切片技术构建虚拟网络,为 eMBB、mMTC 和 URLLC 等业务提供定制化服务。

中国电信的"三朵云"架构通过云化和网络切片技术,提升了网络灵活性和开放性,为 5G 网络建设和服务提供有力支持。中国电信三朵云架构方案如图 2.15 所示。

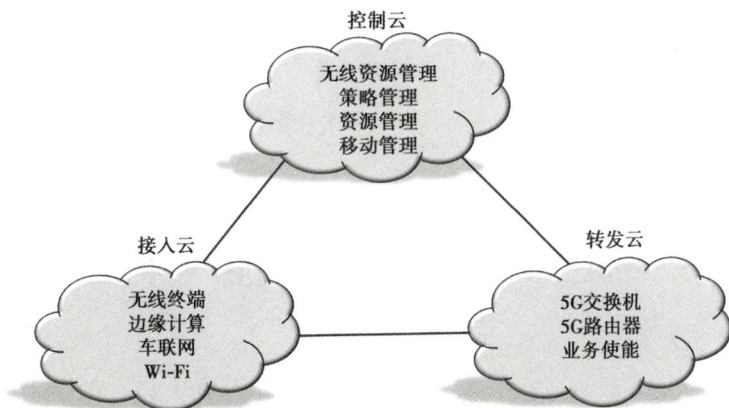

图 2.15　中国电信的"三朵云"

3)中国联通 Edge-Cloud 网络架构

中国联通为应对 5G 多样化业务需求及固网融合趋势,充分利用边缘 DC 资源强化管道能力。依托 SDN、NFV 和网络云化技术,通过虚拟化承载电信网络功能,结合 MANO 与云管理平台实现资源统一管理和业务编排。实施 CORD 计划,将传统局端设备转型为基于 DC 架构的新型设施,打造开放的 Edge-Cloud 平台,支持边缘计算和网络功能灵活部署,拓展新型增值业务,并向第三方开放存储、计算、网络和安全能力。同时,计划通过统一 API 接口提供丰富网络服务,转型为端到端业务提供商。

未来,中国联通组网策略采用边缘 DC、本地 DC 和区域 DC 三级布局,基于虚拟技术构建云资源池,实现多网融合网络统一接入。各级 DC 功能明确,"三级云"都通过虚拟化技术形成资源池化,通过 VIM 管理 NFVI,基于分布式部署原则实现统一管理。统一云管理平台分两层,可部署于边缘或区域 DC。此外,中国联通还特别强调支持和编排管理第三方边缘应用,涵盖软件镜像、资源需求等多方面内容。

Edge-Cloud 网络三级云架构如图 2.16 所示。

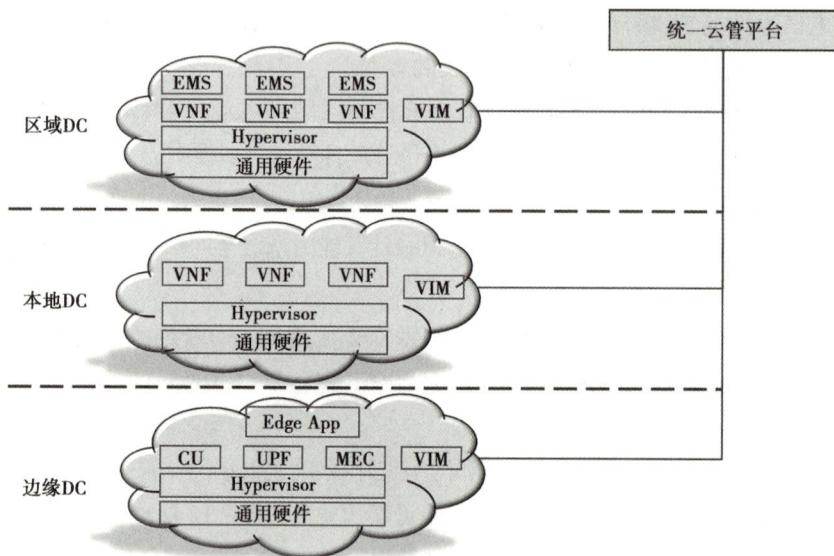

图 2.16　Edge-Cloud 网络 "三级云"

任务 2.5　边缘存储架构

【任务导学】

本次任务全面介绍边缘存储的定义、优势、数据类型、存储架构及相关技术。边缘存储通过将数据存储和处理推向网络边缘,显著降低延迟、优化网络带宽,并增强数据的安全性和隐私保护。通过分布式网络分发和高可靠性设计,边缘存储能够支持大规模物联网应用和实时数据处理。此外,边缘存储支持多种存储架构(如集中式和分布式存储),可根据具体需求灵活选择。通过本任务的学习,读者能够全面理解边缘存储在现代数据处理中的重要性和应用场景。边缘存储架构的思维导图如图 2.17 所示。

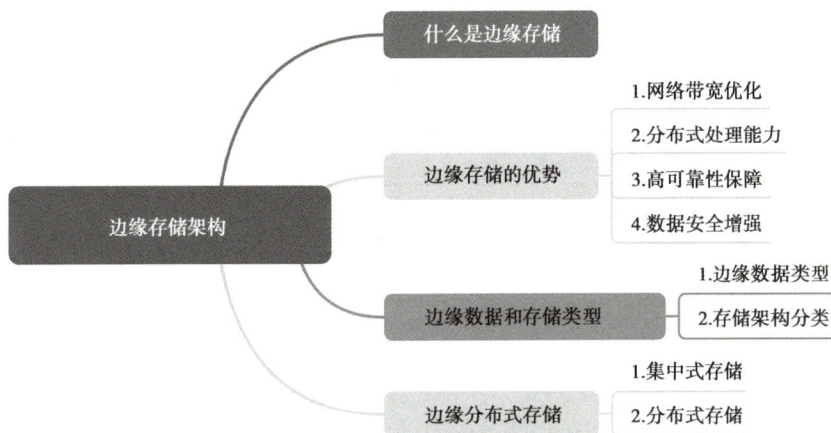

图 2.17　边缘存储架构思维导图

【知识储备】

在数字化转型的浪潮中,数据的爆炸式增长和对实时处理的需求不断挑战传统云计算模式的极限。边缘计算通过在数据源附近提供计算能力,正在改变数据处理和智能应用的方式。而边缘存储作为边缘计算的重要组成部分,通过在靠近数据源的位置提供存储能力,进一步优化了数据管理和处理效率。理解边缘存储架构的组成和优势是掌握边缘计算技术的关键。

本任务将全面探讨边缘存储架构的组成,从边缘存储的基本概念出发,深入到边缘存储的优势、数据类型和存储类型,以及分布式存储的实现方式。我们将模拟企业级边缘存储解决方案的开发流程,涵盖需求分析、系统设计、实施评估,结合实际业务需求和技术挑战,让读者掌握理论知识,提升项目管理、团队协作和技术实现能力。任务将涵盖边缘存储的核心组件,探讨数据隐私保护、安全性以及分布式存储的优化策略,帮助读者理解如何通过边缘存储提升系统的整体性能和可靠性。

2.5.1　什么是边缘存储

边缘存储是一种新兴的数据存储方式,其核心思想是将数据直接存储在数据采集点或其附近的边缘计算节点中,如 MEC(多接入边缘计算)服务器或 CDN(内容分发网络)服务器,而非通过网络实时传输至中心服务器或云存储。这种存储模式通常采用分布式存储技术,也被称为去中心化存储。通过表 2.5 中的几个实际案例来进一步阐释边缘存储的应用。

表 2.5　边缘存储应用实际案例列举表

应用领域	应用描述
安防监控领域	智能摄像头或网络视频录像机（NVR）能够直接保存和处理捕获的视频数据,无须将所有数据传输至中心机房,大大减少数据传输延迟,提高处理效率
家庭网络存储	用户倾向于将个人数据存储在家中网络存储服务器上,而非上传至第三方存储服务提供商,以保护个人隐私和数据安全,确保敏感数据不离开物理控制范围
自动驾驶汽车	车辆采集的大量数据可在车载单元或路侧单元中进行预处理,仅将处理后的关键数据传输给后台服务中心或云平台,减少数据传输量,提高系统响应速度和效率

尽管边缘存储具有诸多优势,但目前中心存储仍然是主流选择。其中的主要原因有两个:一是边缘设备的处理能力尚不足以满足复杂的数据处理需求;二是缺乏成熟的技术方案来实现边缘节点之间的连接和数据同步,从而限制了边缘存储在数据采集、处理和存储方面的应用。

随着芯片技术的不断进步,边缘端设备的运算能力和处理速度得到了显著提升,同时设备成本也在不断降低。这使得在数据产生的边缘端进行高效数据处理成为可能。此外,去中心化存储技术的发展也为边缘存储提供了有力支持。例如,IPFS(星际文件系统)采用的Libp2p 协议能够有效地解决端设备的局部互联问题,使得数据在边缘节点之间能够顺畅地进行传输和处理。

以车联网为例,自动驾驶汽车中的传感器和摄像头采集的大量数据可以存储在本地和路侧单元中。由于同一街道或区域内运行的汽车众多,它们会采集到许多重复的数据,但同时也有一些数据可以相互补充。当数据存储在本地时,同一街道上的汽车能够相互连接并即时聚合数据,从而大大减少了需要上传的数据量。这种数据存储和处理方式不仅提高了效率,还降低了网络带宽的需求和数据传输的成本。

边缘存储的主要特点包括:

①低时延。通常小于 5 ms。

②分布式查看,隔离操作。同一个网络操作不应该影响其他的网络。

③本地保存和转发能力。能够降低和优化节点间的带宽占用。

④能够聚合并传送给中心节点。从而减少网络中冗余数据的传输。

⑤数据移动性。允许边缘设备在不同的边缘网络中移动,而不影响数据同步和完整性。

2.5.2　边缘存储的优势

1)网络带宽优化

云计算的广泛应用极大地提升了人们生活的便利性,使人们能够随时随地访问个人数据。然而,这种便利性的背后也隐藏着对数据安全和隐私方面的担忧。用户对于将个人数据托管在远程服务器上的安全性表示疑虑,担心数据泄露或未经授权的访问。这种担忧在一定程度上制约了家庭安防和智能家居行业的发展。边缘存储技术,特别是当它与点对点(P2P)网络技术结合时,为解决这些问题提供了一种可行的方案。在这种新的解决方案中,用户可以选择将数据存储在本地的家庭网络附加存储(NAS)设备中,而不是上传到互联网。由于所有数据都可以进行加密处理,即使 NAS 设备遭到物理访问,未经授权的用户也无法解读数据内容。同时,P2P 网络能建立智能摄像头等设备与家庭服务器的直接连接,实现数据的私密传输,保护隐私,降低数据在公共网络传输的风险。

边缘存储结合边缘计算,可优化网络资源利用。以家庭安防为例,用户可根据需求设置摄像报警条件,正常情况下视频数据仅用于本地监控分析,无须上传云端,仅在异常时才传输关键信息。此外,边缘存储可使用不同视频流格式,本地存储高清视频,网络传输时转换为低码率视频,既满足实时监控需求,又能提供高质量视频分析处理。这种结合 P2P 网络和边缘计算的边缘存储技术,提升了数据安全性,促进了隐私保护,优化了网络资源,为用户提供了更灵活高效的解决方案,未来将在智能家居和安防系统中发挥更大作用。

2)分布式处理能力

边缘存储的分布式特性使其在数据分发方面具有显著优势,能够构建高效的内容分发网络,加速数据传输。通过在边缘节点缓存数据,用户可以实现就近访问和快速下载,有效减轻数据中心的负载和网络带宽的消耗。例如,热门视频内容可以在用户所在的边缘节点直接分发,减少对中心服务器的依赖。此外,边缘存储还能根据网络状况动态调整数据传输质量和优先级,优化网络资源利用。这种模式下,数据分发不仅更高效,还能为用户创造经济收益。个人或组织通过共享存储空间参与数据分发网络,可获得相应报酬,类似于共享经济模式在数据存储和分发领域的应用。

边缘存储与云存储的结合,能够实现数据存储和处理任务的合理分配,进一步提高系统效率和降低成本。同时,边缘存储支持去中心化应用程序的开发和部署,基于地理位置的社区可以绕过传统中心服务器,直接进行数据交互和共享,增强数据的安全性和隐私保护。点对点(P2P)网络的建立,使得数据的所有权和控制权回归到数据生产者手中,数据拥有者可以自由决定数据的使用、分享或出售方式,激发数据的潜在价值,创造新的服务和商业模式。例如,在远程医疗领域,病人可以将医疗检查结果存储在本地边缘设备上,并完全掌控这些数据的使用,选择性地提供给不同的医生或医院,或者在同意的前提下匿名分享给研究机构,既保护了个人隐私,又促进了医学研究的发展。

3)高可靠性保障

分布式存储是一种用于解决大规模、高并发数据存储问题的架构,涵盖多种形式,利用廉价服务器资源,提供高性能、高可靠性和高可扩展性。在数据量和非结构化数据快速增长的背景下,传统集中式存储在容量和性能上受限,而分布式存储因扩展性强、性价比高和容错性好成为首选。它通过散列数据路由技术分散数据,实现负载均衡,消除热点,提供高性能服务。具备高可靠性和可扩展性,采用集群管理,无单点故障,支持多个数据副本分布存储,设备故障时可自动重建副本,确保数据安全和业务连续。其无集中式机头设计,可平滑扩展容量,理论上容量不受限。Ceph 作为一种无中心架构的分布式存储系统,与 HDFS 等不同,客户端通过设备映射关系计算数据写入位置,直接与存储节点通信,避免中心节点性能瓶颈,提供高性能、高可扩展性和高容错性存储服务,在多领域发挥重要作用。

边缘计算存储系统通过在设备本地或边缘位置处理数据,降低对网络的依赖,减少全面服务中断的风险,提高系统鲁棒性和响应速度。在企业级应用中,边缘存储可作为数据备份,降低数据丢失风险,支持业务连续性。为了确保边缘存储的高可靠性,选择合适的存储介质至关重要,工业级的专用存储卡具有更高的平均无故障时间(MTTF)、更低的年度故障率(AFR),并配备智能监控工具来实时监控运行状态,有助于减少系统停机时间,降低维护成本,提高整个边缘存储系统的可靠性和稳定性。

4)数据安全增强

云计算虽提升了生活便利性,但数据安全和隐私问题令人担忧,这在一定程度上阻碍了家庭安防和智能家居行业的发展。边缘存储技术与P2P网络技术结合,提供了解决方案。用户可将数据加密后存储在本地NAS设备,而非上传互联网,即使设备遭物理访问,数据也难以被解读。

2.5.3 边缘数据和存储类型

1)边缘数据类型

在现代数据管理和存储领域,数据按访问频率分为热数据、温数据和冷数据,三者在总数据量中的比例约为5%、15%和80%。随着数据量和类型的增加,存储和访问策略也日益精细化。

热数据频繁被访问,通常存储在高速内存或基于3D XPoint技术的持久化内存中,以满足高性能需求。温数据访问频率较低,适合存储在基于PCIe NVMe或SATA接口的固态硬盘中,这些设备读写速度优于传统硬盘。冷数据很少被访问,适合存储在成本较低的硬盘驱动器中,适合长期存储大量不常用数据。

数据还可按格式分为三类:

结构化数据:以二维表格形式存在,每个数据项有固定键值,通常使用关系数据库存储。

半结构化数据:具有一定的结构,但不如结构化数据严格,通过灵活的键值访问信息,常见于日志文件、XML文档、JSON文档等。

非结构化数据:没有固定模式,包括办公文档、图片、音频和视频等。

通过细致分类和合理存储策略,企业和组织能有效管理数据资产,优化存储成本,提高数据处理效率。

2)存储架构分类

从存储介质的角度看,边缘存储主要分为机械硬盘(HDD)和固态硬盘(SSD)两大类。HDD依赖磁头寻址,性能相对一般,随机IOPS约200,顺序带宽约150 Mb/s。而SSD由Flash/DRAM芯片和控制器构成,无移动部件,性能更高,根据接口协议可分为SATA SSD、SAS SSD、PCIe SSD和NVMe SSD。在边缘计算节点中,数据存储分为持久性和非持久性两种,选择何种存储设备需根据应用环境决定。例如,3D XPoint 技术 SSD 不适合宽温环境,M.2 SSD 常用于空间受限且不支持热插拔的场景,而边缘服务器或机架服务器则倾向于采用 PCIe NVMe 协议的 U.2 SSD 或 EDSFF SSD 以获取更高性能。

为了最大化固态硬盘的性能,英特尔开发了 SPDK(高性能存储开发包)开发套件。SPDK 通过用户态驱动和轮询方式优化固态存储性能,避免了传统内核模式下的上下文切换和中断处理,从而提高了吞吐量,降低了时延,减少了抖动。SPDK 由网络前端、处理框架和存储后端三部分组成,网络前端利用 DPDK 提供高性能包处理框架,处理框架接收包内容并转换命令,存储后端与物理块设备交互执行读写操作。此外,SPDK 允许用户加入自定义功能,如缓存、去重、数据压缩、加密等。

从存储类型和应用场景来看,存储分为本地存储(DAS)、网络存储(NAS)和存储局域网(SAN),以及文件存储、块存储和对象存储三大类。在计算和存储一体化架构中,通常设置四层数据存储,包括内存、PCIe SSD、本地存储和存储局域网,通过热点数据读写推送至更上层存储,实现数据 IO 吞吐和系统性能的大幅提升。这种架构基于分布式存储软件引擎,通过强一致性协议保障跨服务器数据同步,同时提供高可靠性设计,满足不同应用场景下的存储需求。

2.5.4　边缘分布式存储

1)集中式存储

集中式存储是一种将多个存储设备集成在一个系统中共同提供存储服务的架构,企业级存储设备常采用此架构,其包含核心机头、磁盘阵列、交换机和管理设备等组件。机头作为系统神经中枢,负责数据处理和管理,配备两个控制器确保服务连续性和冗余性,前端端口面向服务器提供高速接口,后端端口用于扩展存储容量形成统一资源池。该架构有集中数据入口点,简化了存储管理,但可能成为扩展性瓶颈,机头作为单点故障风险点,一旦发生故障可能影响整个存储资源池和依赖它的虚拟机,导致服务中断。

随着数据量增长和存储性能要求提升,集中式存储的局限性越发明显。现代存储解决方案正逐渐向分布式存储架构转变,在集群组网环境中,各计算节点缓存孤立无法协同,依赖集中存储机头内缓存实现 IO 加速,造成容量浪费和可靠性问题。而分布式存储架构能分散单点故障风险,提高系统整体可扩展性和效率,更好地满足现代应用对存储性能和高可用性的需求。

2)分布式存储

分布式存储是一种用于解决大规模、高并发数据存储问题的架构,包括分布式文件系统、块存储、对象存储、数据库和缓存等形式。它利用廉价服务器资源,提供高性能、高可靠性和高可扩展性。与传统的集中式存储相比,它具有多方面的优势,特别适合边缘计算场景中的低延迟、高可用性和数据隐私保护需求。

Ceph 是一种开源的分布式存储系统,广泛应用于边缘计算和云计算环境中。Ceph 通过其独特的设计和架构,提供了高性能、高可用性和高扩展性的存储解决方案。因此,分布式存储,尤其是 Ceph 这样的无中心架构系统,在云计算、大数据分析和人工智能等领域发挥重要作用,是处理大规模数据存储和处理的关键技术。无中心架构计算模式如图 2.18 所示。

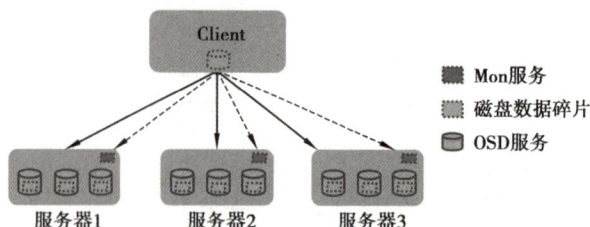

图 2.18　无中心架构计算模式

在分布式存储系统中,块存储主要依赖 Mon 服务、OSD 服务和客户端软件。Mon 服务维护存储系统的硬件和节点关系,确保高可用性;OSD 服务负责磁盘管理和数据读写。客户端通过 Mon 服务获取存储资源布局,计算数据存储位置后直接通信操作数据。与 Ceph 不同, Swift 使用一致性散列在环状结构中映射数据位置,实现快速定位。

数据分布算法在分布式存储中至关重要,需平衡以下因素。

① 均匀性:确保数据均匀分布;

② 寻址效率:快速定位数据;

③ 扩展性与收缩性:平滑调整节点,减少数据迁移;

④ 副本一致性与可用性:保持多副本数据一致性和高可用性。

项目实训

构建一个简单的边缘计算与存储模拟系统

一、实训内容

现在需要模拟为智能家居场景设计一个边缘计算系统。系统中有一个边缘设备(模拟为本地计算机或树莓派)负责处理智能摄像头采集的视频数据,并在本地存储关键数据,仅将必要信息上传至云端(模拟为另一台计算机或在线服务)。通过这个任务,学生将体验边缘计算的低延迟、本地处理和带宽优化特性。

二、实训任务

①理解边缘计算的基本原理,包括低延迟和本地数据处理的优势。

②掌握边缘存储的基本实现方式,模拟数据在边缘设备上的存储与处理。

③通过简单工具体验边缘计算与云计算的协同工作。

三、实训环境与工具

（1）硬件要求（可选）

①一台计算机（作为边缘设备）。

②可选：树莓派（若有条件，可替代计算机作为边缘设备）。

（2）软件要求

① Python 3.x（用于编写简单脚本）。

② Flask（轻量级 Web 框架，用于模拟边缘服务器和云端服务器）。

③ SQLite（轻量级数据库，用于边缘存储，Pycharm 是可以内嵌的）。

④文本编辑器（如 PyCharm）。

⑤（可选）树莓派安装 Raspbian 系统。

（3）网络环境

本地网络（边缘设备和云端模拟设备在同一局域网内）。

四、实训步骤

1）环境搭建

（1）安装必要的软件

①在计算机上安装 Python 3.x。

② Python 内置了 SQLite 支持，不需要额外使用 pip 安装。

③通过命令安装 Flask 支持，如图 2.19 所示：

```
pip install flask
```

```
(venv) PS E:\Rpa_ct>    pip install flask
Collecting flask
  Downloading flask-3.1.0-py3-none-any.whl (102 kB)
     |████████████████████████████| 102 kB 262 kB/s
Requirement already satisfied: Jinja2>=3.1.2 in e:\pythonjsq\jsq3.11\lib\site-packages (from flask) (3.1.3)
Collecting blinker>=1.9
  Downloading blinker-1.9.0-py3-none-any.whl (8.5 kB)
Collecting itsdangerous>=2.2
  Downloading itsdangerous-2.2.0-py3-none-any.whl (16 kB)
Collecting Werkzeug>=3.1
  Downloading werkzeug-3.1.3-py3-none-any.whl (224 kB)
     |████████████████████████████| 224 kB 10 kB/s
Collecting click>=8.1.3
  Downloading click-8.1.8-py3-none-any.whl (98 kB)
```

图 2.19　安装 Flask

（2）准备项目目录

根据要求创建相应的目录，完成后如图 2.20 所示。

①创建一个文件夹（如 EdgeComputingLab），包含以下 3 个文件。

② edge_server.py（边缘服务器脚本）。

③ cloud_server.py（云服务器脚本）。

④ edge_database.db（SQLite 数据库文件，自动生成）。

EdgeComputingLab
cloud_database.db
cloud_server.py
edge_database.db
edge_server.py

图 2.20　生成 CSV 文件

2）模拟边缘设备的数据处理与存储

（1）编写边缘服务器脚本（edge_server.py）

①模拟智能摄像头的数据采集（使用随机生成的"异常事件"数据）。

②在边缘设备上进行简单处理（如判断是否为异常事件）。

③将处理结果存储到本地 SQLite 数据库，并将关键数据发送到云端。

```
from flask import Flask, request, jsonify
import sqlite3
import random
import requests
import time
app = Flask(__name__)

def init_db():
    conn = sqlite3.connect('edge_database.db')
    c = conn.cursor()
    c.execute('''CREATE TABLE IF NOT EXISTS events
        (id INTEGER PRIMARY KEY, timestamp TEXT, event_type TEXT, processed
INTEGER)''')
    conn.commit()
    conn.close()

def generate_event():
    event_types = ["normal", "motion_detected", "intruder_alert"]
    return random.choice(event_types)
@app.route('/process_event', methods=['GET'])
def process_event():
    event_type = generate_event()
```

```
timestamp = time.strftime("%Y-%m-%d %H:%M:%S")


# 存入本地数据库
conn = sqlite3.connect('edge_database.db')
c = conn.cursor()
c.execute("INSERT INTO events (timestamp, event_type, processed) VALUES (?, ?, 0)",
    (timestamp, event_type))
conn.commit()
conn.close()


# 如果是异常事件,发送到云端
if event_type in ["motion_detected", "intruder_alert"]:
  cloud_url = "http://localhost:5001/upload_event"
  payload = {"timestamp": timestamp, "event_type": event_type}
  try:
    response = requests.post(cloud_url, json=payload)
    return jsonify({"status": "processed", "event": event_type, "cloud_response": response.text})
  except:
    return jsonify({"status": "processed_locally", "event": event_type})
  return jsonify({"status": "processed_locally", "event": event_type})


if __name__ == '__main__':
 init_db()
 app.run(host='0.0.0.0', port=5000)
```

（2）运行边缘服务器

①在终端中执行如下指令,先将终端地址移动到文件夹 EdgeComputingLab 中,后运行边缘服务器,结果如图 2.21 所示。

```
cd EdgeComputingLab
python edge_server.py
```

```
(venv) PS E:\Rpa_ct> cd EdgeComputingLab
(venv) PS E:\Rpa_ct\EdgeComputingLab> python edge_server.py
 * Serving Flask app 'edge_server'
 * Debug mode: off
WARNING: This is a development server. Do not use it in a production deployment. Use a production WSGI server instead.
 * Running on all addresses (0.0.0.0)
 * Running on http://127.0.0.1:5000
 * Running on http://10.255.48.135:5000
Press CTRL+C to quit
```

图 2.21　执行后结果

②运行成功后,打开浏览器访问如下地址"http://localhost:5000/process_event",观察生成的模拟事件,访问结果如图 2.22 所示,出现如图 2.22 所示的信息,表示访问成功。

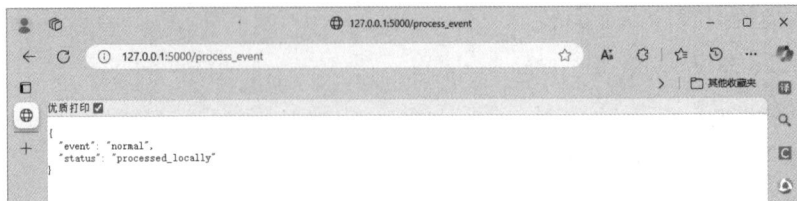

图 2.22　边缘服务模拟访问结果

3)模拟云端服务器

(1)编写云服务器脚本(cloud_server.py)

```python
from flask import Flask, request, jsonify
import sqlite3
app = Flask(__name__)
# 初始化云端数据库
def init_db():
conn = sqlite3.connect('cloud_database.db')
    c = conn.cursor()
    c.execute('''CREATE TABLE IF NOT EXISTS cloud_events
        (id INTEGER PRIMARY KEY, timestamp TEXT, event_type TEXT)''')
    conn.commit()
    conn.close()


# 接收边缘设备上传的事件
@app.route('/upload_event', methods=['POST'])
def upload_event():
    data = request.get_json()
    timestamp = data['timestamp']
    event_type = data['event_type']

    # 存入云端数据库
    conn = sqlite3.connect('cloud_database.db')
    c = conn.cursor()
    c.execute("INSERT INTO cloud_events (timestamp, event_type) VALUES (?, ?)",(timestamp,
event_type))
    conn.commit()
conn.close()
```

```
    return jsonify({"status": "uploaded", "event": event_type})


if __name__ == '__main__':
    init_db()
    app.run(host='0.0.0.0', port=5001)
```

（2）运行云服务器

执行如下指令,运行云服务器,执行结果如图 2.23 所示

```
cd EdgeComputingLab
http://localhost:5000/process_event
```

```
(venv) PS E:\Rpa_ct> cd EdgeComputingLab
(venv) PS E:\Rpa_ct\EdgeComputingLab> python edge_server.py
* Serving Flask app 'edge_server'
* Debug mode: off
WARNING: This is a development server. Do not use it in a production deployment. Use a production WSGI server instead.
* Running on all addresses (0.0.0.0)
* Running on http://127.0.0.1:5000
* Running on http://10.255.48.135:5000
```

图 2.23　终端中运行云服务结果

4）测试与验证

（1）测试边缘处理

多次访问地址,观察事件是否正确存储在本地数据库中。

```
http://localhost:5000/process_event
```

检查 edge_database.db 中的数据,如图 2.24 所示,双击 edge_database.db,在弹出的数据源和驱动程序对话框中,检查连接类型和驱动程序正确的情况下,点击"确定"按钮。查询结果如图 2.25 所示,双击表 events,点击"刷新"按钮,即可看到 events 表中的数据。

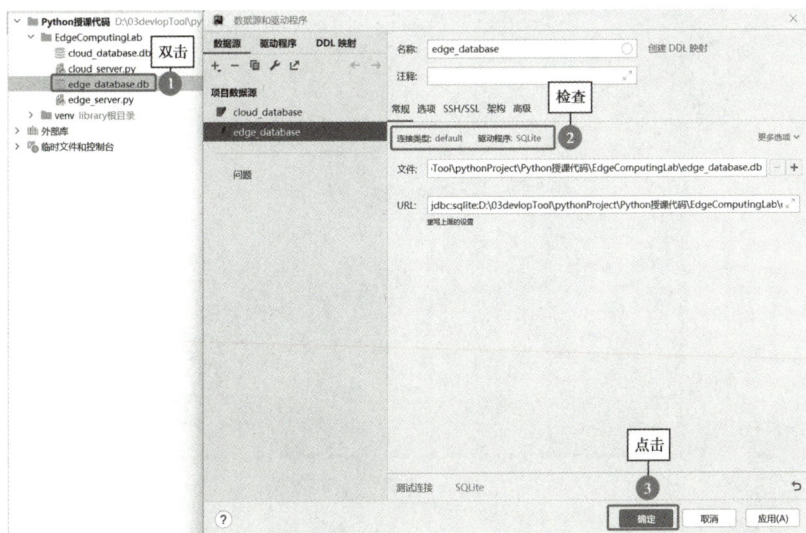

图 2.24　查看 edge_database.db 中的数据

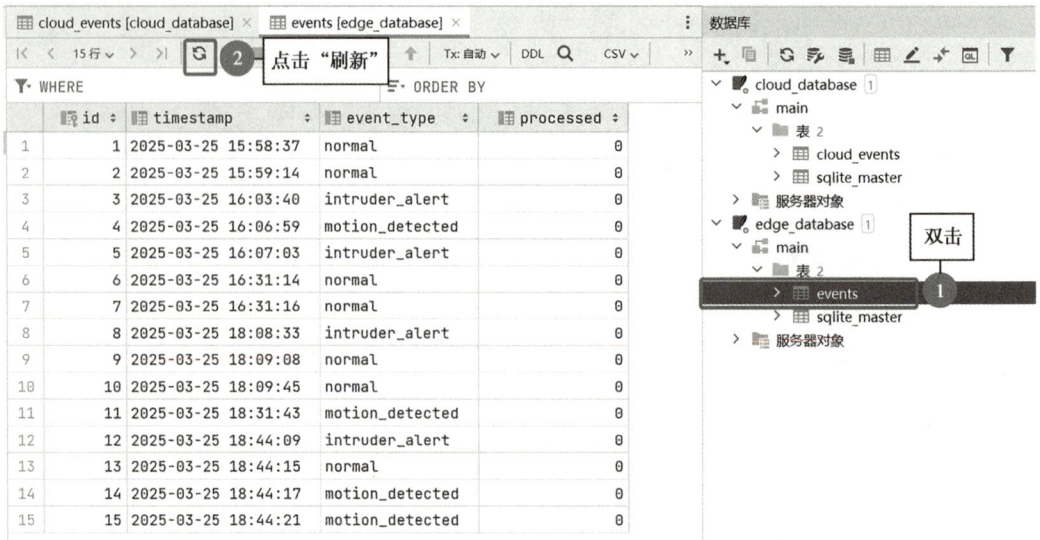

图 2.25　edge_database.db 结果示例

（2）验证云端同步

对于异常事件（如 motion_detected 或 intruder_alert），检查数据是否成功上传至云端，过程如图 2.26 所示，双击 cloud_database.db，在弹出的数据源和驱动程序对话框中，检查连接类型和驱动程序正确的情况下，点击"确定"按钮。

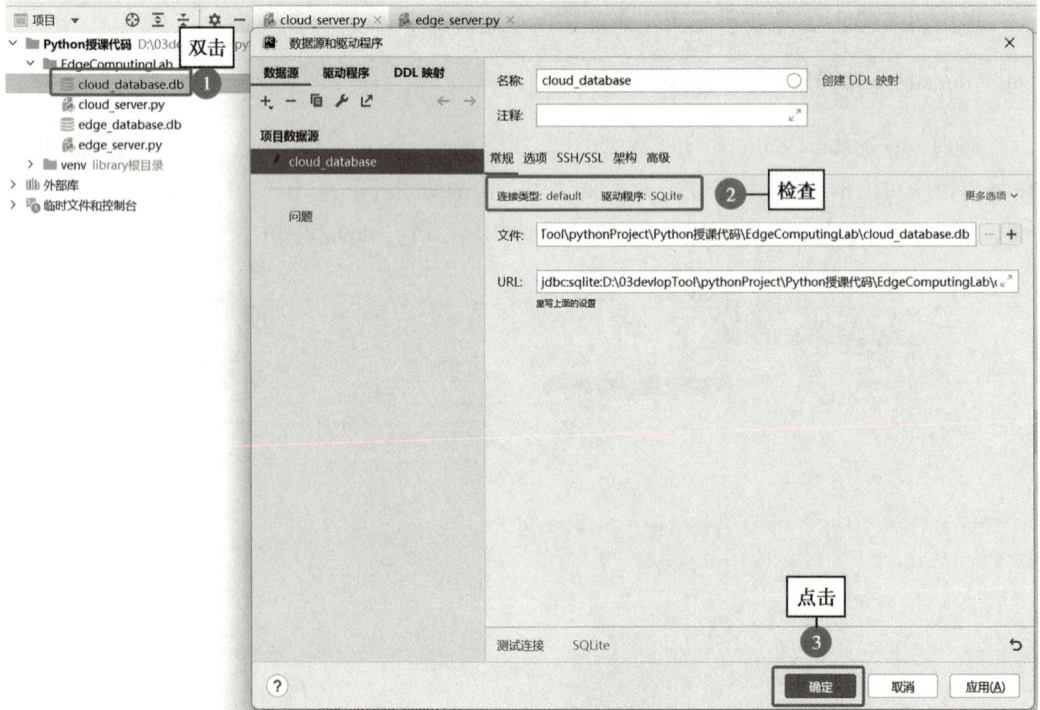

图 2.26　检查云端数据库

cloud_database.db 中记录类似如图 2.27 所示。双击表 cloud_events,点击"刷新"按钮,可以看到表中的数据。

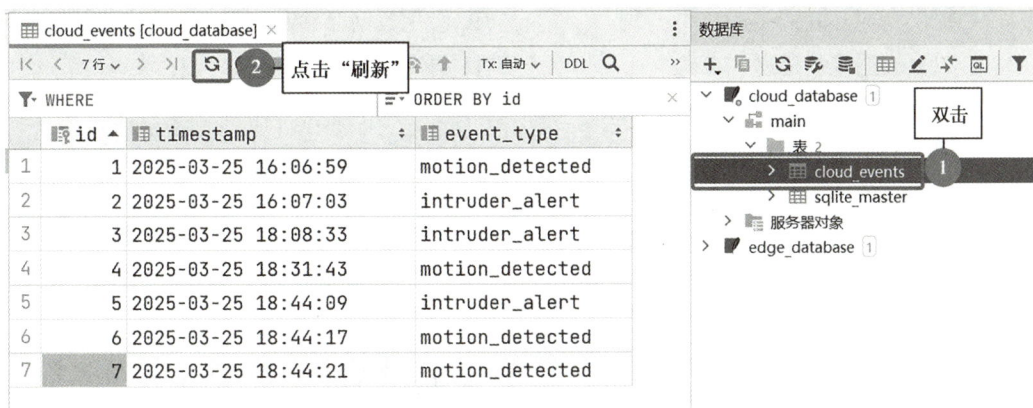

图 2.27　cloud_database.db 结果示例

（3）模拟网络中断

在运行云服务器的终端执行组合键"Ctrl+C",关闭云服务器,重复访问边缘服务器,验证本地处理是否仍正常运行,查看 edge_database.db 中是否有数据新增。

至此,整个模拟设计一个智能家居场景边缘计算系统就完成了。

【课后习题】

1.云计算是一种通过网络将可伸缩、弹性的共享物理和虚拟资源池,以何种方式供应和管理的模式? （　　）

A.集中采购　　　　　　　　　　　B.按需自服务

C.线下销售　　　　　　　　　　　D.邮购

2.边缘 SaaS 与云端的哪一层实现了服务协同? （　　）

A.IaaS　　　　　　　　　　　　　B.PaaS

C.SaaS　　　　　　　　　　　　　D.LaaS

3.常规 Web 服务器硬件组件的使用寿命是多少年? （　　）

A.4～5 年　　　　　　　　　　　　B.3～4 年

C.4～3 年　　　　　　　　　　　　D.2～3 年

4.边缘计算与大数据的融合具有什么优势? （　　）

A.增加网络带宽需求

B.提高数据中心的计算负荷

C.降低数据安全性

D.能够在处理和分析海量数据的同时,提供快速、智能和高效的服务

5.理解和生成自然语言,属于人工智能中的哪一项能力? （　　）

A.Reasoning　　　　　　　　　　B.NLP

C. Perception　　　　　　　　　　D. Learning

6. 边缘计算网络的主要目的是什么？（　　　）

A. 提供高速互联网接入　　　　　　B. 优化数据存储和检索

C. 减少数据传输延迟　　　　　　　D. 提高网络安全性

7. 边缘存储架构的主要目的是什么？（　　　）

A. 提高数据中心的存储容量

B. 减少数据传输到云端的时间

C. 在网络边缘提供数据存储和处理能力

D. 降低数据存储的成本

8. 边缘存储架构通常采用哪种存储类型？（　　　）

A. 集中式存储　　　　　　　　　　B. 分布式存储

C. 对象存储　　　　　　　　　　　D. 文件存储

9. 边缘存储架构如何支持数据的实时访问和处理？（　　　）

A. 通过使用高延迟的存储设备

B. 通过将数据存储在远离用户的位置

C. 通过使用低延迟的存储技术和协议

D. 通过限制用户对数据的访问权限

10. 在边缘存储架构中，如何实现数据的容错和可用性？（　　　）

A. 通过使用单一的存储设备

B. 通过将数据备份到远程数据中心

C. 通过使用冗余存储技术和故障恢复机制

D. 通过限制数据的写入操作以避免损坏

项目 3
边缘计算网关技术

【项目背景】

随着物联网（IoT）和工业互联网的迅猛发展，边缘计算技术已成为推动高效、实时数据处理与智能决策的核心力量。在这一技术浪潮中，边缘计算网关作为设备与云端之间的关键桥梁，不仅肩负着数据采集、处理、传输的重任，还内置了严格的安全控制机制，确保信息流通安全无虞。

以2019年发生的某大型工业物联网安全事件为例，一家国际知名的智能制造企业因边缘计算网关的安全漏洞被黑客利用，导致大量敏感数据被非法窃取，生产线被迫中断，造成了巨大的经济损失和声誉损害。这一事件深刻揭示了安全意识在边缘计算应用中的重要性。若能在设计之初便充分考虑安全因素，实施严格的安全策略与防护措施，如数据加密、访问控制、定期安全审计等，或许就能避免这场灾难的发生。

边缘计算网关通过减少数据传输延迟，显著提升了系统的响应速度，即便在离线或网络不稳定的环境下，也能确保设备的持续稳定运行，从而也就增强了系统的可靠性和稳定性。这一特性在智能交通、工业自动化等关键领域尤为重要，因为这些领域往往对实时性和稳定性有着极高的要求。图3.1直观展示了边缘计算网关在物联网中的多样化应用场景。

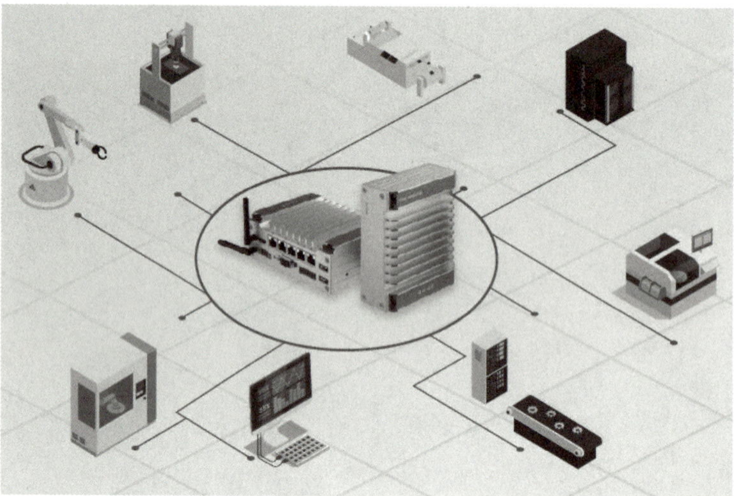

图 3.1　边缘计算网关在物联网中的应用场景

【学习目标】

1. 理解边缘计算网关的定义、特点及其在边缘计算架构中的作用。

2. 理解边缘计算网关的核心功能，包括数据采集、处理、传输、安全控制等。

3. 掌握边缘计算网关的硬件架构与软件架构。

4. 掌握常见的网络协议（如 MQTT、HTTP、CoAP）及其在边缘计算中的应用。

5. 理解边缘计算网关与物联网设备的通信标准，确保设备之间的兼容性和互操作性。

【能力目标】

1. 能够准确描述边缘计算网关的基本概念、架构和功能,理解不同通信网络设备的特点及其在边缘计算中的应用。

2. 能够设计合理的边缘计算网关硬件架构,选择合适的硬件组件,掌握边缘计算网关软件架构的设计方法,能够进行系统集成和优化。

3. 能够选择合适的网络协议,确保边缘计算网关与物联网设备之间的高效通信。

4. 能够配置和管理边缘计算网关的安全机制,确保数据和系统的安全性。

任务 3.1　网关与边缘计算网关核心解析

【任务导学】

通过本任务的学习,读者将系统掌握常见通信网络设备的功能和应用场景,并重点理解边缘计算网关的概念、分类、定义与特点。这些知识为后续深入学习边缘计算网关的技术细节和应用实践奠定了坚实基础。网关与边缘计算网关核心解析思维导图如图3.2所示。

图 3.2　网关与边缘计算网关核心解析思维导图

【知识储备】

3.1.1　认识网关

1)网关的概念

在边缘计算体系中,网关是连接不同网络、协议和数据的关键桥梁。它位于边缘设备(如传感器、智能终端等)与核心网络(如互联网、云平台等)之间,负责数据采集、预处理、转发和协议转换等任务,确保异构网络中的设备能够相互理解和协作,保障数据在不同层级间顺畅流动。常见的物联网网关如图 3.3 所示。

接入型网关-ET5170　　　　　计算网关-ET5200　　　　　智算网关-ET5400

车载网关-VT5200　　　化工防爆网关-EXD5170　　　电力网关-PT5230

图 3.3　常见物联网网关

图 3.3 中显示的常见物联网网关,其特点、功能和应用场景见表 3.1。

表 3.1　常见网关特点、功能和应用场景

网关类型	特点	功能	应用场景
接入型网关 ET5170	多个天线,设计用于无线接入,提供稳定的网络连接	提供无线网络接入服务,支持多种无线通信标准	办公室、家庭、公共场所等需要无线网络接入的场所
计算网关 ET5200	结构紧凑,多个天线,强大的计算处理能力	提供网络连接,进行数据处理和计算,支持边缘计算	工业自动化、智能监控等需要数据处理和计算的场景
智算网关 ET5400	高性能设计,多个天线和丰富接口,支持高速数据传输	提供智能计算和网络连接,支持人工智能和大数据分析	智慧城市、智能交通等需要高性能计算和智能分析的场景
车载网关 VT5200	专为车载环境设计,抗震、抗干扰,多个接口	提供稳定的网络连接和数据传输,支持车辆内部设备互联互通	汽车、卡车、公交车等车辆,支持车联网应用
化工防爆网关 EXD5170	符合防爆标准,设计坚固,适用于恶劣化工环境,多个天线	提供安全的网络连接,确保在易爆环境中稳定运行	化工厂、油田、煤矿等易爆环境,确保安全生产
电力网关 PT5230	专为电力系统设计,高可靠性和稳定性,多个天线和接口	提供电力设备的网络连接和数据传输,支持远程监控和控制	电力变电站、智能电网等电力系统,支持电力设备智能化管理

2)网关的分类

网关按功能大致分为以下三类:协议网关、应用网关、安全网关。

协议网关的主要功能是在不同网络协议之间进行转换,从而实现不同网络之间的无缝通信。协议网关通常工作在 OSI 模型的第 2 层(数据链路层)或第 3 层(网络层),甚至在第 2 层和第 3 层之间进行协议转换。例如 IEEE 802.3(以太网)用于有线局域网(LAN);IEEE 802.11

(无线局域网)用于无线网络(WLAN);IEEE 802.15.1(蓝牙)用于短距离无线通信;Modbus、Profibus 在工业自动化中用于设备之间的通信。

应用网关主要在应用层(OSI 模型的第 7 层)进行数据格式的转换和处理,以实现特定应用之间的互操作。其功能包括协议解析与转换、数据处理、代理功能。常用于优化特定应用的性能和安全性,例如,在 Web 应用中支持 HTTP、HTTPS 等协议。

安全网关的核心功能是对数据包进行过滤和授权,以保护网络免受未经授权的访问和攻击。其主要功能包括数据包过滤、防火墙功能、加密与认证等。安全网关不仅提供基本的防火墙功能,还可以与协议网关和应用网关结合,形成更全面的安全解决方案。

协议网关、应用网关和安全网关在边缘计算与物联网系统中各自承担着重要任务,扮演着关键角色。协议网关负责不同网络协议之间的转换,应用网关专注于特定应用的数据处理和优化,而安全网关则提供数据包过滤和安全保护功能。网关分类及功能见表3.2。这三类网关的协同工作确保了网络通信的高效性、兼容性和安全性。

表 3.2　网关的分类

网关类型	功能描述
协议网关	负责不同通信协议之间的转换和适配,确保设备之间能够无缝通信
应用网关	提供数据处理、分析和应用支持功能,支持特定业务逻辑的实现
安全网关	专注于数据加密、身份认证、访问控制等安全功能,保障系统安全性和隐私保护

3.1.2　边缘计算网关

1)边缘计算网关的定义

边缘计算网关(Edge Computing Gateway)是边缘计算架构中的核心设备,主要用于连接物联网(IoT)设备、云端或数据中心。它通过将 IoT 协议转换为能够在边缘处理的数据格式,提供高效的数据传输和处理能力。边缘计算网关不仅能够处理和分析数据,还可以在本地进行决策,从而减少数据传输到云端的需求,降低延迟和带宽成本。常见的边缘计算网关如图 3.4 所示。

5G边缘计算网关ISG-510　　边缘采集计算网关 (IOT-PLUS)　　EG5200I高性能边缘计算网关

图 3.4　常见的边缘计算网关

2)边缘计算网关的主要功能

边缘计算网关在架构中作为核心组件,承担着连接设备、处理数据和保障通信的关键任务。其功能的多样性和复杂性使其成为边缘计算系统中不可或缺的部分。网关的主要功能及应用场景见表 3.3。

表 3.3　边缘计算网关的主要功能

功能类别	功能描述	应用场景
数据采集与整合	采集来自传感器、设备等的原始数据,并进行格式化和整合	智能家居、工业物联网、智能交通等
协议转换	支持多种通信协议(如 ZigBee、Bluetooth、TCP/IP 等)之间的转换	不同设备和网络之间的数据交互
数据预处理	对采集的数据进行清洗、格式化、加密等操作,减少数据量并提高数据质量	数据传输前的优化处理
数据过滤	去除无效或冗余数据,筛选出有价值的信息	提高数据传输效率,减少带宽占用
路由与转发	根据网络拓扑和规则,将数据转发到目标地址	确保数据在不同网络层级之间的顺畅传输
安全与认证	提供数据加密、身份认证等安全功能,防止数据泄露和非法访问	保障数据传输和设备通信的安全性
本地决策	在网关层面进行简单的数据分析和决策,减少对云端的依赖	实时性要求较高的场景,如工业故障预警
设备管理	对连接的设备进行监控、配置和管理,确保设备的正常运行	智能设备的集中管理和维护

3)边缘计算网关的特点

边缘计算网关具有多样化的功能特点,能够满足不同场景下的复杂需求。其强大的边缘计算能力、丰富的接口与协议支持、低延迟响应以及数据安全保护等功能,使其在物联网和边缘计算领域中发挥着关键作用,因此也被广泛应用于智能家居、智能交通、工业物联网、医疗健康等领域,其特点见表 3.4。

表 3.4　边缘计算网关的特点

特点	描述	应用场景
强大的边缘计算能力	具备本地数据处理和分析能力,减少对云端的依赖	智能交通(实时交通信号控制)、工业自动化(设备故障预警)
丰富的接口与协议支持	支持多种通信协议(如 Modbus、MQTT、ZigBee 等)和接口(如 RS232、RS485、以太网等)	智能家居(多种设备连接)、工业物联网(不同设备协议适配)
低延迟与实时响应	在本地进行数据处理和决策,提供低延迟的实时响应能力	智能工厂(生产流程实时优化)、智能医疗(远程手术辅助)
数据安全与隐私保护	支持数据加密、身份认证和访问控制,保护数据安全和隐私	金融支付、医疗设备、智能家居(数据传输加密)
设备管理与监控	集中管理和监控连接的 IoT 设备,支持设备状态监测、故障诊断和远程升级	智能城市(设备集中管理)、工业自动化(设备远程维护)
云边协同与离线运行能力	支持云边协同工作,可在与云端连接中断时继续本地运行	智能交通(网络中断时的本地决策)、偏远地区物联网应用

特点	描述	应用场景
灵活的部署与扩展性	模块化设计,支持硬件和软件扩展,适应不同应用场景	智能工厂(设备扩展)、智能家居(功能升级)

4)EG 边缘计算网关应用

EG 边缘计算网关是一种先进的物联网设备,通过将计算、存储和网络功能移至接近物联网设备的边缘位置,降低数据传输延迟,减轻云端负担,提高数据处理速度和响应时间,增强系统的可靠性和安全性。它具备丰富的硬件接口和拖拽式编程方式,实现了"零代码"设计和便捷的远程管理功能,能够快速、灵活、准确和高效地满足物联网行业需求。用户可以通过拖拽和连线的方式简化构建过程,只需将关注点集中在业务逻辑上。

EG 边缘计算网关系列有多个型号,其软件功能保持同步更新,区别主要体现在处理器性能、硬件接口、产品形态等方面。这种网关不仅提高了系统的可靠性和安全性,还加快了数据处理速度,为用户提供了更好的体验。此外,EG 边缘计算网关还支持 Node-RED 零代码编程,物联网常用的逻辑和业务都可以通过拖拽搭积木的形式来实现,极大地提高了开发效率。

特色功能介绍以 EG8200 为例:

EG8200 是一款高性能、支持多协议的边缘计算网关,如图 3.5 所示。该产品专注于数据采集、协议转换,具备拖拽式编程、零代码配置,大幅降低开发和维护成本。该产品还支持 4G/Wi-Fi/ 以太网三网通信,接口丰富,适用于工业物联网、远程运维、智能控制等多种场景。

图 3.5　EG8200 多协议边缘计算网关

EG8200 边缘计算网关支持市面上主流的工业协议,能够与各类 PLC 及工业设备实现无缝对接。它具备强大的硬件接口,如 2 路 RS485、1 路 RS232、2 路 DI+2 路 DO、2 路 CAN 总线、1 路 WAN+1 路 LAN 以及 GPS 定位等。EG8200 采用工业级设计,适应 –40~85 ℃的低高温环境,并通过了多项国际认证。其核心特点之一是远程运维与智能管理能力,搭配 EGManager 远程管理软件,实现远程调试、诊断、配置和更新,并支持数据存储与断网续传功能,确保数据的完整性和可靠性。EG8200 适用于智能制造、能源管理、环境监测、交通与物流等多种工业物联网应用,通过本地计算和存储减少对云端计算资源的依赖,提高系统的稳定性和可靠性。

任务拓展

边缘计算网关的连接

在使用边缘计算网关之前,需要连接边缘计算网关,只有连通了边缘计算网关后才能对边缘计算网关进行配置。目前,常见的边缘计算网关的连接方式主要有本地网线连接、Wi-Fi 连接、远程连接三种,这里以 EG8200 边缘计算网关为例,详细讲解这几种连接边缘计算网关的方法。

1)网线直连

使用网线直接将计算机和网关相连,并将计算机的 IP 设置为"192.168.88.100",配置时需将计算机和设备的 LAN 口的 IP 设置成同一个 IP 地址段,否则设备与计算机无法通信。设置过程如图 3.6 所示。

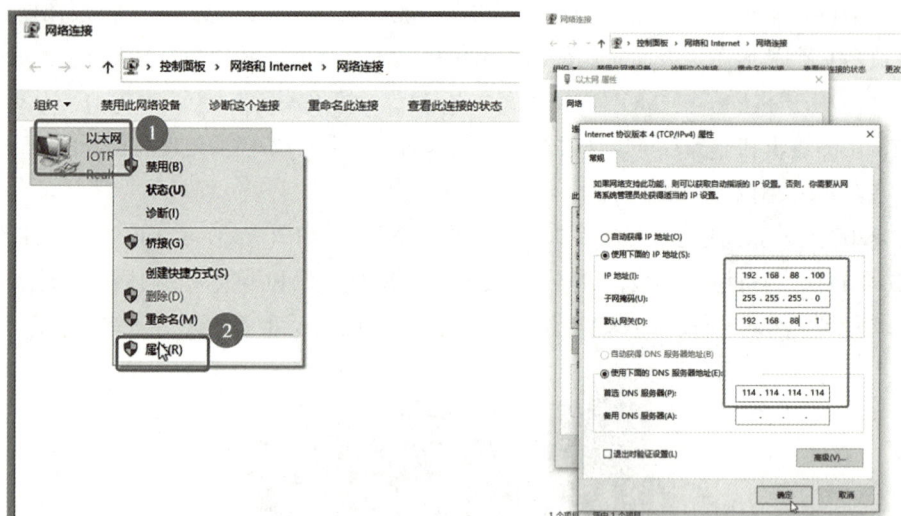

图 3.6　IP 设置

然后打开浏览器,输入 IP "192.168.88.1:1880",密码为"EG12345678",访问登录界面如图 3.7 所示。

登录成功后,网页会跳转到如图 3.8 所示的界面,即可进入图形界面,接着就可以进行图形界面编程。

2)Wi-Fi 连接

使用计算机通过 Wi-Fi 功能连接设备的热点,Wi-Fi 名称:(设备型号 -SN 尾号后 4 位),密码是"EG12345678",Wi-Fi 默认的 IP 为"192.168.88.1"(与 LAN 的 IP 相同),进入设备 DIY 配置界面,如图 3.9 所示。

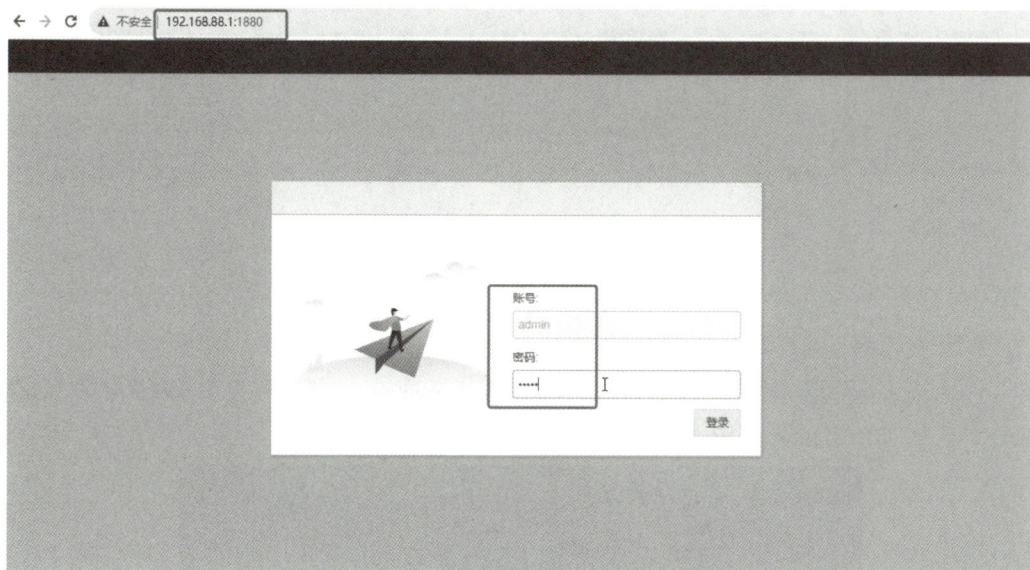

图 3.7　登录界面

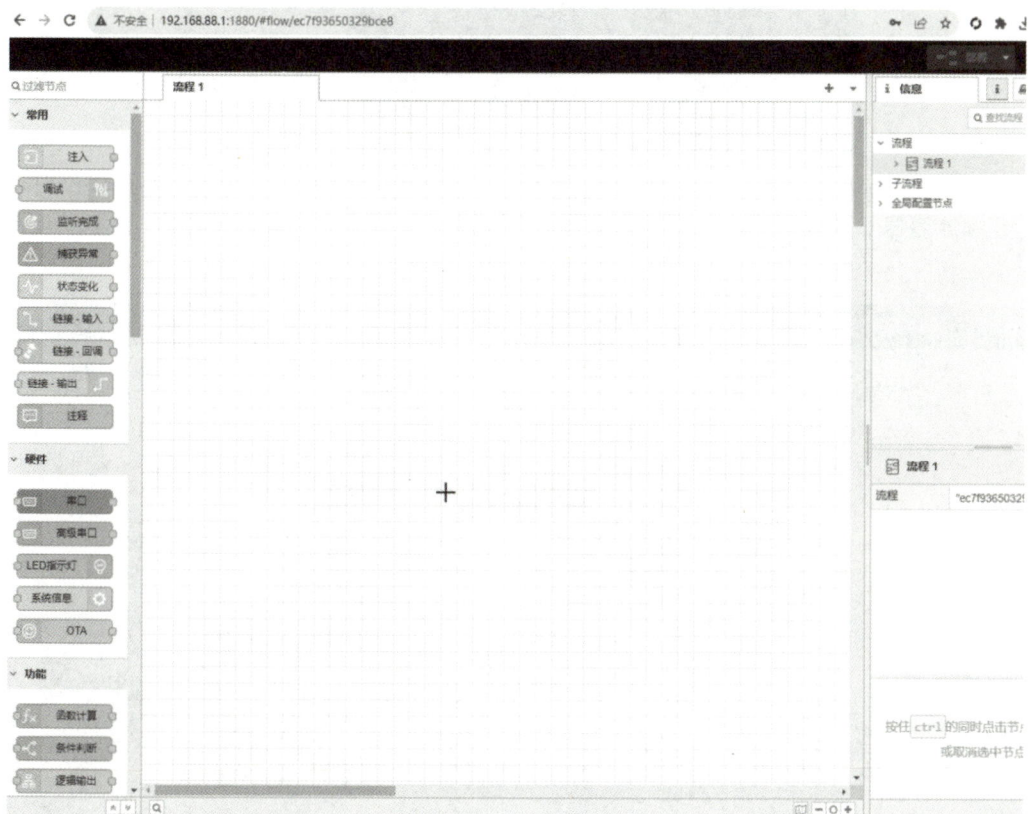

图 3.8　图形化编程界面

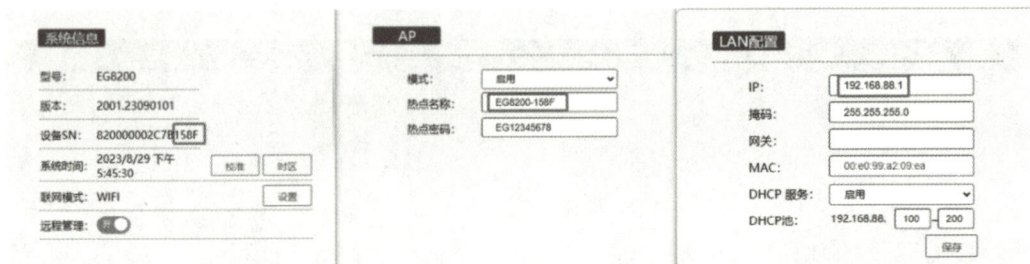

图 3.9　Wi-Fi 连接过程

3）远程连接

先点击下载远程管理软件 EGManager,它是免安装的,只需解压到指定文件夹中即可,在文件中找到"IOTClient.exe"双击即可出现如图 3.10 所示的界面。

图 3.10　EGManager 远程管理软件登录界面

首次登录需要注册,注册完成后,执行登录操作,登录时需要先后添加网关设备 SN,添加过程如图 3.11 所示。

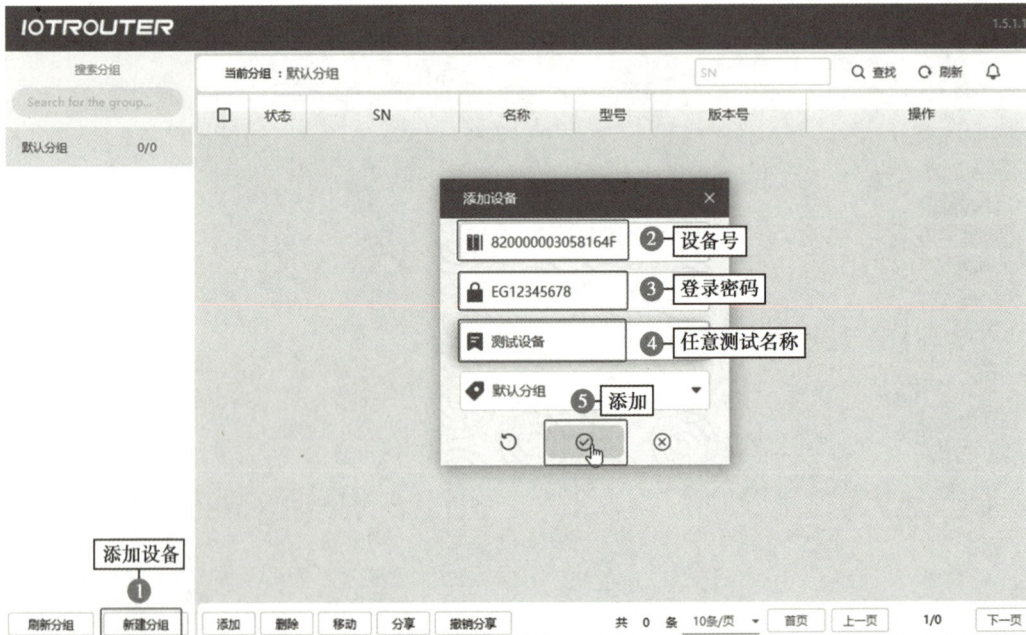

图 3.11　设备 SN 添加过程

单击远程编程按钮,则会自动打开浏览器进入编程界面,如图 3.12 所示。需要注意的是网关已经接入互联网。

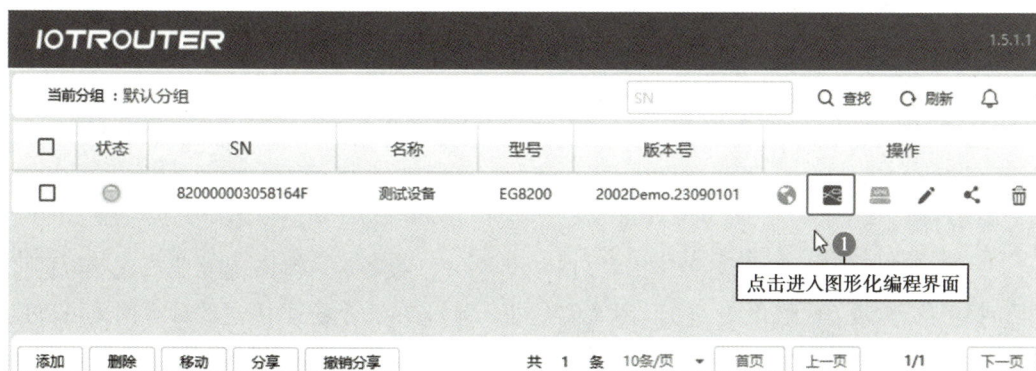

图 3.12　进入图形化编程界面

任务 3.2　边缘计算网关的数据处理与存储

【任务导学】

通过本任务的学习,读者将全面了解边缘计算网关的数据处理与存储技术。数据采集与初步处理方法确保数据的高质量和高效处理,支持多种通信协议和接口,适用于不同的应用场景。边缘数据存储与缓存技术则确保数据的高效存储和快速访问,支持多种存储设备和缓存策略,显著提高系统的性能和响应速度。这些内容不仅帮助人们理解边缘计算网关在数据处理和存储方面的技术细节,还为人们提供实际部署和管理网关的理论支持。边缘计算网关的数据处理与存储思维导图如图 3.13 所示。

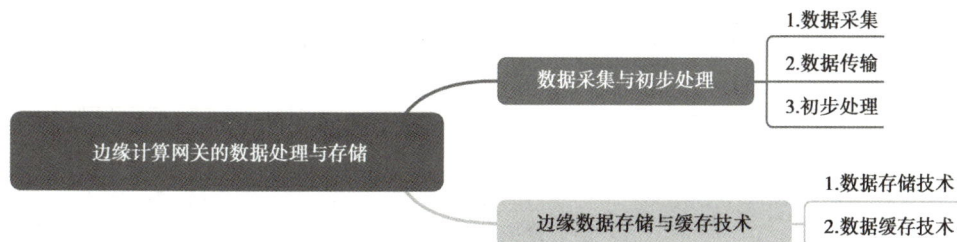

图 3.13　边缘计算网关的数据处理与存储思维导图

【知识储备】

3.2.1 数据采集与初步处理

边缘计算网关在数据采集与初步处理方面具有重要作用,其核心功能包括数据采集、数据传输及进行初步处理。

1)数据采集

边缘计算网关通过连接各种传感器、PLC 设备、工业设备等,实时采集数据。这些数据可能包括温度、湿度、压力、电流、电压、图像信息等。例如,在工业场景中,边缘计算网关可以连接 PLC、机器人和传感器,采集实时开关量和模拟量数据。此外,边缘计算网关还支持多种通信协议(如 Modbus、OPC UA、HTTP、MQTT 等),能够统一接入不同设备并采集其数据。

2)数据传输

边缘计算网关不仅负责数据采集,还负责将采集到的数据传输到云端或本地数据中心。这一过程通常通过无线网络(如 5G、4G、Wi-Fi)或有线网络实现。例如,5G 边缘网关可以通过无线网络将数据直接上传,实现远程监控和预警通知。如图 3.14 所示。

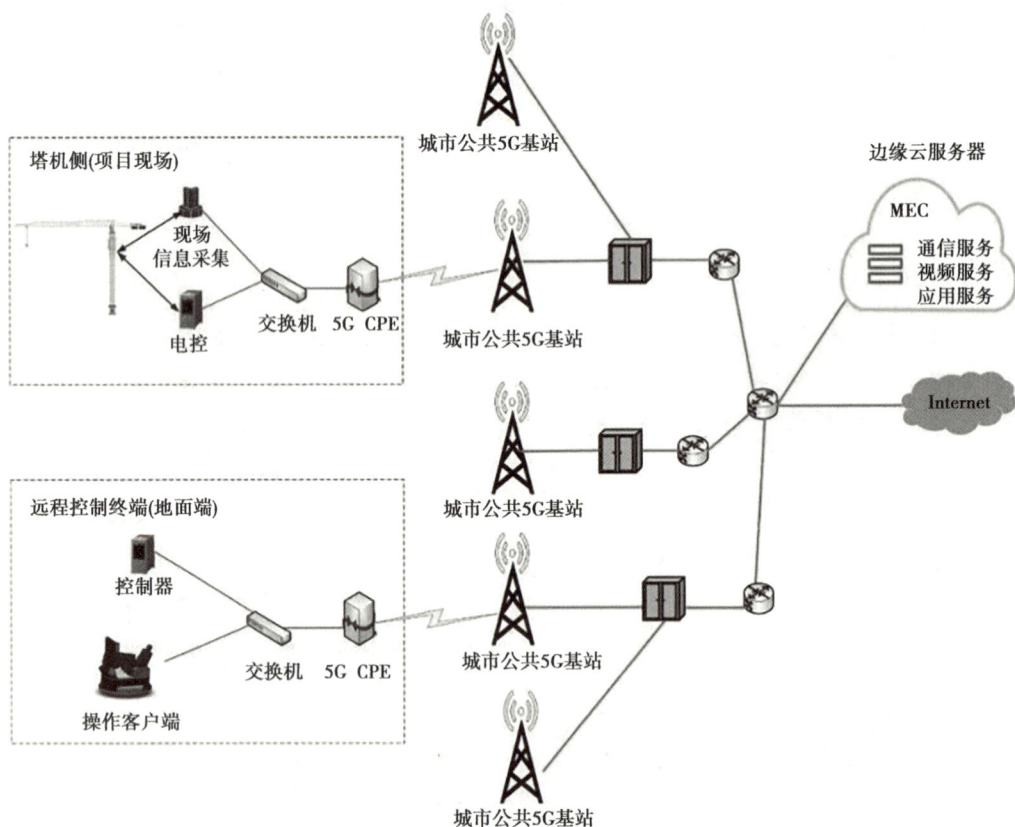

图 3.14　边缘计算网关的数据传输

3）初步处理

边缘计算网关具备一定的计算能力,可以在本地对采集到的数据进行初步处理。这些处理包括数据清洗、压缩、过滤、格式转换等,具体描述见表3.5。

表 3.5　初步处理方式

处理方式	具体描述
数据清洗	去除噪声数据,提高数据质量
数据压缩	减少数据传输的带宽需求,提高传输效率
协议转换	将不同设备的数据格式统一为标准格式,便于后续处理
实时分析	对采集到的数据进行实时分析,生成报警信息或预测结果

边缘计算网关在数据采集与初步处理方面具有重要作用,其功能涵盖了从设备连接、数据采集、初步处理和传输的全过程。这些能力使其在工业制造、智能交通、智慧医疗等领域得到了广泛应用,并显著提升了数据处理的效率和实时性。

3.2.2　边缘数据存储与缓存技术

边缘计算网关的数据存储与缓存技术是边缘计算体系中的重要组成部分,其主要目的是通过本地化处理和存储数据,减少对中心云的依赖,提高数据处理效率和实时性。以下从数据存储、缓存技术及其优化策略等方面进行详细分析。

1）数据存储技术

边缘计算网关的数据存储功能主要包括实时数据存储、历史数据存储和统计分析数据存储。这些存储功能的满足要求的具体描述见表3.6。

表 3.6　存储功能满足要求

满足要求	具体描述
分类管理	对采集的实时数据、物模型数据、配置数据和日志数据进行分类管理
存储深度设置	支持数据的存储深度设置,超出容量限制时能够自动维护过期历史数据
加密存储	支持数据的加密存储,确保数据的安全性
本地存储与云端同步	边缘网关可以将本地存储的数据上传至云端进行历史查询与分析,同时释放本地存储空间

边缘计算网关还支持分布式存储架构,通过将数据分散存储在多个节点中,提高数据访问效率和可靠性。例如,分布式缓存可以将数据存储在多个节点的数据库中,每个节点负责不同类型的数据存储。

2）数据缓存技术

数据缓存是边缘计算网关的核心功能之一,主要用于提高数据处理效率和减少对中心云的依赖。边缘计算网关数据缓存技术的主要特点见表 3.7。

表 3.7 边缘计算网关数据缓存技术特点

特点名称	描述	目的/作用
本地缓存	边缘网关在本地存储常用或关键数据,减少对远程服务器(如中心云)的请求	降低网络延迟,提高实时响应速度,增强系统对弱网环境的适应性
缓存策略	根据数据重要性、访问频率或时效性动态调整缓存容量及数据保留时间	优化缓存命中率(Cache Hit Rate),平衡存储资源与数据可用性
缓存优化	通过算法设计(如 LRU、LFU)或分布式缓存机制,避免缓存雪崩、缓存击穿等问题	提升缓存系统稳定性,防止因热点数据失效或高并发请求导致的性能下降

边缘计算网关还可以利用高速缓存技术(如 L1、L2、L3 缓存)来进一步提升数据访问效率。例如,通过在内存中存储部分数据,当 CPU 需要访问数据时,首先检查缓存,如果存在则直接命中,否则从内存中读取并复制到缓存中。

边缘计算网关的数据存储与缓存技术通过本地化处理和优化策略,显著提高了数据处理效率和实时性。这些技术为工业控制、智能制造等场景提供了可靠的数据支持。

任务拓展

数据管理软件的安装、配置与基础使用

数据管理软件在边缘计算中扮演着核心角色,它负责在靠近数据源的边缘设备上存储、处理和管理数据,实现数据的本地化存储和快速访问,减少数据传输延迟和带宽压力,同时支持低延迟数据处理、数据安全和隐私保护,以及离线工作能力,满足边缘计算实时性和高效性的需求。

1)前期准备

硬件准备:选择一台具备足够计算能力和存储空间的计算机。确保设备已连接至网络,并具备稳定的电源供应。

软件准备:根据边缘设备的操作系统(如 Linux、Windows IoT 等),下载并准备相应的数据库安装包(如 SQLite、MySQL Edge 版、MariaDB 等轻量级或边缘优化版数据库)。准备必要的安装工具和依赖库。

2)数据库安装

步骤 1:双击安装文件"MariaDB-10.5-winx64.msi",运行安装程序,会跳出如图 3.15 所示的窗口,单击"Next"按钮继续。勾选接受协议,单击"Next"按钮进行下一步。

步骤 2:这里可以单击"Browse..."按钮修改安装路径,一般选择默认位置即可。之后单击"Next"按钮,如图 3.16 所示。

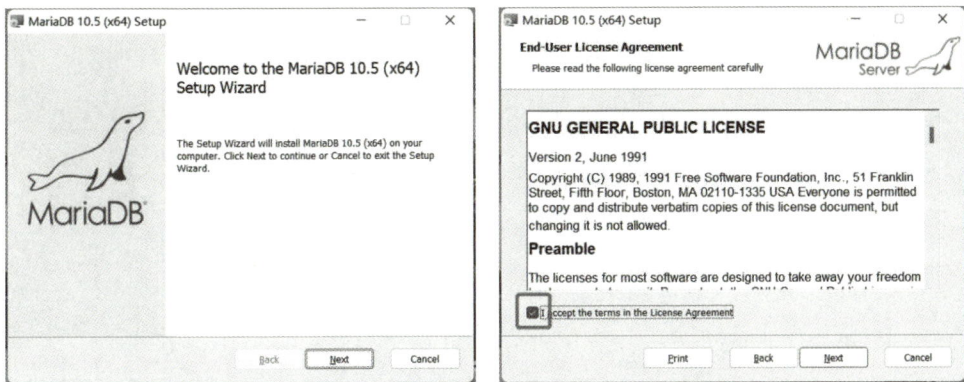

图 3.15　步骤 1

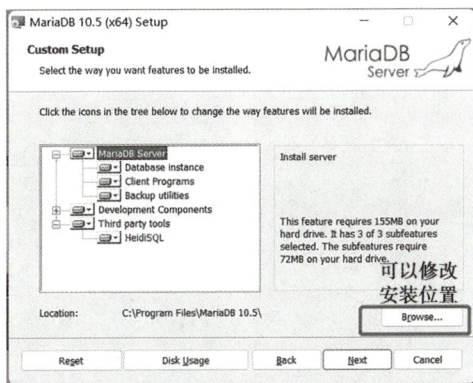

图 3.16　步骤 2

步骤 3：这里为 root 用户添加密码，密码也先输入 root 即可(两遍密码需要一致)，之后字符集勾选"Use UTF8"选项，然后单击"Next"按钮，如图 3.17 所示。然后会跳出图 3.17 右边的窗口，此时不需要进行任何的修改，直接单击"Next"按钮即可。

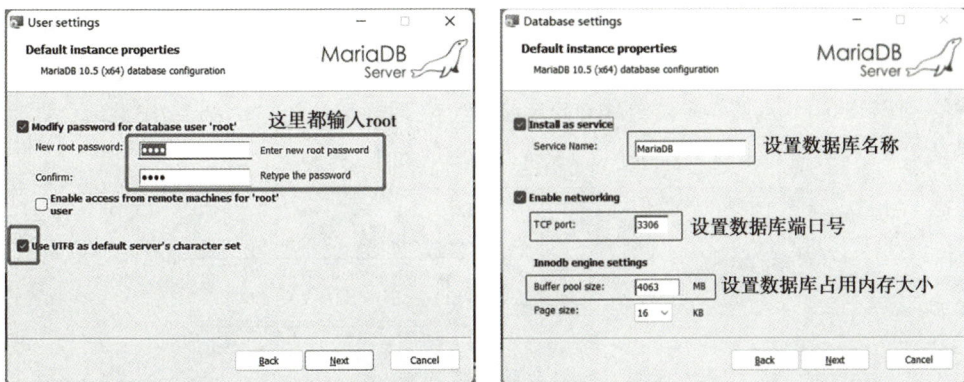

图 3.17　步骤 3

步骤 4：出现图 3.18 所示弹窗，不需要进行任何修改，直接单击"Next"按钮和"Install"按钮即可。

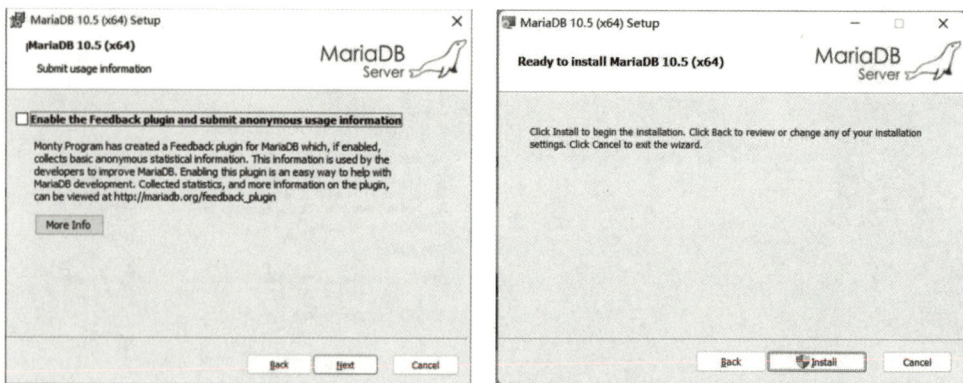

图 3.18　步骤 4

步骤 5：出现图 3.19 所示弹窗后，等待左侧弹窗进度完成就出现右侧弹窗，表示 MariaDB 的服务端环境配置完整。

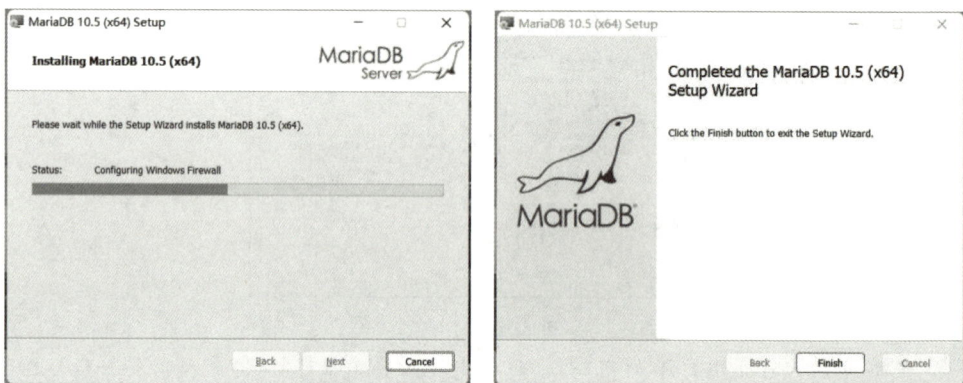

图 3.19　步骤 5

3）数据库测试

下面测试 MariaDB 数据库服务端，通过自带的客户端 HeidiSQL 来完成。

步骤 1：在桌面上找到并运行 HeidiSQL，在出现的 HeidiSQL 会话登录窗口（图 3.20），先"新建"会话连接，然后选择当前创建好的连接，进行"网络形式" "主机名/IP 地址"的确认，一般使用默认，再输出当前用户名和密码，最后单击"打开"按钮。

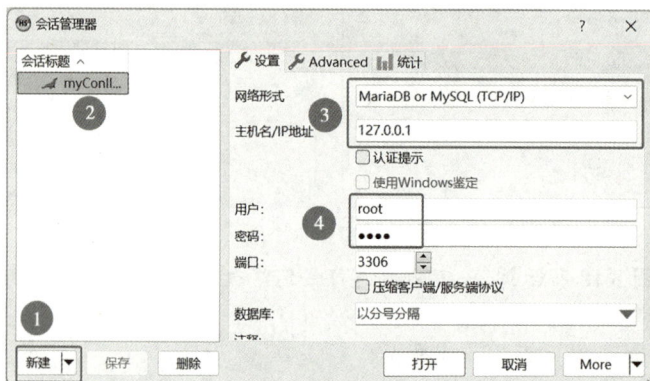

图 3.20　HeidiSQL 会话登录窗口

步骤 2：登录成功后就可以创建数据库表了，创建过程如图 3.21 所示。

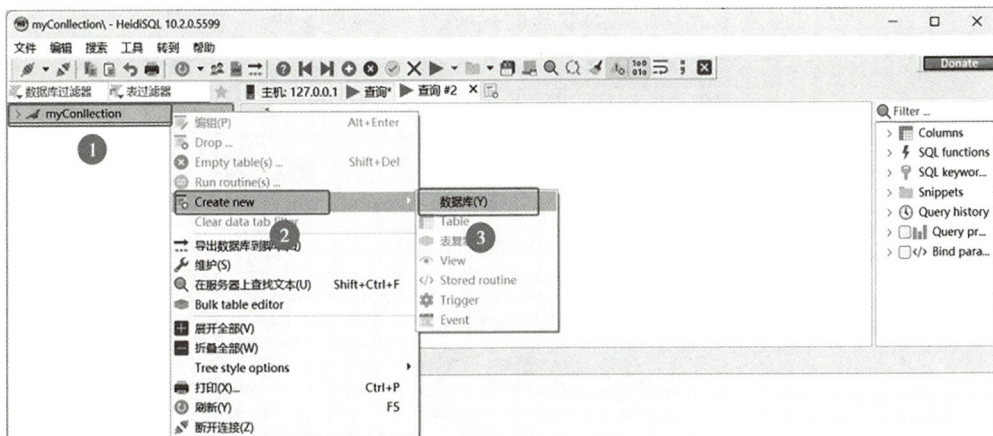

图 3.21　HeidiSQL 窗口创建数据库

步骤 3：在如图 3.22 所示的窗口中，填写数据库名称，选择数据库默认字符集，然后单击"确认"按钮即可

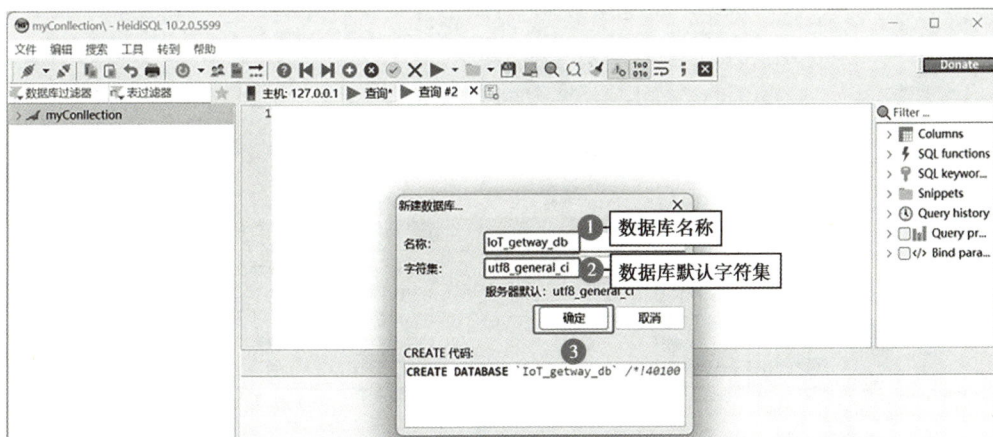

图 3.22　填写数据库名称和字符集

步骤 4：创建数据库成功后，在当前的数据库中创建数据库表，可以按照如图 3.23 所示的过程操作，将提供的 SQL 粘贴到文本窗口中，单击图 3.23 中的"运行"按钮。

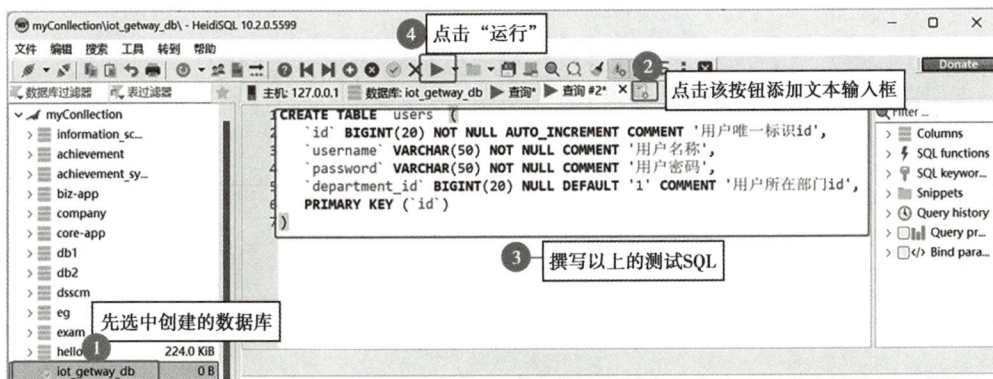

图 3.23　编写和运行 SQL

步骤5：运行成功后，就可以通过如图3.24、图3.25所示的过程属性数据库，查看表的详细结构。至此数据库环境和客户端均已安装和测试通过。

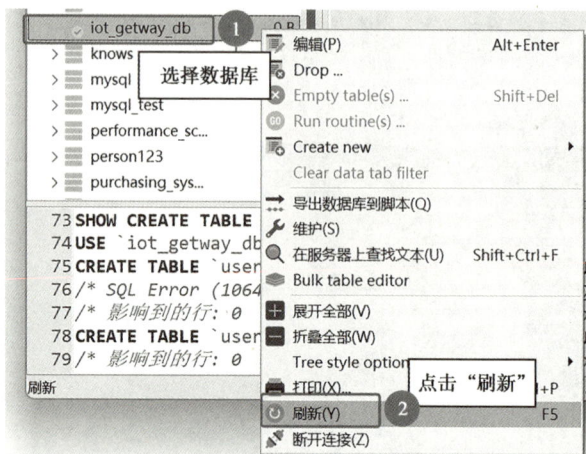

图3.24　查看表

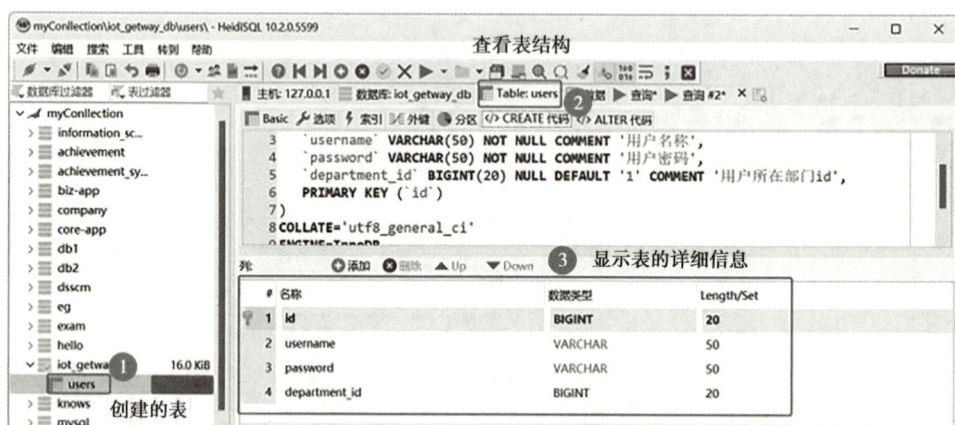

图3.25　查看表结构

任务 3.3　边缘计算网关架构

【任务导学】

通过本任务的学习，读者将全面了解边缘计算网关的硬件与软件组成。硬件架构方面，片上微处理器和基础电路板为网关提供强大的计算能力和灵活的硬件扩展能力。软件架构方面,操作系统、中间件和应用程序为网关提供高效的资源管理和丰富的业务功能。这些内容不仅帮助人们理解边缘计算网关的内部结构和运行机制,还为人们提供实际部署和管理网关的理论基础。在实际应用中,了解这些组成和架构可以帮助人们更好地选择和配置网关,优化系统性能,提高数据处理效率和用户体验。边缘计算网关架构思维导图如图 3.26 所示。

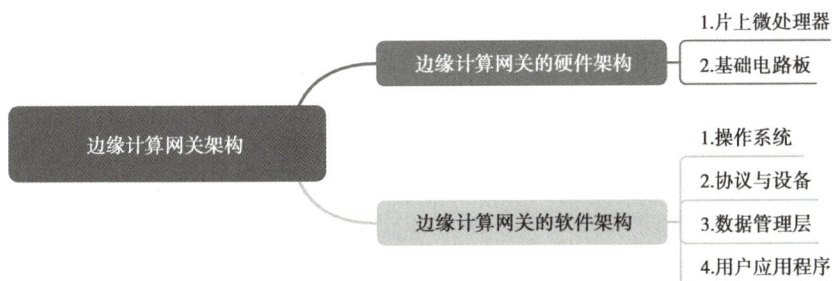

图 3.26 边缘计算网关架构思维导图

【知识储备】

边缘计算网关位于网络边缘,是连接物联网设备、传感器与云端服务器的关键节点。它通过收集、整合、分析和处理来自不同设备和传感器的数据,实现实时数据处理和决策支持,同时减轻云端服务器的负担,提高数据处理的实时性和效率。

以边缘计算网关在智慧电力应用场景搭建架构为例,简述架构的基本设计,如图 3.27 所示。

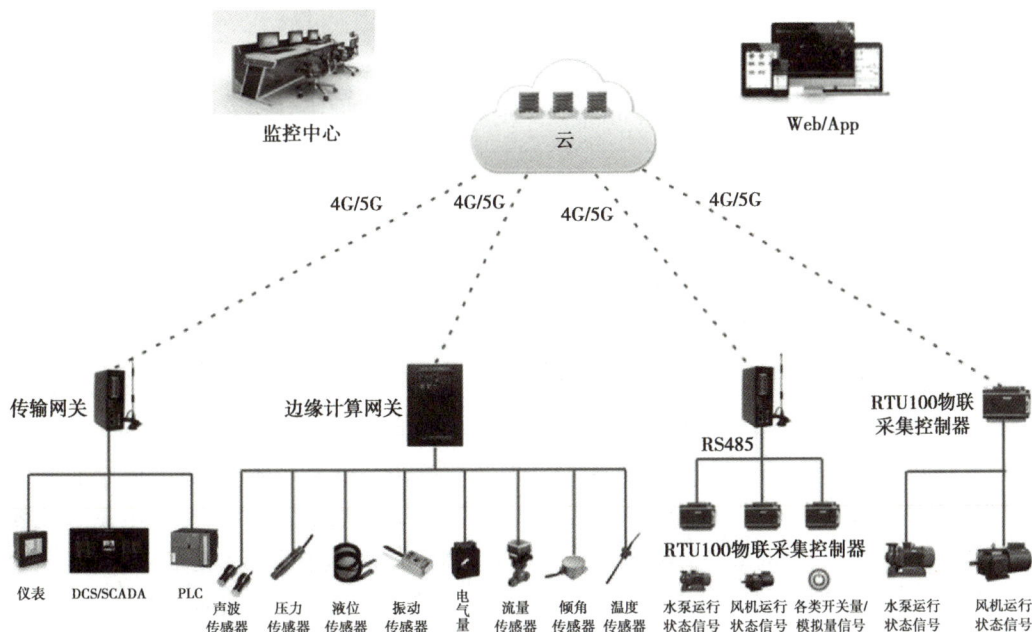

图 3.27 智慧电力应用场景中的边缘网关架构图

智慧电力中通过加装边缘计算网关,可以实现对设备层的实时数据(液压、液位、振动、流量、转速、位置、倾角、温度、位移、电流、电压等)进行采集、计算与处理,并经边缘计算网关通过网络上传云平台进行集中存储、分析、应用和展示,用户可以在监控中心通过 Web 或 App 等方式,实时掌控工业设备的运行状况,并实现对工业设备的远程监控、数据分析和智能运维管理。

一般地,为了满足边缘计算超低时延、高带宽、高实时性计算能力、高安全可靠性、本地化、高效能和灵活性等网络特性,边缘计算网关的硬件架构和软件架构都进行了有针对性的设计。

3.3.1 边缘计算网关的硬件架构

边缘计算网关的硬件架构如图 3.28 所示,由片上微处理器和基础电路板构成,二者通过板对板连接器进行连接。

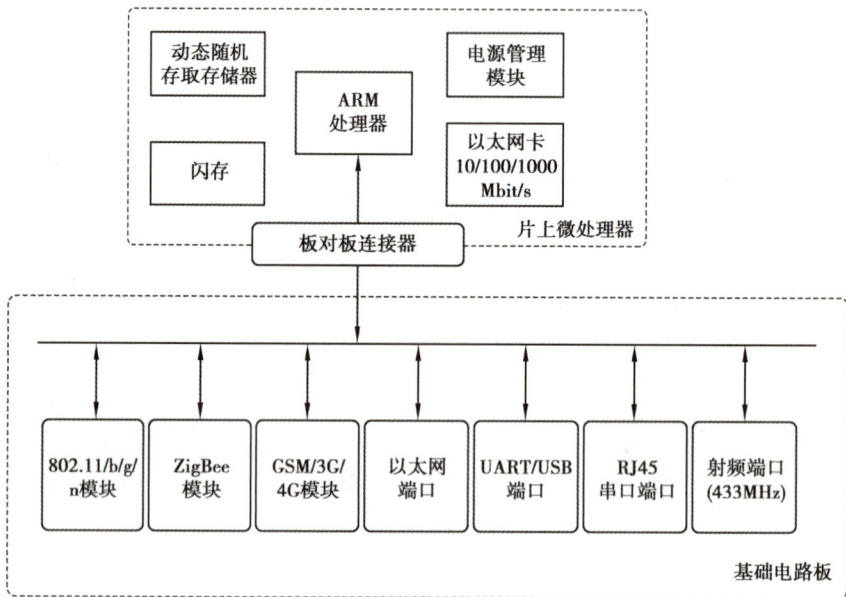

图 3.28 边缘计算网关的硬件架构

1)边缘计算网关的片上微处理器

片上微处理器包含 ARM 处理器、动态随机存取存储器(DRAM)、闪存、以太网卡和电源管理模块。ARM 处理器是一种低功耗、高性能的 32 位精简指令集(RISC)处理器架构,以其体积小、低成本等特点,在移动设备、嵌入式系统等领域发挥重要作用,是边缘计算的核心部件。存储单元包括 DRAM 和闪存,DRAM 用于暂时存储数据和指令,具有较高的读写速度,是边缘计算的重要资源之一。闪存是一种非易失性存储器,即使断电也能保持数据不丢失,主要用于数据存储和交换。网络是边缘计算的关键部分,需要选择具有足够快网络速度和稳定网络的设备,以支持实时数据传输和远程访问。以太网卡是计算机等网络设备与外界网络相连的关键部件,其主要功能是进行数据信号的转换,实现设备间的通信。电源管理模块则是确保处理器在需要时获得足够的电力,并在不需要时降低功耗,以延长设备的电池寿命或降低能源消耗。

在选择片上微处理器时,需要综合考虑处理器性能、存储容量、网络速度和稳定性等因素。对于 ARM 处理器,应选择具有足够多核心和线程的处理器,以支持实时处理和数据分析,高性能的 CPU 和 GPU 能够快速处理大量数据,满足实时计算的需求。存储单元方面,需要选择具有足够大内存的设备,以支持数据缓存和处理,同时也要确保有足够的存储空间支持数据持久化和备份。网络方面,要选择网络速度快且稳定的设备,以保障实时数据传输和远程访问的顺畅。电源管理模块则需要具备高效的电源管理和功耗控制能力,以适应不同应用场景下的电源需求,延长设备的使用寿命并降低能源消耗。

2)边缘计算网关的基础电路板

基础电路板集成了多种通信模块和接口,以满足不同应用场景下的数据传输和通信需求。这些组件共同协作,使边缘计算网关能够高效地处理数据、与云端和其他设备进行通信,并实现对本地设备的监控和控制。

（1）802.11 b/g/n 模块

802.11 b/g/n 模块是 Wi-Fi 网络的标准,该模块允许边缘计算网关通过无线方式连接 Wi-Fi 网络,实现与互联网的通信。b/g/n 分别代表不同的传输速度和频段,其中 802.11n 标准提供了更高的传输速率和更好的信号稳定性,适用于需要高速数据传输的场景。

（2）ZigBee 模块

ZigBee 模块是一种低功耗、低速率、低成本的无线通信技术,它适用于短距离、少量数据的无线通信场景,如智能家居、工业自动化等。ZigBee 模块可以嵌入到边缘计算网关中,实现与其他 ZigBee 设备的通信和组网。

（3）GSM/3G/4G 模块

GSM/3G/4G 模块支持移动通信网络,允许边缘计算网关通过蜂窝网络连接到互联网。这些模块提供了广泛的网络覆盖和高速数据传输能力,适用于远程监控、物联网应用等场景。随着 5G 技术的普及,未来可能会看到更多支持 5G 的边缘计算网关。

（4）以太网端口

以太网端口是一种有线网络接口,允许边缘计算网关通过有线方式连接到局域网或互联网。它提供了稳定、高速的数据传输能力,适用于需要高带宽和低延迟的应用场景。以太网端口通常支持多种传输速率,如 10 Mb/s、100 Mb/s、1 000 Mb/s 等。

（5）UART/USB 端口

UART（通用异步收发传输器）和 USB（通用串行总线）是两种常见的串行通信接口。UART 端口通常用于与其他串行设备进行通信,如传感器、执行器等。USB 端口则支持多种外部设备的连接,如存储设备、摄像头、键盘等。这些端口为边缘计算网关提供了与其他设备的通信和数据交换能力。

（6）RJ45 端口

RJ45 端口是一种常用的网络接口,也用于串行通信。它与 UART 端口类似,但通常用于更长的传输距离和更高的传输速率。RJ45 串口端口在工业自动化、远程监控等领域有广泛应用。

（7）射频端口

射频端口用于无线通信的射频信号的发送和接收。它支持多种无线通信标准,如 Wi-Fi、蓝牙、ZigBee 等。射频端口通常与天线相连,以实现无线信号的传输和接收。

3.3.2 边缘计算网关的软件架构

边缘计算网关的软件架构如图 3.29 所示,包括操作系统、硬件抽象层、传感器堆栈（ZigBee、2G/3G/4G、Modbus、BLE 等）、设备管理和配置、安全协议、固件云端升级技术、网络传输协议、数据管理、云连接管理器、用户应用程序等。该软件架构是一个多层次、模块化的系统,每个组成部分都扮演着重要的角色,共同协作以实现高效、安全、可靠的数据处理和应用部署。

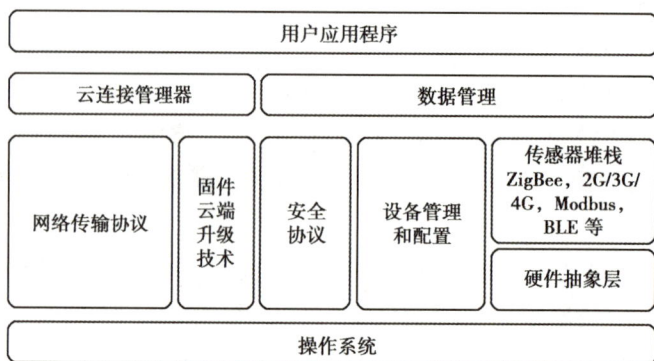

图 3.29 边缘计算网关的软件架构

1）操作系统

操作系统是边缘计算设备的核心软件层,负责管理硬件资源、提供用户界面、处理应用程序请求等。在边缘计算环境中,操作系统需要支持低功耗、实时响应和高可靠性等特性。操作系统是覆盖在硬件上的第一层系统软件,现在市场上的边缘计算网关所使用的操作系统多是Linux。

2）协议与设备

（1）硬件抽象层

硬件抽象层（HAL）位于操作系统内核与硬件设备之间,旨在提供一个统一的接口来屏蔽底层硬件的复杂性。HAL 允许上层软件(包括操作系统内核和应用程序)以统一的方式访问和使用各种不同的硬件设备,而无须关心具体的硬件细节。HAL 增强了操作系统的可移植性,简化了新硬件的集成过程,并提供了硬件访问的安全性和稳定性。

（2）传感器堆栈

传感器堆栈是各种传感器协议的协议栈集合,包括支持各种传感器通信协议的软件层,如 ZigBee、2G/3G/4G、Modbus、BLE（蓝牙低功耗）等。这些协议栈的作用有两点:一是提供 API 供用户使用,二是将各个层定义的(如物理层)协议集合在一起,以函数的形式体现。这使得边缘计算设备能够与不同类型的传感器进行通信,收集环境数据或设备状态信息。

（3）设备管理和配置

设备管理和配置软件主要是负责设备的加入和删除,设备属性的访问控制等,包括如边缘计算设备的远程管理、配置更新和故障排查等,提供用户友好的界面或 API,允许管理员监控设备状态、调整配置参数并执行必要的维护任务等。

（4）安全协议

安全协议是确保边缘计算设备通信和数据传输安全的关键,包括加密技术、身份验证机制和数据完整性校验等,旨在防止数据泄露、篡改和未经授权的访问。

（5）固件云端

固件云端升级技术简称 FOTA,是云服务器通过无线网络对设备中的软件进行远程管理技术。它允许边缘计算设备的固件(包括操作系统、驱动程序和应用程序)在远程进行更新和升级。这项技术提高了设备的可维护性和安全性,使得管理员可以轻松地部署新的功能和修复已知的安全漏洞。

（6）网络传输协议

网络传输协议负责边缘计算设备与云端或其他设备之间的数据传输,主要包含 HTTPS 协议和 MQTT 协议。它们提供了可靠的数据传输、低延迟通信和高效的数据处理机制。

3）数据管理层

（1）数据管理

数据管理软件负责边缘计算设备的数据收集、存储、处理和分析,提供了数据清洗、聚合、转换和可视化等功能,使得管理员可以更好地理解设备数据并做出明智决策。

（2）云连接管理器

云连接管理器负责边缘计算设备与云端之间的连接管理,提供了设备注册、身份验证、连接建立和维护等功能,确保了设备与云端之间的稳定通信和数据同步。

4）用户应用程序

用户应用程序是运行在边缘计算设备上的高层软件,用于实现特定的业务逻辑和功能,是边缘计算的核心,需要选择具有高效性和实时性的应用程序。这些应用程序可以是自定义开发的,也可以是第三方提供的,它们通过调用底层软件和硬件资源来实现特定的应用场景和需求。

🧩 任务拓展

边缘计算网关的数据安全和隐私保护

工业物联网边缘网关通过将数据处理和存储功能放置在靠近数据源的位置,实现工业设备和数据的实时监控和分析。数据安全和隐私保护是边缘网关的关键功能之一。

在工业物联网中,需要传输和存储大量的敏感数据,如设备状态、生产数据、工艺参数等,如果这些数据泄露或被篡改,将会对工业物联网造成严重影响。因此,边缘网关需要具备强大的数据安全和隐私保护功能,确保工业设备和数据的安全可靠。

1)边缘网关实现数据安全和隐私保护的措施

①建立可靠的数据加密机制,对传输和存储的数据进行加密,防止数据在传输和存储过程中被窃取和篡改。

②建立严格的访问控制机制,严格控制数据访问,只有授权用户才能访问和操作数据。此外,边缘网关还需要具备完善的安全防护功能,包括入侵检测、防火墙、漏洞补丁等,防止恶意攻击和未经授权的访问。

这些措施可以有效保护工业设备和数据的安全,保障工业物联网系统的稳定运行。

2)工业物联网边缘网关的隐私保护功能

在工业生产中,涉及的数据涵盖了大量的企业秘密和个人隐私信息,如生产流程、产品设计、员工信息等,这些信息如果泄露,将会给企业和个人造成严重损失。因此,边缘网关需要保证数据隐私,严格保护隐私相关数据,防止泄露和滥用。同时,边缘网关还需要建立完善的隐私管理和合规机制,保证数据的合法合规处理和使用,遵守相关隐私保护的法律法规。只有在保证数据安全和隐私的前提下,工业物联网才能得到广泛应用和发展。

在实际应用中,边缘网关的功能不断完善和扩展,包括以太网网关、4G网关等多种形式。这些边缘网关通过将核心功能放置在靠近数据源的位置,实现对工业设备和数据的高效管理和控制。同时,这些边缘网关也在数据安全和隐私保护方面作出了重要贡献,为工业物联网的安全稳定运行提供了有力支撑。

3)技术角度进行数据安全和隐私保护

(1)加密技术的应用

学习常见的数据加密技术(如 AES、RSA 等),选择合适的加密算法对存储和传输中的数据进行加密。在边缘计算网关上实现数据加密功能,确保数据在本地存储和网络传输过程中的安全性。

(2)身份认证与访问控制

配置用户身份认证机制(如用户名/密码、数字证书等),限制对边缘计算网关的访问权限。实现基于角色的访问控制(RBAC),为不同用户分配不同的操作权限,确保数据的隐私性。

(3)安全协议部署

在边缘计算网关上部署 HTTPS 和 MQTT 等安全协议,确保数据传输的完整性和保密性。测试安全协议的有效性,验证数据在传输过程中是否被加密和完整传输。

任务 3.4　网关开放接口

【任务导学】

本节任务将围绕软件接口（MQTT）和硬件接口（RS232、RS485、I/O、I2C）两个方面展开，介绍它们的特点、通信机制和应用场景。开放接口使边缘计算网关具备了灵活的数据采集、处理与传输能力。通过标准化的软件协议与多样化的硬件接口，网关能够高效连接各类设备，推动边缘计算在物联网、工业自动化等领域的应用。网关开放接口思维导图如图 3.30 所示。

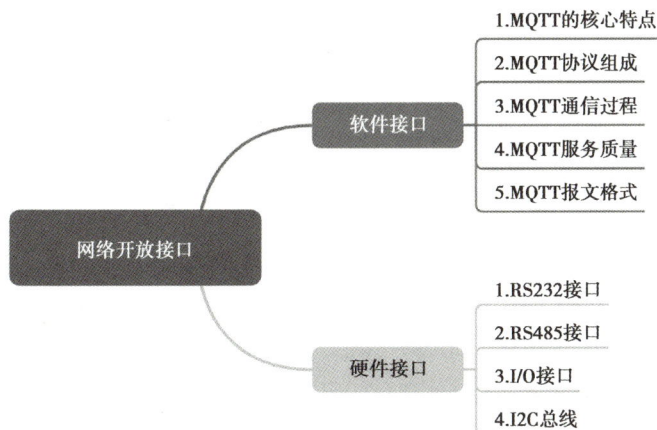

图 3.30　网关开放接口思维导图

【知识储备】

边缘计算网关开放接口（图 3.31）是网关设备或系统提供的用于与外部系统或设备进行数据交换和通信的接口，基于标准通信协议和格式，确保不同系统间互操作性和兼容性，在边缘计算、云计算及微服务架构等领域至关重要。边缘计算网关的接口分为硬件和软件两类，包括网络接口、设备接口、通信接口及人机界面。网络接口（如 Wi-Fi、以太网、4G LTE、5G 等）保障数据高效传输和设备互联互通；设备接口（如 USB、HDMI、CAN-Bus、RS232 等）可连接各类传感器和执行器，使网关与不同设备交互；它需支持多种通信协议（如 OPC-UA、MQTT、CAN 等）以实现与不同系统和平台的兼容；人机界面是边缘计算网关的重要组成部分，提供用户与网关交互途径,主要用于本地设备管理、状态监控、配置操作及故障诊断。

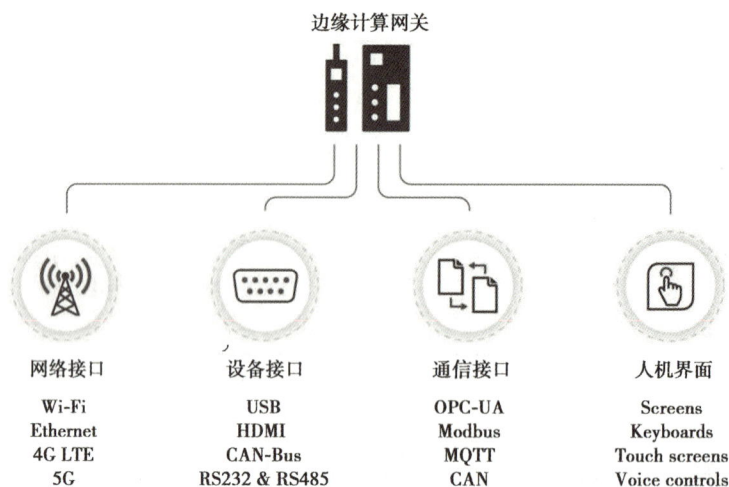

边缘计算网关

网络接口	设备接口	通信接口	人机界面
Wi-Fi	USB	OPC-UA	Screens
Ethernet	HDMI	Modbus	Keyboards
4G LTE	CAN-Bus	MQTT	Touch screens
5G	RS232 & RS485	CAN	Voice controls

图 3.31　边缘计算网关开放接口

3.4.1　软件接口

在工业物联网中,通常使用 MQTT 协议作为网关的软件接口协议。MQTT(Message Queuing Telemetry Transport,消息队列遥测传输协议)是一种轻量级的发布/订阅消息传输协议,专为 M2M(机器对机器)遥测在低带宽环境中设计。该协议由 Andy Stanford-Clark(IBM)和 Arlen Nipper 于 1999 年为了通过卫星连接油管遥测系统而设计,2010 年发布为免版税,2014 年成为 OASIS 标准(Organization for the Advancement of Structured Information Standards,结构化信息标准促进组织)。目前普遍使用的是 MQTT v3.1.1 版本,最新的 MQTT 版本(v5)于 2019 年 3 月发布。除标准版外,还有一个主要针对嵌入式设备的简化版 MQTT-SN 协议。

1)MQTT 的核心特点

MQTT 是一个专为物联网和 M2M 通信设计的轻量级消息传输协议,最大优点在于用极少的代码和有限的带宽,为连接远程设备提供实时可靠的消息服务。它的核心特点包括以下 5 点。

(1)轻量级

MQTT 协议的设计非常简洁,这意味着它所需的代码占用空间小,网络带宽消耗也相对较低。这对于资源受限的设备(如传感器、嵌入式系统等)来说尤为重要。

(2)发布/订阅模式

MQTT 采用发布/订阅的消息传递模式,这允许设备之间以松散的耦合方式进行通信。发布者(设备或应用程序)将消息发送到特定的主题,而订阅者(其他设备或应用程序)则通过订阅这些主题来接收消息。这种机制使得设备间的通信更加灵活和可扩展。

(3)适用于受限网络

MQTT 协议专为受限网络而设计,如低带宽、高延迟或不可靠的网络环境。它能够通过这些网络有效地传输数据,确保物联网设备的通信顺畅无阻。

（4）应用场景广泛

MQTT 已被广泛应用于各种物联网和 M2M 场景中,如智能家居、工业自动化、远程监控、环境监测等。通过卫星链路、拨号连接等多种通信方式,MQTT 能够连接远程设备,实现数据的实时传输和处理。

（5）移动应用的理想选择

MQTT 协议的小体积、低功耗、数据包最小化以及有效的信息分配机制使其成为移动应用的理想选择。它能够帮助移动应用实现高效、可靠的通信,同时降低对设备资源和网络带宽的消耗。

2）MQTT 协议组成

MQTT 与 HTTP 一样运行在传输控制协议/互联网协议（TCP/IP）堆栈之上。但与 HTTP 的请求/响应模式不同,MQTT 使用发布/订阅消息模式,采用事件驱动的方式工作,允许消息被推送到客户端。MQTT 协议模型如图 3.32 所示。

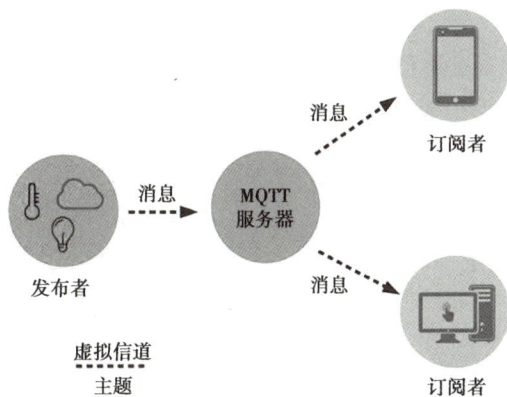

图 3.32　MQTT 协议模型

MQTT 协议的主要组成部分及描述见表 3.8 所示。

表 3.8　MQTT 协议的主要组成部分及描述

组成部分	具体描述
Broker（代理服务器）	代理服务器是 MQTT 网络中的中间件,负责接收来自客户端的消息,并将消息路由到符合订阅条件的客户端。Broker 还负责维护客户端的连接状态
Publisher（发布者）	发布者是发送消息的 MQTT 客户端。发布者将消息发送到 Broker,并指定一个或多个主题（Topic）
Subscriber（订阅者）	订阅者是接收消息的 MQTT 客户端。订阅者通过向 Broker 订阅一个或多个主题,以接收与这些主题相关的消息
Topic（主题）	主题是消息的类别或标签,用于将发布者的消息与订阅者的接收行为关联起来。主题由一个或多个层级组成,可以使用通配符进行匹配

3）MQTT 通信过程

在 MQTT 通信过程中,存在 3 种身份:发布者、订阅者和消息代理,其中发布者和订阅者可以身份互换。MQTT 客户端可以发布消息供其他客户端订阅,又可以订阅其他客户端发布的消息,还可以退订或者删除消息,断开与服务器的连接。MQTT 服务器作为消息代理,位于消息发布者和订阅者之间。它接收来自客户端的连接请求和发布的消息,处理客户端的订阅和退订请求,向订阅客户端转发订阅的消息。MQTT 协议中传输的消息主要分为主题(Topic)和负载(Payload)。主题通过主题名标签来标识订阅的消息类型,而负载就是订阅者订阅消息的具体内容。

(1)连接服务器

MQTT 客户端在与服务器建立网络连接后,首要任务是发送一个 CONNECT 报文以建立会话。这个报文包含了客户端的唯一标识符、协议版本、连接标志,以及可能的用户名和密码等认证信息。服务器在接收到 CONNECT 报文后,会进行验证并回复一个 CONNACK 报文,以确认连接是否建立成功。

(2)订阅主题

客户端可以通过发送 SUBSCRIBE 报文来订阅一个或多个主题。SUBSCRIBE 报文包含了客户端希望订阅的主题列表,以及每个主题对应的最大 QoS 等级。服务器在接收到 SUBSCRIBE 报文后,会保存这些信息,并在有与订阅主题匹配的新消息到达时,将这些消息分发给相应的客户端。服务器会通过发送 SUBACK 报文来确认订阅请求的处理结果。

(3)发布消息

客户端可以通过发送 PUBLISH 报文来发布消息到指定的主题。这个报文包含了主题名、消息内容、QoS 等级和保留标志等信息。服务器在接收到 PUBLISH 报文后,会根据订阅信息将消息分发给所有订阅了该主题的客户端。

(4)取消订阅

客户端可以通过发送 UNSUBSCRIBE 报文来取消之前订阅的主题。这个报文包含了客户端希望取消订阅的主题列表。服务器在接收到 UNSUBSCRIBE 报文后,会删除这些信息,并停止向该客户端分发与这些主题相关的消息。服务器会通过发送 UNSUBACK 报文来确认取消订阅请求的处理结果。

(5)断开连接

当客户端完成通信后,可以通过发送 DISCONNECT 报文来断开与服务器的连接。服务器在接收到 DISCONNECT 报文后,会关闭网络连接。MQTT 进行通信的过程如图 3.33 所示。

从图 3.33 可以看出,订阅者(Subscriber)发送 CONNECT 消息与 MQTT 消息代理服务器(MQTT Broker)连接,代理服务器授权并返回 CONNACK 确认消息,形成一个会话,然后订阅者发送 SUBSCRIBE 消息给代理服务器,订阅使用主题通配符匹配到的多个主题名标识的主题列表,如果订阅成功,代理服务器则返回一条 SUBACK 确认消息,发布者也会与代理服务器建立连接,之后发布相应主题的消息内容给代理服务器,代理服务器就会将负载转发给订阅这个主题的订阅者,订阅者发送 UNSUBSCRIBE 给代理服务器取消订阅,代理服务器返回 UNSUBACK 确认消息,经过保活命令 PING 之后可断开连接。

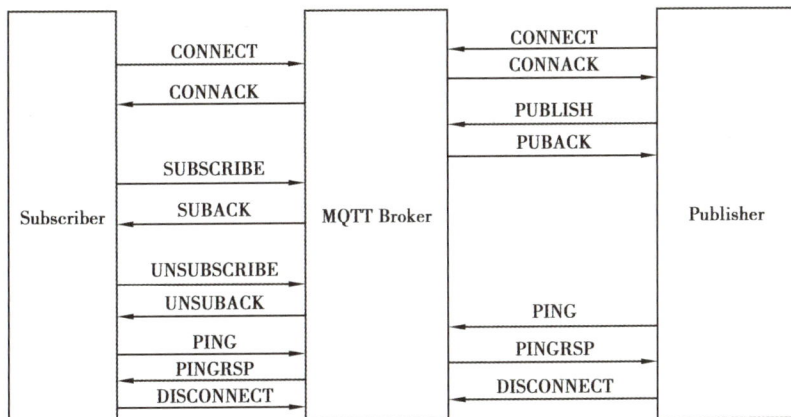

图 3.33　MQTT 的通信过程

4）MQTT 服务质量（QoS）级别

MQTT（Message Queuing Telemetry Transport）协议中的服务质量（Quality of Service levels，QoS）级别是一个核心概念，它定义了消息在发布者和订阅者之间传输的可靠性和保证程度。QoS 级别为消息的传输提供了不同的保障，以满足不同应用场景的需求。

MQTT 协议定义了 3 种 QoS 级别，分别为 QoS 0、QoS 1 和 QoS 2，它们分别对应不同的消息传输可靠性和确认机制，表 3.9 是 MQTT QoS 服务质量级别对比。

表 3.9　MQTT QoS 服务质量级别对比表

QoS 级别	名称	描述	特点	适用场景
QoS 0	至多一次	最低服务质量，不保证消息可靠到达	无确认机制，消息可能丢失，传输速度快	传感器数据采集、实时性优先的场景（如设备状态更新）
QoS 1	至少一次	确保消息至少送达一次，但可能重复	发布者等待 PUBACK 确认，未收到则重传；订阅者可能收到重复消息	设备控制指令、需确保命令执行但需容忍重复的场景（如智能家居控制）
QoS 2	恰好一次	最高服务质量，确保消息唯一且准确送达	四步握手协议（PUBREL-PUBREC-PUBCOMP），严格避免重复，传输可靠性最高	金融交易、关键指令传输等需绝对可靠且避免重复的场景（如工业控制系统）

在选择 QoS 级别时，需要考虑以下因素：

（1）消息重要性

根据消息的重要性和对可靠性的要求来选择合适的 QoS 级别。对于关键消息，应选择 QoS 2 以确保消息的唯一传递；对于非关键消息，可以选择 QoS 0 或 QoS 1 以降低传输成本和延迟。

（2）网络条件

网络稳定性也是选择 QoS 级别的重要因素。在网络不稳定或带宽受限的环境下，应选择较低的 QoS 级别以减少重传和确认的开销；在网络稳定且带宽充足的环境下，可以选择较高的 QoS 级别以确保消息的可靠传递。

（3）资源消耗

不同的 QoS 级别对资源的消耗也不同。QoS 0 不产生额外的网络传输开销，但可靠性最低；QoS 1 和 QoS 2 需要进行确认和重传，会产生一定的网络传输开销和延迟。因此，在选择 QoS 级别时，需要权衡资源消耗和消息可靠性之间的关系。

5）MQTT 报文格式

MQTT 报文有 3 个组成部分：固定报头（Fixed Header）、可变报头（Variable Header）和有效负载（Payload）。

（1）固定报头

固定报头是 MQTT 报文的第一部分，它包含了 MQTT 报文的一些基本信息，可使接收方能够正确地解析和处理后续的报文内容。

固定报头由消息类型、标志位、剩余长度组成。第一个字节高 4 位是 MQTT 控制报文的类型，第一个字节低 4 位用于指定控制报文类型的标志位（只在 PUBLISH 发布消息时用到），剩余长度用 1～4 个字节（剩余长度字段最大 4 个字节）表示，如图 3.34 所示。

Bit	7	6	5	4	3	2	1	0
byte 1	MQTT控制报文的类型				用于指定控制报文类型的标志位			
byte 2...	剩余长度							

图 3.34　MQTT 报文的固定报头

消息类型占用 4 位（Bit）。用于标识 MQTT 报文的类型，如 CONNECT、CONNACK、PUBLISH、PUBACK 等。每种消息类型都有其特定的用途和格式，具体描述见表 3.10。

表 3.10　固定报头中的消息类型

名称	值	流方向	描述
Reserved	0	不可用	保留位
CONNECT	1	客户端到服务器	客户端请求连接到服务器
CONNACK	2	服务器到客户端	连接确认
PUBLISH	3	双向	发布消息
PUBACK	4	双向	发布确认
PUBREC	5	双向	发布收到（QoS 2 第 1 部分确认）
PUBREL	6	双向	发布释放（QoS 2 第 2 部分确认）
PUBCOMP	7	双向	发布完成（QoS 2 第 3 部分确认）
SUBSCRIBE	8	客户端到服务器	客户端请求订阅主题
SUBACK	9	服务器到客户端	订阅确认
UNSUBSCRIBE	10	客户端到服务器	请求取消订阅主题
UNSUBACK	11	服务器到客户端	取消订阅确认

续表

名称	值	流方向	描述
PINGREQ	12	客户端到服务器	PING 请求,用于检测连接是否存活
PINGRESP	13	服务器到客户端	PING 应答,响应 PING 请求
DISCONNECT	14	客户端到服务器	中断连接,客户端主动断开与服务器的连接
Reserved	15	不可用	保留位,未来可能使用

标志位(Flags)包括 DUP、QoS 等级和 RETAIN 标志。DUP(Duplicate):1 位,用于标识该消息是否为重复发送。QoS 等级(Quality of Service):2 位,用于指定消息的服务质量等级(0、1 或 2)。RETAIN(Retain):1 位,用于标识该消息是否需要被服务器保留(表 3.11)。

表 3.11　固定报头中的标志位

数据包	标识位	Bit 3	Bit 2	Bit 1	Bit 0
CONNECT	保留位	0	0	0	0
CONNACK	保留位	0	0	0	0
PUBLISH	MQTT 3.1.1 使用	DUP1	QoS2(高位)	QoS2(低位)	RETAIN3
PUBACK	保留位	0	0	0	0
PUBREC	保留位	0	0	0	0
PUBREL	保留位	0	0	0	0
PUBCOMP	保留位	0	0	0	0
SUBSCRIBE	保留位	0	0	0	0
SUBACK	保留位	0	0	0	0
UNSUBSCRIBE	保留位	0	0	0	0
UNSUBACK	保留位	0	0	0	0
PINGREQ	保留位	0	0	0	0
PINGRESP	保留位	0	0	0	0
DISCONNECT	保留位	0	0	0	0

剩余长度(Remaining Length)占用可变长度的字节数(1 ~ 4 个字节)。表示可变报头和有效负载的总长度(不包括固定报头的长度)。采用可变长度编码方式,每个字节的最高位用于指示是否还有后续字节。

(2)可变报头

在 MQTT 协议中,可变报头是部分报文的组成部分,其存在与否及内容取决于报文类型。表 3.12 是对几种主要报文类型中可变报头的总结。

表 3.12　可变报头中的消息 ID

消息类型	描述	有效负载内容
PUBLISH	发布数据或信息到指定的主题	携带实际的数据、信息或命令
SUBSCRIBE	向 MQTT 代理服务器订阅特定的主题	指示订阅者要订阅的主题和对应的服务质量级别
SUBACK	确认订阅请求的结果	返回订阅主题和对应的服务质量级别
UNSUBSCRIBE	向 MQTT 代理服务器取消订阅特定的主题	指示订阅者要取消订阅的主题
PUBREC	实现 QoS 级别为 2 的消息传递的确认(发布接收)	不携带有效负载,只返回消息标识符
PUBREL	实现 QoS 级别为 2 的消息传递的确认(发布释放)	不携带有效负载,只返回消息标识符
PUBCOMP	实现 QoS 级别为 2 的消息传递的确认(发布完成)	不携带有效负载,只返回消息标识符

在 MQTT 协议中,可变报头包含与消息类型相关的字段,如 CONNECT 报文中的协议名、版本和连接标志等。有效负载是承载实际数据的部分,用于封装传感器数据、控制指令等,其长度不定,内容和格式取决于应用场景,可能包括传感器数据、控制指令和其他业务数据。

MQTT 消息的 JSON 格式如下:

```
{
"token":"123456",
"timestamp":"2024-05-26T14:34:25Z",
……
"body": 消息体
}
```

字段的类型为"string"。作为消息标识,相同源发出的相同类型消息的"token"应该各不相同,可以用自增数表示,也可用随机数表示。字段"timestamp"的类型为"string",是消息产生的时间戳。中间还有其他自定义的拓展字段。字段"body"的类型为"json",是消息储存的格式。

操作类型为 get、set 和 action 的主题,称为"数据访问"。一般是通信双方分别订阅请求主题和响应主题,请求方发布请求,经过 MQTT Broker 转发后,提供方发布响应,请求方最后接收到响应,数据访问过程如图 3.35 所示。

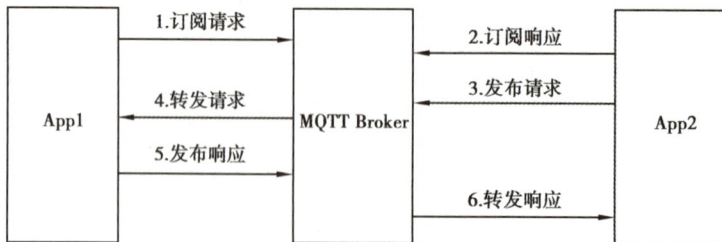

图 3.35　数据访问过程

3.4.2 硬件接口

边缘计算网关开放接口常见的硬件接口类型包括 RS232、RS485、I/O 接口、RFID 以及 I2C 总线。

1）RS232 接口

RS232 接口符合美国电子工业联盟（EIA）制定的串行数据通信的接口标准,原始编号全称是 EIA-RS-232（简称 232, RS232）,是一种最常见的串行通信协议,被广泛用于计算机串行接口外设连接。两台设备可以用 RS232 标准的串口线连接起来,进行全双工的通信。实物图和接口如图 3.36 所示。

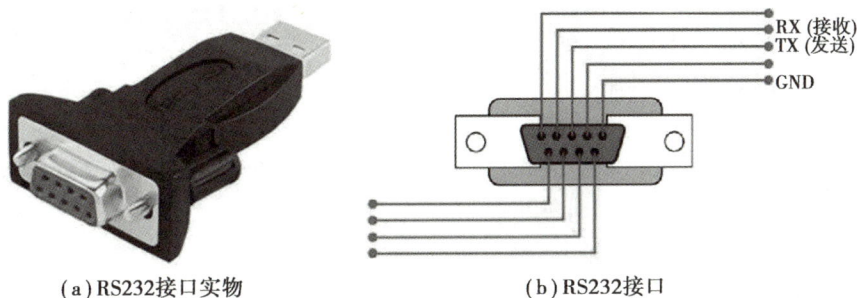

（a）RS232接口实物　　　　　（b）RS232接口

图 3.36　RS232 实物和接口

引脚功能说明:

RX（接收）:此引脚用于接收来自另一设备的数据。在串行通信中,数据从发送设备传输到接收设备,接收设备通过此引脚读取数据。

TX（发送）:此引脚用于向另一设备发送数据。发送设备通过此引脚将数据传输到接收设备。

GND（地线）:此引脚提供电路的公共参考点,以确保两个通信设备之间有相同的电位参考,从而正确传输和接收信号。

2）RS485 接口

RS485 是一种差分传输、抗噪声干扰性强的串行数据通信接口,常用于工业自动化、智能制造等领域,用于连接多个设备并进行数据传输。RS485 与 RS232 相似,也是一种常见的串行通信协议,与 RS232 协议仅在物理层上有所区别。

RS485 中最远的设备到计算机的连线理论有效距离是 1 200 m,RS485 可以连接多个负载,一般有 32 台、64 台、128 台、256 台等几种选择。

RS485 通信总线必须用双绞线,控制器设备间必须串联,不可以有星型连接或者分叉,否则会造成非常大的干扰和通信不畅,甚至不能通信。实物图和接口如图 3.37 所示。

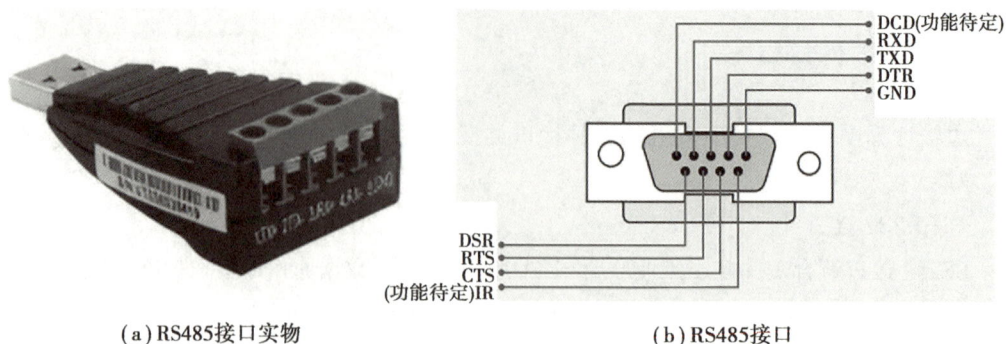

(a) RS485接口实物　　　　　　　　(b) RS485接口

图 3.37　RS485 实物图与接口

需要注意的是,图 3.37 中的引脚编号可能与实际的连接器引脚编号不同,具体引脚功能应根据实际设备的技术文档进行确认。

3) I/O 接口

I/O 接口是输入 / 输出接口的简称,用于设备之间的数据传输和控制。I/O 接口是边缘网关上常见的一种硬件接口,广泛应用于工业自动化、嵌入式系统等领域,用于连接传感器、执行器等设备。

I/O 接口分为两种类型:模拟 I/O 接口和数字 I/O 接口。

模拟 I/O 接口一般仅使用模拟输入功能,用以接收以电压值作为输出的传感器的数据。边缘网关首先测量 AI 接口电压值,之后将其转化为二进制值供程序调用。模拟 I/O 可以是温度传感器、光线传感器等模拟设备,其输出值是一个连续的模拟信号,如电压、电流等。

数字 I/O 接口在使用其数字输入功能时,可以接收外部传感器的开关量信号供程序调用。使用其数字输出功能时,也可输出高低电平信号,作为其他设备的控制信号。数字 I/O 可以是开关、按钮等二进制设备,其只有两种状态:开或关。

4) I2C 总线

I2C（Inter-Integrated Circuit,也称 IIC）,其实是 IICBus 简称,所以中文名称应为集成电路总线,它是一种由 Philips 公司开发的两线式串行总线,用于连接微控制器及其外围设备,常用于嵌入式系统、微控制器等领域,用于连接微控制器与传感器、存储器等外围设备。

集成电路总线是一种串行通信总线标准,使用多主从架构。它主要是为了让主板、嵌入式系统或手机连接低速周边设备。其被广泛地应用在基于微控制器的各种产品方案中,主要用作控制、诊断与电源管理总线。

I2C 只需两根线（SDA 串行数据线、SCL 串行时钟线）即可实现设备之间的通信,可以极大地节省芯片空间。支持多个设备连接在同一条总线上,通过设备地址进行区分,具有低功耗、抗干扰强的优点。

I2C 使用即串行数据线（SDA）和串行时钟线（SCL）两条双向漏极开路信号线进行连接。SDA 负责传输数据,而 SCL 则用于为传输数据提供同步时钟。通常,这两条线都需要通过适当的上拉电阻连接到电源,以确保在没有驱动时它们也能保持高电平状态。

任务拓展

如何实现 TCP 到 MQTT 的转换

在物联网系统集成中，TCP 协议与 MQTT 协议的转换是连接传统设备与云端平台的基础操作。TCP 作为可靠的传输层协议常用于本地设备通信，而 MQTT 作为轻量级消息协议更适合物联网的异步通信场景。

实现 TCP 到 MQTT 转换的详细步骤如下：

1）设计 TCP 到 MQTT 的转换逻辑

消息格式转换：将 TCP 消息转换为 MQTT 消息格式。这通常涉及解析 TCP 消息内容，并将其封装成 MQTT 消息的有效载荷。

连接管理：管理 TCP 和 MQTT 的连接。TCP 服务器需要监听并接受来自 TCP 客户端的连接，而 MQTT 客户端则需要与 MQTT 服务器建立连接。

2）编写 TCP 服务器，接收 TCP 连接和数据

以下是一个简单的 Python 代码示例，用于创建 TCP 服务器并接收数据。

```python
import socket
# 启动 TCP 服务器并持续监听客户端连接
def start_tcp_server(host, port):
    # 创建 TCP 套接字（AF_INET:IPv4, SOCK_STREAM:TCP 协议）
    server_socket = socket.socket(socket.AF_INET, socket.SOCK_STREAM)
    # 绑定服务器地址和端口
    server_socket.bind((host, port))
    # 开始监听，设置最大挂起连接数（操作系统层级的等待队列长度）
    server_socket.listen(5)
    print(f"TCP server listening on {host}:{port}")
    while True:
        # 接受客户端连接，返回新的 socket 对象和客户端地址
        client_socket, addr = server_socket.accept()
        print(f"Accepted connection from {addr}")
        # 处理客户端请求
        handle_tcp_client(client_socket)
        # 关闭当前客户端连接（进入下一个循环等待新连接）
        client_socket.close()
# 处理单个 TCP 客户端连接
def handle_tcp_client(client_socket):
    try:
```

```
    while True:
        # 接收客户端数据(每次最多读取 1024 字节)
        data = client_socket.recv(1024)
        # 当接收到空数据时表示连接断开
        if not data:
            break
        # 将字节数据解码为 UTF-8 字符串
        decoded_data = data.decode('utf-8')
        print(f"Received data: {decoded_data}")
        # 将接收到的数据转发给 MQTT 客户端并进行发布
        publish_to_mqtt(decoded_data)
except Exception as e:
    # 捕获处理过程中发生的异常(如网络中断、解码错误等)
    print(f"Error handling TCP client: {e}")
finally:
    # 确保最终关闭客户端连接
    client_socket.close()
```

3)将接收到的 TCP 数据转换为 MQTT 消息格式

在 handle_tcp_client 函数中,接收到 TCP 数据后,需要将其转换为 MQTT 消息格式。这通常涉及创建一个 MQTT 消息对象,并设置其主题和有效载荷。

```
def publish_to_mqtt(message):
    mqtt_client.publish("your/mqtt/topic", message)
```

4)搭建 MQTT 客户端,将转换后的消息发布到 MQTT 服务器

以下是一个简单的 Python 代码示例,用于创建 MQTT 客户端并发布消息。

```
import paho.mqtt.client as mqtt

# 创建 MQTT 客户端实例(ClientID 自动生成)
mqtt_client = mqtt.Client()
# 连接 MQTT 代理服务器(需替换为实际地址)
mqtt_client.connect("mqtt_broker_address", 1883, 60)

def on_connect(client, userdata, flags, rc):
    print(f"Connected to MQTT broker with result code {rc}")
# 绑定连接事件回调
```

```
mqtt_client.on_connect = on_connect
# 启动异步网络循环(保持连接 / 后台消息处理)
mqtt_client.loop_start()

def publish_to_mqtt(message):
    # 向 MQTT 主题发布消息
    mqtt_client.publish("your/mqtt/topic", message)
```

通过以上步骤,就可以实现 TCP 到 MQTT 的转换。需要注意的是,首先创建一个 TCP 服务器来接收 TCP 连接和数据,然后将接收到的 TCP 数据转换为 MQTT 消息格式,最后通过 MQTT 客户端发布到 MQTT 服务器。这样,传统的 TCP 设备就可以通过 MQTT 协议与物联网平台进行通信了。

项目实训

边缘计算网关技术实训

一、实训场景

在现代工业自动化系统中,数据的采集与存储是至关重要的环节。EG 系列边缘计算网关作为一种高效的边缘计算设备,能够实现从多种工业设备中采集数据,并将这些数据存储到 MySQL 数据库中,以便后续的分析和处理。本实训项目旨在模拟利用 EG 系列边缘计算网关实现对工业设备生产数据的采集与处理。在该场景下,需要在工厂内部署 EG 系列边缘计算网关,对生产流水线上的传感器采集的数据进行本地处理,并将处理后的结果传输至云端或本地数据库进行存储和进一步分析。

二、实训任务

①连接 EG 边缘计算网关,通过网线将计算机与 EG 网关的 LAN 口连接,并配置计算机的 IP 地址,访问网关的编程界面。

②了解编程页面,熟悉 EG 网关的编程界面,了解各个板块的功能。

③安装与配置相关软件,通过 EG 网关实现数据采集并存储至 MySQL 数据库。

三、操作步骤

1)环境准备

①准备一台性能较好的计算机,确保其具备足够的计算能力、存储容量和网络带宽,安装 Windows 或 Linux 操作系统。

②准备 EG 系列边缘计算网关(以 EG8200 为例),并确保其与计算机通过网线连接。

2)连接 EG 边缘计算网关

①使用网线直接将计算机和网关 LAN 口相连,并将计算机的 IP 设置为"192.168.88.100",具体设置如图 3.38 所示。

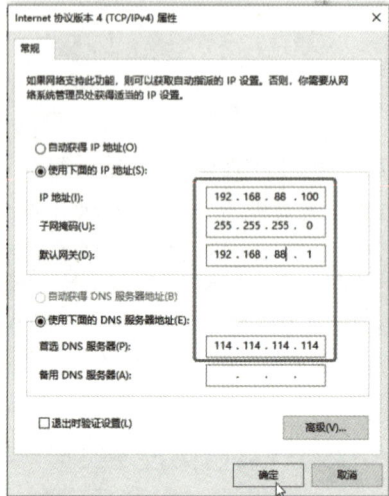

图 3.38 IP 配置界面

②网线直连方式一般用于首次使用网关,在浏览器中输入"192.168.88.1"即可进入配置页面。将网关 IP 设置为所在局域网 IP,即可在局域网内访问。输入密码为"EG12345678",进入编程界面。编程界面如图 3.39 所示。

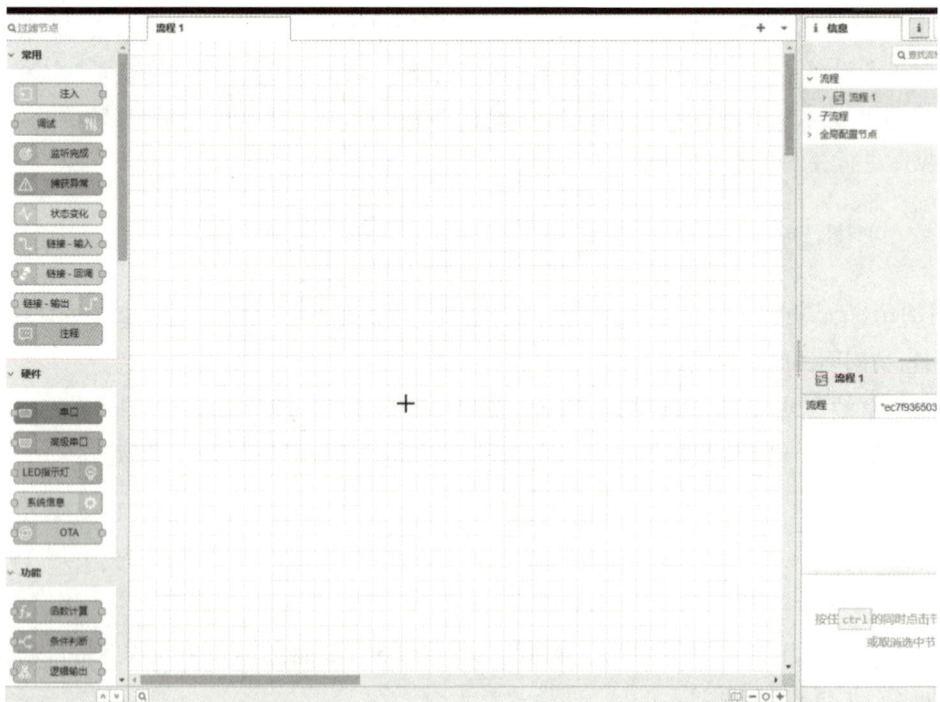

图 3.39 编程界面

3）了解编程页面

编程界面主要分为菜单栏、节点库、工作区和调试区 4 个板块，如图 3.40 所示。

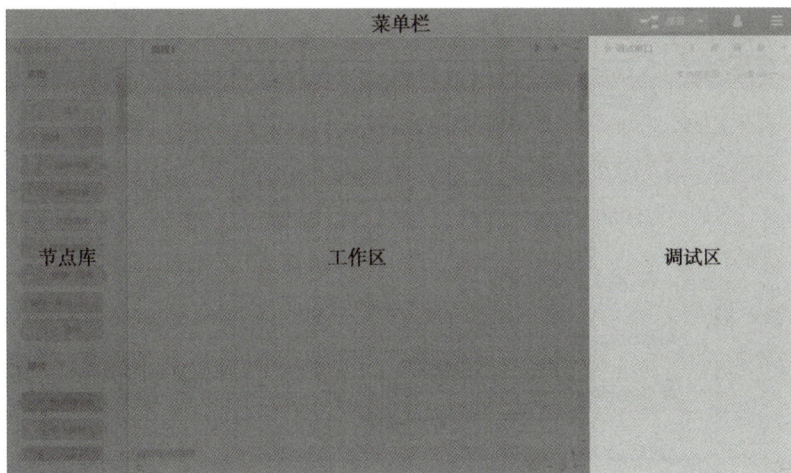

图 3.40 编程界面分区

编程界面的 4 ~ ~ ~ 3.13。

编程界面板块功能

编程界面板块	板块功能
菜单栏	按钮及主菜单
节点库	点，供使用者调用
工作区	将节点拖入工作区，连线代表数据交互，即可实现自由编程
调试区	分为 5 个页面，分别是信息窗口、帮助文档、日志窗口、配置节点和全局变量

4）数据采集并存储至 MySQL

（1）实现步骤

数据库的连接过程参考 3.3.2 的【拓展任务】。

第一步：配置并连接 MySQL 数据库。

第二步：采集从机数据。

第三步：数据格式化为 SQL 语句。

第四步：数据上传至 MySQL 数据库。

（2）功能实现

第一步：连接 MySQL 数据库。

在编程界面中找到 MySQL 节点，点击 "配置"。输入 MySQL 数据库的连接参数，包括数据库地址、端口、用户名、密码等，如图 3.41 所示，然后单击 "添加" 按钮。

图 3.41　MySQL 节点配置

单击"添加"按钮后,继续点击编辑 MySQL 节点,完成最终部署,也就是单击右上角的"部署"按钮。若显示"部署成功"的提示弹窗,且节点显示"connected"则表示连接成功,如图 3.42 所示。

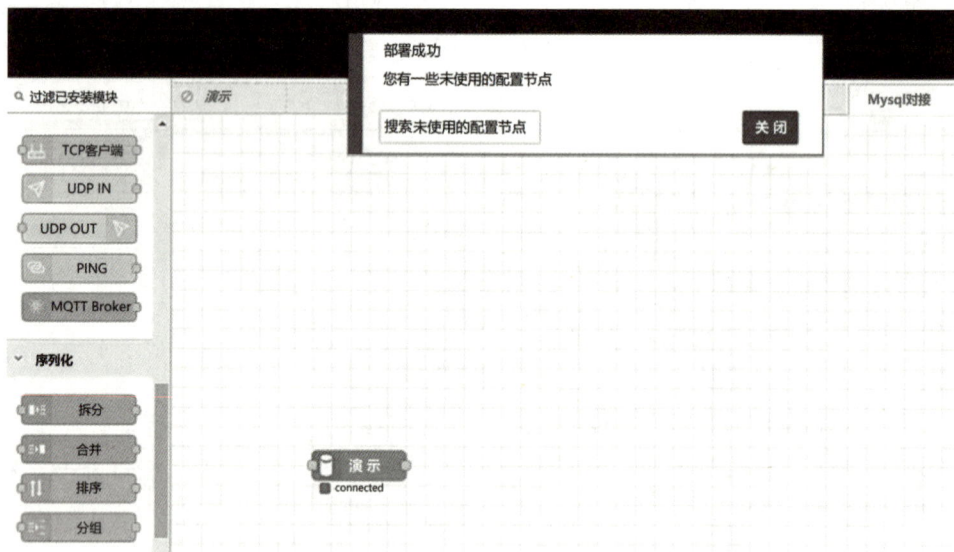

图 3.42　MySQL 数据库节点部署连接

第二步:采集从机数据。

再增加 Modbus RTU 节点,即从节点库中拖出"Modbus 读"节点到工作区,然后对该节点进行编辑,配置设备的连接参数,如图 3.43 所示。

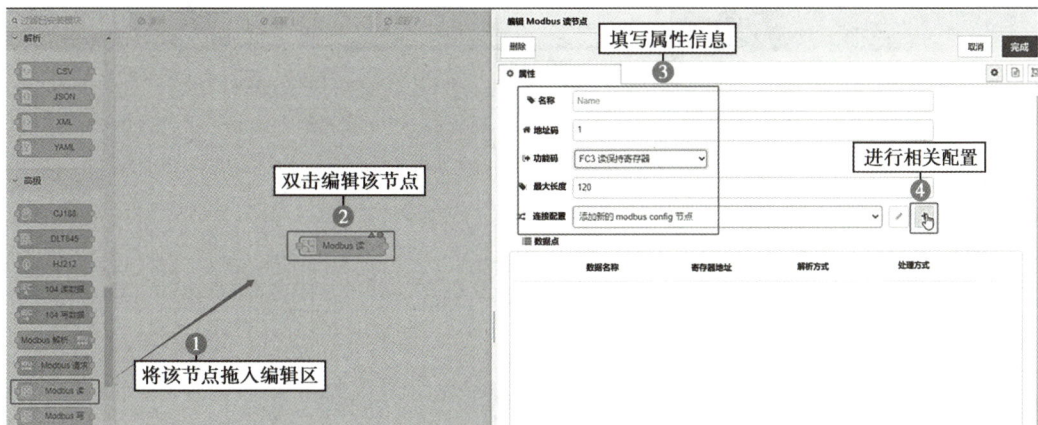

图 3.43　配置 Modbus RTU 从机数据采集节点

点击节点配置后,跳出如图 3.44 所示的 Modbus config 配置界面,其中"类型"选择为"串口";"串口"选择为"RS485-1",其他信息选择默认,然后单击"添加"按钮,之后就出现图 3.44 所示的连接点配置的界面,完成数据名称和寄存器地址填写后,单击"完成"按钮即可。

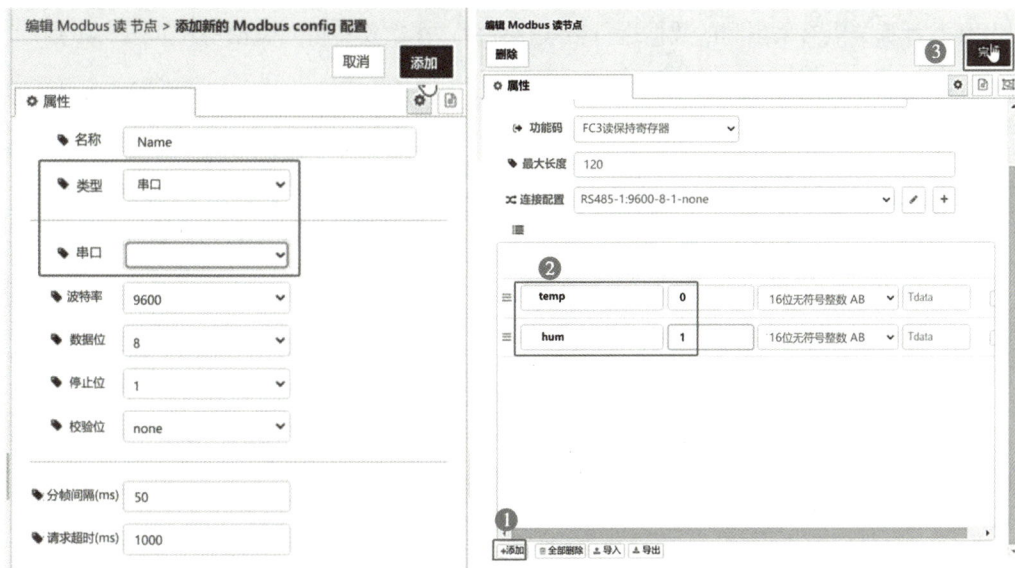

图 3.44　Modbus config 配置

配置完成后,将 Modbus RTU 节点与注入节点相连,单击"注入"节点,先添加时间戳,再添加调试节点,可以通过"调试窗口"查看部署运行状况。最后,单击"部署"按钮,显示"部署完成"的弹窗,,单击"时间戳"显示"成功注入:时间戳",如图 3.45 所示,即 Modbus RTU 节点便可采集从机数据。

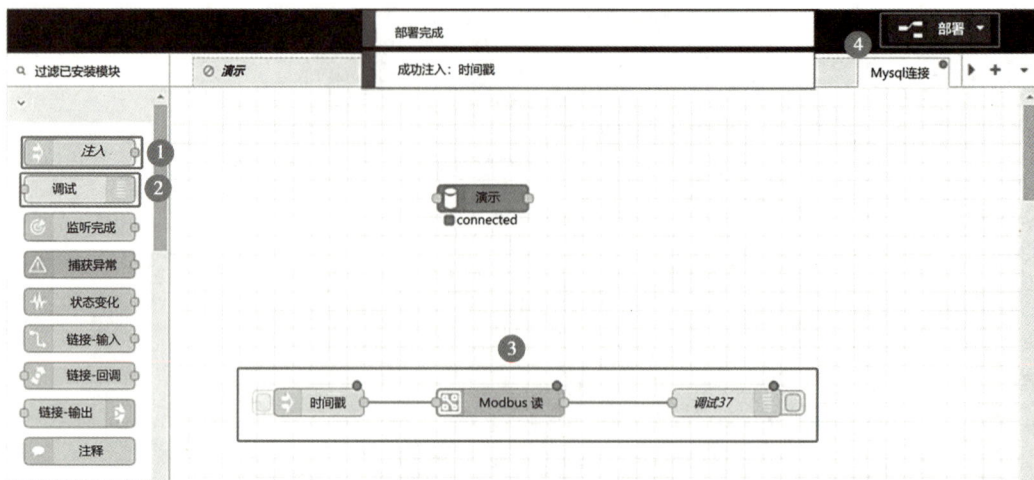

图 3.45　Modbus RTU 节点部署连接

第三步:数据格式化。

数据上传至 MySQL 数据库时,需要根据 MySQL 的要求将数据格式化为正确的 SQL 语句。使用函数计算节点对采集到的数据进行格式化处理。本次要转换的数据格式如图 3.46 所示。

Modbus节点输出数据格式	描述	Mysql上传数据的SQL格式

{
 	
　　　"temp": 31.0,
 	
　　　"hum": 45.5
 	
}
	将左侧 Modbus 节点输出的对象数据转换为右侧 MySQL 所需的 SQL 语句	INSERT INTO my_table (temp, hum) VALUES (25.55, 45.5);

图 3.46　转换的数据格式

在编程界面添加"函数计算节点"并编写相应的脚本,实现数据的格式化(图 3.47),最后单击"完成"按钮。

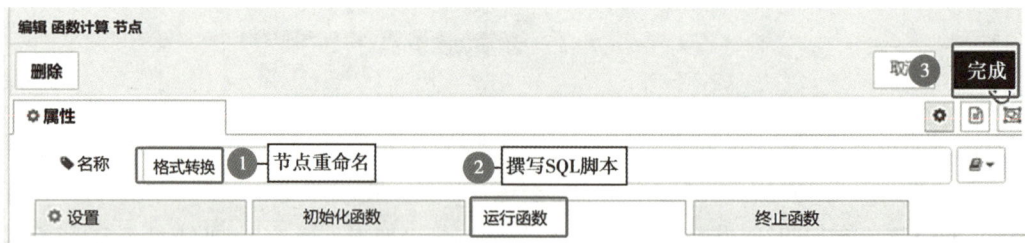

图 3.47　编程界面添加格式化脚本

函数代码如下:

```
var data = msg.payload
var sql = `INSERT INTO my_table (temp, hum) VALUES(${data.temp},${data.hum});`
msg.topic = sql
return msg;
```

函数运行的脚本完成后,串联"Modbus 读"节点和"格式转换"(函数计算)节点,同时再加入"测试"节点,与"格式转换"节点串联,最后对"测试"节点进行编辑,将输出内容选择为"msg",输入的内容为"topic"。操作过程如图 3.48 所示。

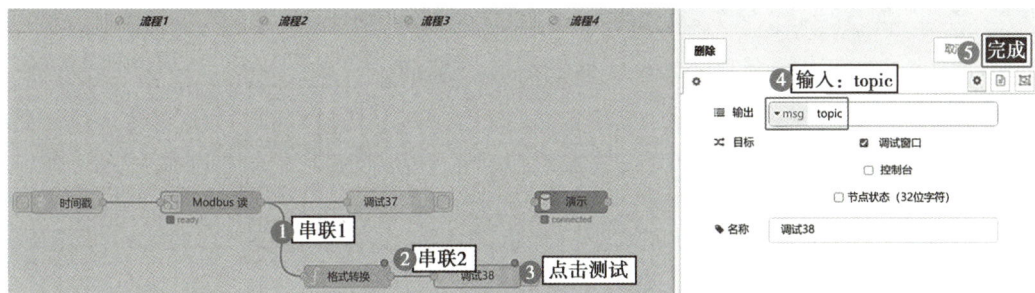

图 3.48　数据格式化节点串联过程

串联完成后,需要进行部署调试,按照如图 3.49 操作后,显示"部署成功"即表明数据格式化完成。

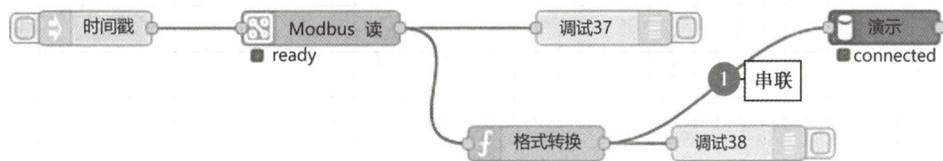

图 3.49　格式转换节点部署

第四步:数据上传演示。

数据格式化完成后,连接函数计算节点和 MySQL 节点,点击注入节点(时间戳)即可实现采集数据上传,操作过程如图 3.50 所示。需要注意的是,每点击一次时间戳,就会在 MySQL 数据库中存储一条时间戳信息,如果需要周期性地执行数据注入数据库,不需要点击就能存储,那么就可以设置注入节点周期性执行,操作过程如图 3.51 所示,即可实现数据定时采集并上传到 MySQL 数据库。

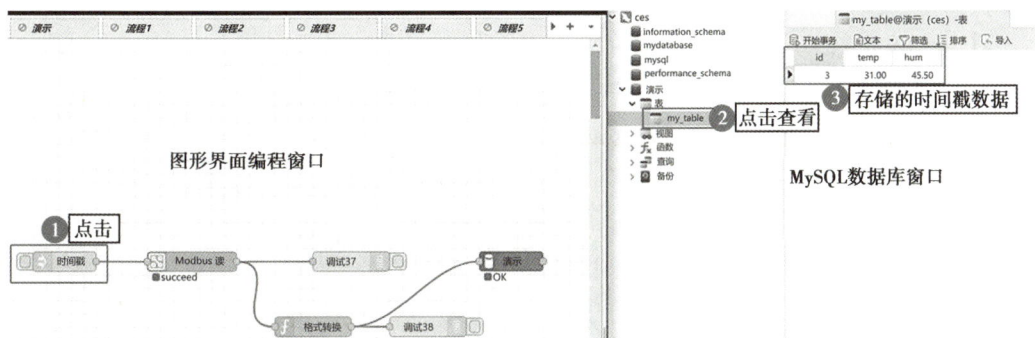

图 3.50　数据上传演示

图 3.51　周期性执行数据设置

周期性执行数据设置后,需要任务重新部署后才能生效。打开 MySQL 数据库的存储界面,等待设置好的间隔时间后,就能看到从设备采集到的数据被注入数据库中。

本实训项目详细介绍了基于 EG 系列边缘计算网关的数据采集与存储流程。通过连接网关、配置编程界面、采集数据并存储至 MySQL 数据库等步骤。深入理解了边缘计算网关在实际场景中的应用,掌握了数据采集、处理与存储的关键技术。

【课后习题】

1. 边缘计算网关的主要作用是什么?（　　）

A. 增加数据传输距离　　　　　　　　B. 连接设备与云端

C. 提高设备能耗　　　　　　　　　　D. 减少设备数量

2. 边缘计算网关在物联网中通常位于哪一层?（　　）

A. 感知层　　　　　　　　　　　　　B. 网络层

C. 应用层　　　　　　　　　　　　　D. 表示层

3. 以下哪项不是边缘计算网关的核心功能?（　　）

A. 数据采集　　　　　　　　　　　　B. 数据预处理

C. 数据存储　　　　　　　　　　　　D. 安全与认证

4. 协议网关的主要功能是什么?（　　）

A. 数据加密　　　　　　　　　　　　B. 协议转换

C. 身份认证　　　　　　　　　　　　D. 路由与转发

5. 应用网关主要在 OSI 模型的哪一层进行数据格式转换?（　　）

A. 第 2 层　　　　　　　　　　　　　B. 第 3 层

C. 第 7 层　　　　　　　　　　　　　D. 第 4 层

6. 安全网关的核心功能不包括以下哪项？（　　）

A. 数据包过滤　　　　　　　　　　B. 防火墙功能

C. 数据加密　　　　　　　　　　　D. 协议转换

7. 边缘计算网关的硬件架构通常由哪两部分组成？（　　）

A. 片上微处理器和基础电路板　　　B. 存储单元和网络接口卡

C. 电源管理模块和以太网卡　　　　D. 动态随机存取存储器和闪存

8. 以下哪个模块不属于边缘计算网关的基础电路板？（　　）

A. 802.11 b/g/n 模块　　　　　　　B. ZigBee 模块

C. GSM/3G/4G 模块　　　　　　　　D. USB 端口

9. 边缘计算网关的软件架构中，哪个组件负责数据的收集、存储、处理和分析？（　　）

A. 操作系统　　　　　　　　　　　B. 硬件抽象层

C. 数据管理　　　　　　　　　　　D. 用户应用程序

10. MQTT 协议中的 QoS 0 级别表示什么？（　　）

A. 至多一次　　　　　　　　　　　B. 至少一次

C. 恰好一次　　　　　　　　　　　D. 无服务

项目4
边缘计算框架实践

【项目背景】

随着数字化浪潮的汹涌澎湃和民众生活需求的日益多元化,特定情境下的高并发访问挑战愈发凸显,如电商大促(如"双十一""618"购物节)和热门时段(如春运火车票抢购高峰期),这些时刻数百万用户的集中访问如同一场数字风暴,给传统的单一服务器架构带来了前所未有的压力。在这些关键时刻,用户访问量瞬间激增,传统服务器往往难以承受重负,导致响应迟缓甚至服务瘫痪,严重影响了用户体验和业务运营。

然而,正是在这样的挑战面前,科技创新的力量熠熠生辉。以2020年"双十一"为例,阿里巴巴通过引入边缘计算与Kubernetes(K8s)集群的深度融合,成功应对了前所未有的高并发访问量,创造了新的交易记录。这一科技创新实践不仅彰显了技术创新的巨大潜力,也为人们提供了应对高并发挑战的宝贵经验。

边缘计算通过将计算任务下沉至网络边缘,实现了数据的就近处理,显著降低了延迟,提升了响应速度。在"双十一"这样的高并发场景下,边缘节点能够分担部分数据处理任务,有效减轻了中心服务器的负担,确保了系统的流畅运行。与此同时,Kubernetes(图4.1)作为一款业界领先的容器编排工具,以其强大的自动化管理能力,为分布式环境中的多个服务和容器提供了高效、灵活的调度与扩缩容策略。在"双十一"期间,K8s能够根据实时访问量自动调整资源分配,确保系统在高并发访问下依然能够保持高度的稳定性和可扩展性。

图4.1　Kubernetes 符号图

图4.1生动展示了Kubernetes的符号,它不仅是技术创新的象征,更是应对高并发挑战、推动业务持续增长的强大引擎。这一科技创新实践不仅为电商行业树立了新的标杆,也为其他领域的高并发场景提供了可借鉴的解决方案。在未来的数字化时代,人们以科技创新为引领,不断突破技术瓶颈,共创更加智能、高效、稳定的数字世界。

本项目的目标是帮助读者理解如何在"双十一""618"等电商大促或高并发抢购的场景中,利用Kubernetes集群来降低服务器的压力。

【学习目标】

1. 认识Kubernetes集群的基本架构及与边缘计算、云计算等前沿技术的关系。

2. 熟悉容器化技术的基础知识,了解Docker及其在边缘计算环境中的应用。

3. 理解Kubernetes集群部署的基本流程和不同的部署方式,掌握如何在边缘计算场景中应用Kubernetes。

4. 了解KubeEdge的架构与工作原理,掌握如何通过Kubernetes扩展边缘计算能力。

【能力目标】

1. 能够分析 Kubernetes 集群与边缘计算、云计算、物联网等技术的相互作用,理解其技术原理和应用场景。

2. 通过实际部署与案例分析,掌握如何将 Kubernetes 集群与边缘计算结合,并应用于高并发、低延迟的业务场景。

3. 能够根据不同的技术需求,选择适合的 Kubernetes 集群部署方式。

4. 掌握 KubeEdge 的部署与管理,能够将 Kubernetes 与 KubeEdge 集成,实现边缘计算平台的搭建和优化。

5. 能够设计 Kubernetes 集群架构,确保在复杂应用场景下的高可用性与扩展性。

任务 4.1　边缘计算平台选择与规划

【任务导学】

本节将介绍边缘计算平台的基本概念、选择标准、规划与部署考虑、性能评估和典型案例分析。边缘计算通过将计算和数据处理推向网络边缘,能够大大减少延迟、提高数据处理效率并优化带宽使用。在实际应用中,边缘计算已经成为智能城市、自动驾驶、工业物联网等多个领域的重要组成部分。通过正确选择平台、合理规划和评估性能,可以确保边缘计算平台在各类应用中的成功实施。边缘计算平台选择与规划思维导图如图 4.2 所示。

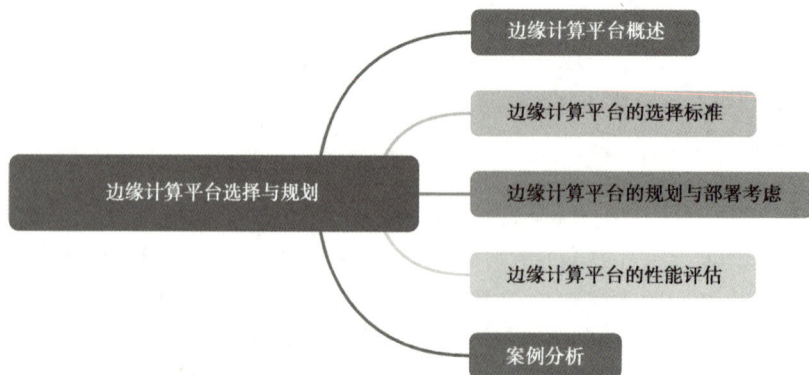

图 4.2　边缘计算平台选择与规划思维导图

【知识储备】

4.1.1　边缘计算平台概述

在传统的云计算架构中,所有的数据会传输到数据中心进行处理,而边缘计算通过分布式计算平台将处理过程推向离用户和设备更近的节点,如传感器、智能设备等。这种方法有助于提升效率、降低延迟,并减少云端和设备之间的数据传输压力。尤其在一些时延敏感型应用中,边缘计算的优势更加明显,如自动驾驶、智能家居、工业物联网等,边缘计算平台的基本特点见表4.1。

表 4.1　边缘计算平台的基本特点

特　点	描　述
低延迟	边缘计算能够通过在数据源附近进行实时数据处理,减少传输时间,达到极低的延迟
带宽优化	边缘计算能够减少大规模数据传输到云端的需求,从而减轻云端带宽的压力
分布式架构	边缘计算是分布式的,意味着多个边缘节点可以根据需求进行协作和工作,以提高系统的容错能力和可扩展性
提高安全性	边缘计算能在本地处理敏感数据,避免了大规模的数据上传和传输过程中的潜在安全风险

4.1.2　边缘计算平台的选择标准

选择合适的边缘计算平台是确保系统性能和可扩展性的关键。平台的选择标准不仅影响系统的响应速度和计算能力,还涉及安全性、可靠性和管理便捷性,因此具体的标准考量将是多维度的,表4.2为边缘计算平台的常见选择标准。

表 4.2　边缘计算平台的常见选择标准

标　准	原　因
计算能力	边缘计算平台需要具备足够的计算资源,尤其是在实时数据处理、高速运算、机器学习等方面。平台的计算能力应当支持处理本地产生的大规模数据流,并满足不同应用场景对处理速度的要求
低延迟	延迟是边缘计算平台的一项关键指标。在一些要求实时响应的场景(如自动驾驶、远程医疗等),低延迟至关重要。平台需要能够提供毫秒级别的响应时间,以满足实时数据分析和决策
可靠性和高可用性	边缘计算平台必须具备高可用性,能够在设备故障、网络波动等情况下继续正常运作。平台应当具备冗余机制,确保在某些节点出现故障时,其他节点能够接管任务,保持系统运行的连续性

续表

标 准	原 因
安全性	边缘计算平台涉及大量的敏感数据,安全性是平台选择的核心要素。平台需要具备强大的数据加密、身份验证、防火墙和访问控制等安全措施,以防止数据泄露和恶意攻击
可扩展性	边缘计算系统通常需要根据实际需求进行扩展。选择平台时,应考虑其扩展能力,确保能够随着数据量和节点数量的增加进行平滑扩展,且不影响系统性能
管理与运维能力	边缘计算平台通常分布在不同地理位置,因此管理和运维工具尤为重要。平台应当提供集中的管理界面、远程监控、故障排查、自动更新等功能,以简化运维工作,提高系统管理效率
兼容性与标准	平台需要支持行业标准和开源技术,确保与各种设备、操作系统、应用程序的兼容性。避免厂商锁定,平台的开放性能够支持多种硬件和软件环境的无缝集成

4.1.3　边缘计算平台的规划与部署考虑

边缘计算的规划和部署是确保系统成功实施的关键步骤。在设计和部署边缘计算平台时,需要充分考虑系统的性能要求、应用场景、硬件条件以及管理运维等多个方面的因素,表4.3为边缘计算平台的基本考虑维度。

表4.3　边缘计算平台的基本考虑维度

考虑维度	原因
网络连接性与带宽	边缘计算节点通常会分布在多个地理位置,要求网络连接稳定可靠。在部署时,需考虑带宽需求和网络负载,确保各节点无缝协作
硬件平台选择	边缘计算平台的硬件选择至关重要。需根据应用场景选择合适的硬件(如高性能GPU或基本的CPU和存储设备),并考虑物理环境和电力需求
数据流与存储管理	在边缘计算环境下,数据处理发生在本地节点。需要合理设计数据流向、存储方式和数据备份方案,确保数据高效存储和及时访问
负载均衡与资源优化	平台应能够动态分配任务,确保各个节点负载合理,避免某些节点过载,从而保障系统性能
可维护性与自动化运维	边缘计算平台分布在各地,管理和维护较为复杂。应选择易于维护和更新的平台,支持自动化运维,以确保系统稳定性和持续优化

4.1.4　边缘计算平台的性能评估

边缘计算平台的性能评估是确保平台满足实际需求的关键,在评估边缘计算平台时,有几个重要的维度需要关注。

①延迟性能,平台需要在毫秒级别内响应,以满足实时数据处理和决策应用的要求,尤其在低延迟场景中尤为重要。

②吞吐量,即平台每秒钟能够处理的数据量,评估吞吐量有助于判断其在高负载下的处理能力,从而确保数据处理的稳定性。

③平台的稳定性也至关重要,它应具备高可用性,能够在设备故障或网络中断等情况下依然保持正常运行,避免影响业务的持续性。

④能效是另一个关键评估维度,平台应具备低功耗设计,特别是在物联网和嵌入式设备中,这样可以延长设备的电池寿命或减少能源成本。

⑤平台的安全性评估同样不可忽视,需要定期检测潜在的漏洞,并采取措施防范安全威胁,以确保平台的安全性。

4.1.5　案例分析

案例背景

公司名称:某制造企业

应用场景:生产设备监控和维护

目标:利用物联网设备(传感器、摄像头等)实时监测生产线设备的状态,提前预警故障,减少生产停机时间,提高生产效率。

系统架构

①物联网设备:传感器(温度、压力、震动等)、摄像头、PLC (可编程逻辑控制器)等。

②边缘计算节点:在设备附近部署边缘计算网关(如边缘服务器、网关设备等)进行数据预处理、计算与分析。

③云平台:边缘计算平台通过与云平台的连接,定期将数据上传至云端,进行长期数据存储、深度分析与决策支持。

④用户界面:企业管理者和技术人员通过 Web 端或移动端应用实时查看设备状态、告警信息和维护记录。

生产设备监控和维护应用设计,如图 4.3 所示。

1)系统架构分析

①物联网设备层:部署在生产线上的各类传感器负责收集温度、压力、振动等关键参数,摄像头监控生产过程,PLC 负责控制逻辑。这些设备构成了数据采集的第一层,可为后续分析提供原始数据。

②边缘计算节点:在设备附近部署的边缘计算网关(如 TP-ECG01V4)负责对采集到的数据进行预处理、计算与分析。边缘计算的优势在于能够快速响应,减少数据传输至云端的延迟,同时减轻云端的计算压力。

③云平台:边缘计算平台与云平台的连接实现了数据的定期上传,云端负责长期数据存储、深度分析与决策支持。云平台的强大计算能力可以处理大量数据,提供更深入的洞察和预测性维护建议。

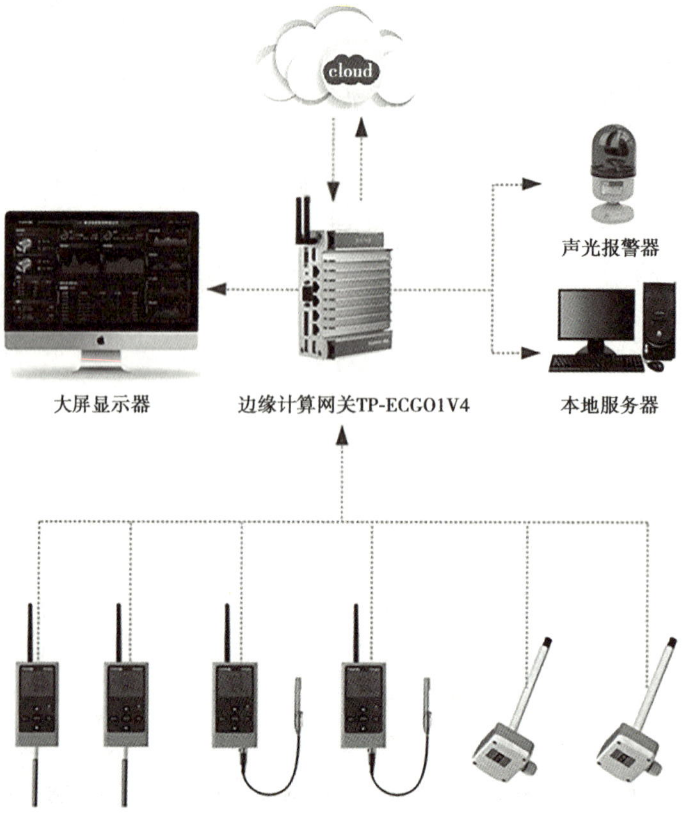

声光报警器

大屏显示器　　　　边缘计算网关TP-ECGO1V4　　　　本地服务器

TP401温度采集　　　　TP401温湿度采集　　　　管道风速传感器

图 4.3　生产设备监控和维护设计图

④用户界面:企业管理者和技术人员可以通过 Web 端或移动端应用实时查看设备状态、告警信息和维护记录。这种直观的用户界面提高了管理效率,使得维护工作更加及时和精准。

2)目标实现分析

通过上述系统架构,企业能够实现对生产设备的实时监控和维护。物联网设备提供实时数据,边缘计算网关进行快速处理,云平台进行深度分析,用户界面则确保信息的实时传递。这种多层次的架构设计不仅提高了数据处理的效率,还增强了系统的可靠性和可扩展性。

3)效益分析

该系统通过提前预警故障,减少了生产停机时间,提升了生产效率。同时,通过数据分析,企业能够优化生产流程,降低维护成本,提高设备利用率。长期来看,这种智能化的监控和维护系统将为企业带来显著的经济效益和竞争优势。

任务拓展

常用边缘计算平台物联网部署数据分析

随着物联网(IoT)技术的飞速发展,边缘计算作为解决数据传输和处理延迟问题的重要技术,逐渐成为各大云计算厂商的重点发展方向。边缘计算能够在设备端或网络边缘进行数据处理,从而减少对云端的依赖,提升实时性和响应速度。在物联网部署过程中,选择合适的边缘计算平台对于系统的性能、扩展性和响应时间至关重要。

在全球范围内,主要的云计算和边缘计算平台服务商包括亚马逊 AWS、Microsoft Azure、Google Cloud 等,这些平台在市场上占据着主导地位。

1)常用边缘计算平台比较

目前,中国作为世界第二大经济体,物联网和云计算的应用场景逐渐增多,尤其是在智能家居、工业自动化和智慧城市等领域。表4.4是主要平台在物联网场景下的部署数据比较。

表 4.4　云计算厂商及市场占有率

平台	硬件要求	处理能力	支持的协议	扩展性
AWS IoT Greengrass	支持各种边缘设备,需具备存储和处理能力	高,支持本地计算与云端同步	MQTT, HTTP, WebSocket 等	强,支持大规模部署
Microsoft Azure IoT Edge	支持 Windows 和 Linux 设备,有较高的硬件要求	高,支持容器化应用和 AI 推理	MQTT, AMQP, HTTPS 等	强,集成 Azure 生态系统
Google Cloud IoT Edge	支持 GPU 和 TPU 等设备,要求有较高的硬件资源	高,适合机器学习应用和流数据处理	MQTT, CoAP, HTTP 等	强,支持 Kubernetes
EdgeX Foundry	轻量级,支持低功耗设备	中等,适合轻量级边缘应用	MQTT, CoAP, Modbus, OPC-UA 等	强,开放源码
IBM Edge Application Manager	高性能硬件需求,高性能计算平台	高,支持 AI、数据分析和本地决策	MQTT, HTTP, CoAP 等	强,支持多云和混合云

① AWS IoT Greengrass:作为全球领先的云计算平台,AWS 提供的边缘计算服务能够有效地连接云端与本地设备。其优势在于强大的计算能力和广泛的支持协议,但高硬件要求和成本使得其主要适用于大规模部署。

② Microsoft Azure IoT Edge:Azure IoT Edge 集成了 Azure 云服务,提供强大的 AI 和机器学习推理支持,适合容器化应用。然而,对于硬件资源的要求较高,且平台的复杂性较大,可能会影响一些小型企业的使用。

③ Google Cloud IoT Edge:Google Cloud 在数据处理和分析方面具备显著优势,适合需要大规模数据处理和实时分析的应用。其挑战在于高硬件要求,技术门槛较高,但在 AI 和机器学习领域的强大支持使其未来潜力巨大。

④ EdgeX Foundry:作为开源平台,EdgeX Foundry 的最大优势是低成本和较高的灵活性,适合小型企业和试验性项目。然而,处理能力相对较弱,缺乏对高性能计算和大规模数据处理的支持。

⑤ IBM Edge Application Manager:IBM 的平台专注于 AI 和数据分析,适用于有高性能计算需求的行业应用。挑战在于高硬件需求和较为有限的适用场景,可能难以满足一般物联网

设备的要求。

2）边缘计算平台实际应用案例分析

为了更好地理解各边缘计算平台在实际中的应用效果，我们来看以下典型的应用场景案例。

以亚马逊提供的 AWS IoT Greengrass 边缘计算服务平台为例，在智慧城市项目中，通过在路灯、垃圾桶等城市基础设施上部署传感器，并利用 Greengrass 进行本地环境数据处理，可以实时监控环境状态并优化资源管理，该边缘化计算平台搭建的环境监控系统如图4.4所示。

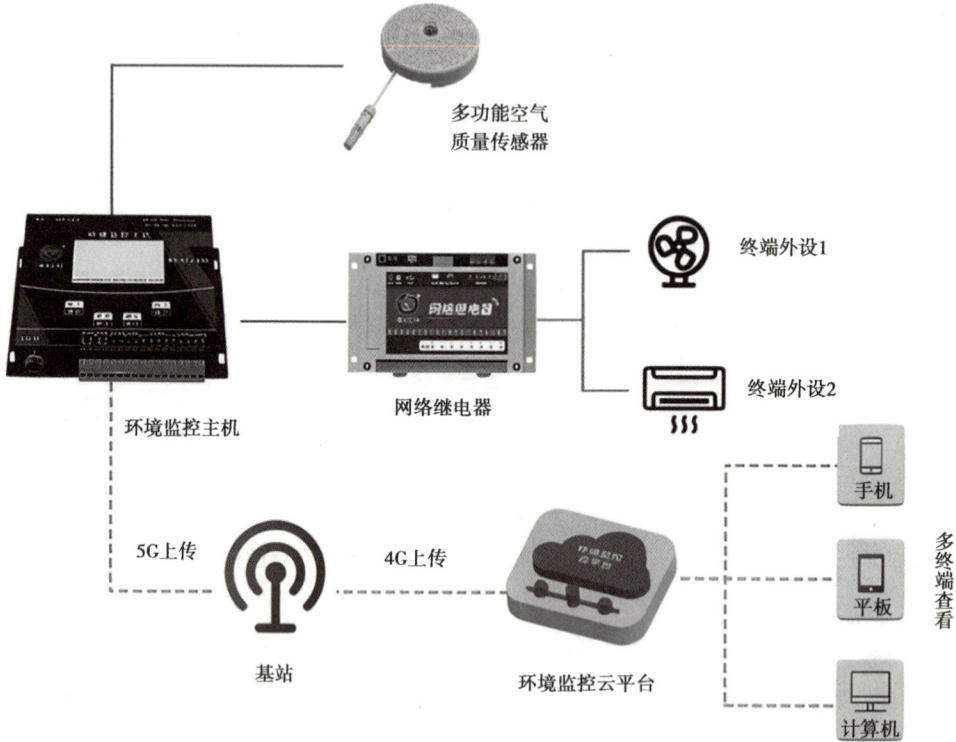

图4.4　边缘化计算平台搭建的环境监控系统

该平台搭建的环境监控系统具有以下4个功能特点。

（1）集中监测

环境监控云平台可采集一个或多个监测站点实时数据，支持计算机网页、手机 App 及微信公众号等多种方式远程实时查询公厕环境信息，轻松实现无人值守。

（2）远程管理

智慧公厕环境监控系统可在后台远程管理所有的公厕环境监测设备，只需一部手机或者一台计算机就能随时随地查看数据，采集的数据支持以数字、曲线、仪表盘等形式显示，平台会将接收的数据实时更新，并同时把历史数据存储在平台，支持用户随时查看、下载、打印历史数据。

（3）超限告警

在智慧公厕环境监控系统中，可通过环境监控云平台修改设置各项要素的上下限值，一旦平台收到的实时数据超过设定限值时,平台会及时通过拨号呼叫、短信、邮件等方式向管理人员发送告警信息。

（4）智能联动

多功能空气质量传感器可搭配环境监控主机,连接网络继电器关联相关设备,当氨气浓度超标时,继电器会自动联动通风系统,待数据恢复至安全值范围时,关闭通风设备。

3）关键因素的考虑

在选择边缘计算平台时,需考虑以下 4 个关键因素。

①成本效益分析:评估不同平台的成本与收益比,包括硬件投资、软件许可费用及长期维护开销。例如,NVIDIA EGX 性能卓越但成本高昂,不一定适合所有企业。

②兼容性与集成难度:确保所选平台能无缝集成现有 IT 基础设施,如 Microsoft Azure IoT Edge 架构复杂,可能需要额外时间和技术资源集成。

③安全性考量:随着物联网设备数量增长,安全问题至关重要。选择支持高级加密标准（AES）、传输层安全协议（TLS）等的安全平台,如 IBM Edge Application Manager 等,可为用户提供完整的安全管理工具。

④技术支持和服务:了解供应商提供的技术支持水平,包括社区活跃度、官方文档质量等。良好的技术支持可帮助用户快速解决问题,减少停机时间。

任务 4.2　容器化技术与边缘计算

【任务导学】

通过本节的学习,读者可以了解容器化技术在边缘计算中的重要性和应用。容器化不仅提供了灵活的应用部署和高效的资源管理能力,还能满足边缘计算中对于实时性、扩展性和可用性的高要求。然而,容器化技术在边缘计算中的应用也面临着一些挑战,尤其是在资源管理、安全性和网络延迟方面。通过容器编排平台 Kubernetes,开发者能够有效管理和优化容器化应用,确保其在边缘计算环境中稳定运行。容器化技术与边缘计算思维导图如图 4.5 所示。

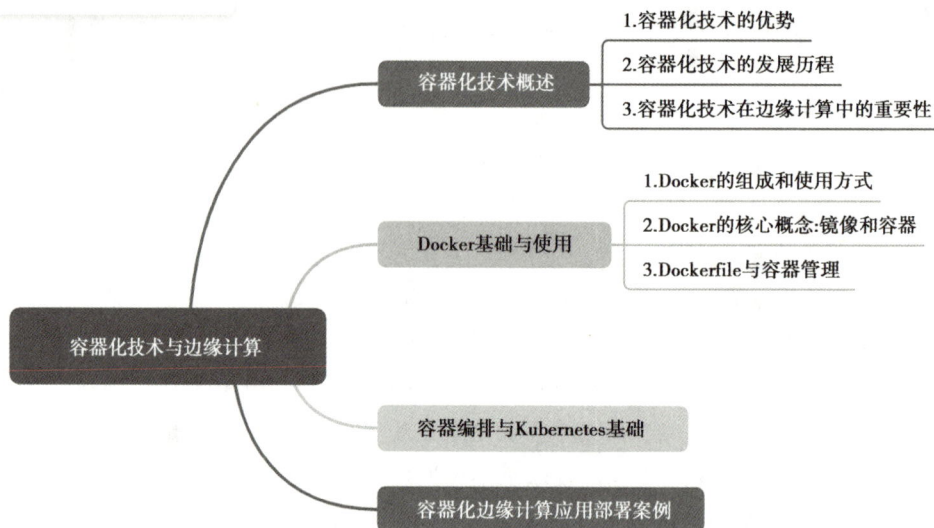

图 4.5　容器化技术与边缘计算思维导图

【知识储备】

4.2.1　容器化技术概述

1）容器化技术的发展历程

容器化技术源于虚拟化技术,并随着云计算和微服务架构的发展逐渐成为标准解决方案。Docker 的出现使得容器化应用的使用变得更加普及和易于操作。容器化技术的核心优势在于通过提升应用与宿主操作系统的隔离度,保持了低性能开销,允许边缘计算设备在复杂任务处理时依然能高效运行。

2）容器化技术的优势

容器化技术在边缘计算领域得到了广泛应用,能够有效解决资源约束、提高部署效率和减少延迟等问题。通过将应用及其依赖打包在独立的容器中,容器化使得应用可以在任何支持容器技术的环境中运行,具有良好的可移植性。与虚拟机相比,容器更加轻量,启动速度更快,资源开销更小,特别适合资源有限的边缘计算设备。

3）容器化技术在边缘计算中的重要性

边缘计算对实时性、计算能力和网络带宽有极高的要求。容器化技术在这些限制下能提供灵活的服务部署和管理能力。容器能够快速启动并支持随时更新,满足边缘设备动态变化的需求,提供了所需的灵活性和高效性,确保边缘计算环境中应用的高效运行。

4.2.2　Docker 基础与使用

1）Docker 的组成和使用方式

Docker 是一个流行的容器化平台,提供轻量级的容器运行环境,允许开发者将应用及其依赖打包成容器,从而确保在不同环境中的一致性。Docker 的核心组件包括:Docker 引擎(负责容器的创建、管理和运行)、Docker Hub(用于存储和分享 Docker 镜像的公开仓库)和 Docker Compose(用于定义和运行多容器 Docker 应用的工具)。

2)Docker 的基本概念

Docker 的基本概念是镜像和容器。镜像是一个只读的模板,包含应用程序及其所需的文件、库和配置。容器则是镜像的运行实例,是一个轻量级、独立的执行环境,可以在任意支持 Docker 的操作系统上运行。创建容器非常简单,使用"docker run"命令即可快速启动容器,而构建镜像通过"docker build"命令并通过 Dockerfile 文件指定构建步骤来实现。

3)Dockerfile 与容器管理

Dockerfile 是用于构建镜像的脚本文件,包含了构建镜像所需的指令,如安装依赖、复制文件和暴露端口等。通过编写 Dockerfile,开发者可以自动化构建镜像,确保镜像的可重复性和一致性。Docker 还提供了多种命令来管理容器,如"docker ps"查看运行中的容器,"docker logs"查看容器日志,这些命令使得容器的管理更加高效和简便。

4.2.3　容器编排与 Kubernetes 基础

随着容器化应用的规模不断扩大,容器编排技术变得尤为重要。Kubernetes 作为最流行的容器编排平台,提供了强大的功能来管理和协调大规模的容器化应用。在边缘计算中,Kubernetes 能够帮助开发者自动化地部署、扩展和管理容器化应用,确保应用的高可用性和弹性。

1)容器编排概述配置

容器编排是指对容器进行自动化管理的过程。容器是一种轻量级、可移植的运行环境,能够将应用程序及其依赖打包在一起,从而保证应用程序在不同环境中的一致性运行。然而,随着容器数量的增加和应用程序复杂度的提升,仅仅依靠手动管理容器变得不切实际。容器编排工具可以帮助用户管理容器的生命周期,包括创建、启动、停止、销毁容器,以及容器之间的网络连接、存储管理、负载均衡等诸多方面。

具体点讲,容器编排有以下的必要性。

(1)优化资源配置

容器编排工具可以根据资源使用情况(如 CPU、内存)对容器进行调度。它可以将资源密集型的容器分配到资源充足的机器上,避免出现某些机器资源过载而其他机器资源闲置的情况。例如,在一个企业数据中心,有多种不同类型的应用程序容器,通过编排工具可以合理分配服务器资源,提高整体资源利用率。

(2)高可用性和容错性

容器可能会因为各种原因(如宿主机故障、容器内部程序崩溃)而停止运行。容器编排工具可以监控容器的状态,当检测到容器失败时,自动重启容器或者在其他健康的主机上重新创建容器实例。例如,一个在线视频服务的推荐服务容器突然崩溃,编排工具可以迅速在其他节点上拉起新的容器实例,保证服务的连续性。

（3）负载均衡

在容器环境下,容器的 IP 地址可能会动态变化。容器编排工具可以提供服务发现机制,让容器之间能够互相发现并通信。同时,它还能实现负载均衡,将客户端的请求合理地分配到多个容器实例上。例如,一个热门网站的 Web 服务容器分布在多个节点上,通过编排工具的负载均衡功能,可以确保用户请求均匀地分发到各个容器,避免某个容器负载过高。

2）Kubernetes 基础介绍

Kubernetes（简称为 K8s）是一个开源的平台,用于自动化部署、扩展和管理容器化的应用程序。它将组成应用程序的容器分组为逻辑单元,以便于管理和发现。

（1）Kubernetes 的主要功能

Kubernetes 允许用户指定如何部署应用,并提供自动化的滚动更新机制,无须停机即可更新正在运行的服务,即拥有自动化部署与更新的能力。同时,Kubernetes 可以根据当前负载情况自动或手动地增加或减少应用实例的数量,即拥有水平扩展的能力。如果某个容器失败,Kubernetes 能够自动重启该容器,或者将其重新调度到其他节点上,即 Kubernetes 拥有自我修复的能力。另外通过定义服务,Kubernetes 可以使容器化应用更容易被网络中的其他组件发现,并提供内置的负载均衡机制,这种能力被人们称为拥有服务发现与负载均衡。

（2）Kubernetes 的核心概念

在 Kubernetes 的众多功能中,核心概念的理解是至关重要的。这些核心概念包括 Pod、Service、Deployment 和 Namespace 等。它们是 Kubernetes 架构的基石,也是用户构建和管理容器化应用的关键工具。

① Pod 是 Kubernetes 中最小的部署单元,它可以包含一个或多个容器。这些容器共享网络命名空间、存储卷等资源。Pod 中的容器可以紧密协作,例如,一个 Pod 可以包含一个 Web 服务器容器和一个日志代理容器,日志代理容器负责收集 Web 服务器容器产生的日志并发送到日志系统。Pod 的生命周期由 Kubernetes 管理,用户可以通过定义 Pod 的配置文件（通常是 YAML 格式）来指定容器的镜像、资源限制等信息。

② Service 是一种抽象,它定义了一个 Pod 的逻辑集合和一个访问它们的策略。Service 为 Pod 提供了一个稳定的网络标识（虚拟 IP 地址和端口）,即使 Pod 的实例动态变化（如 Pod 被重新调度到其他节点）,客户端仍然可以通过 Service 的虚拟 IP 地址来访问这些 Pod。Service 的类型有多种,如 ClusterIP（仅在集群内部可访问）、NodePort（通过节点的端口访问）、LoadBalancer（在支持的云环境中,通过负载均衡器暴露服务）等。例如,一个数据库服务可以被定义为一个 Service,前端应用容器可以通过这个 Service 的虚拟 IP 地址来访问数据库 Pod。

③ Namespace 是 Kubernetes 中用于隔离资源的机制。在同一个 Kubernetes 集群中,可以创建多个 Namespace,每个 Namespace 中的资源（如 Pod、Service 等）都是相互隔离的。这有助于将集群资源划分为多个逻辑区域,例如,一个企业可以为不同的项目团队创建不同的 Namespace,每个团队在自己的 Namespace 中管理自己的资源,而不会相互干扰。Namespace 还可以用于资源配额管理,限制每个 Namespace 可以使用的资源总量。

④ Deployment 是 Kubernetes 中用于管理 Pod 副本的控制器。它允许用户声明 Pod 的期望状态,例如指定 Pod 的数量、容器镜像版本等。Deployment 会确保实际状态与期望状态一致。如果用户更新了 Pod 的镜像版本,Deployment 会自动按照指定的更新策略(如滚动更新)来更新 Pod 实例。滚动更新是指逐个替换旧的 Pod 实例为新的 Pod 实例,这样可以保证服务的可用性。例如,一个应用程序的 Pod 需要更新到新的版本,Deployment 会先创建一个新的 Pod 实例,当新实例运行正常后,再删除一个旧的 Pod 实例,直到所有 Pod 都更新完毕。

(3)Kubernetes 架构

Kubernetes 架构主要由主节点(Master Node)和工作节点(Worker Node)组成,各组件协同工作,实现容器的编排与管理。

①主节点(Master Node)是 Kubernetes 集群的大脑,负责集群的管理和控制,主节点关键组件和功能描述见表 4.5。

表 4.5　主节点关键组件功能描述

组件名称	功能描述
API Server	集群的前端接口,接收用户或其他组件的请求,并转发到相应组件。例如,接收 kubectl 命令创建 Pod 的请求并存储到 etcd 中
etcd	轻量级、分布式的键值存储系统,用于存储集群状态信息,例如 Pod 配置和服务定义。其他组件通过 etcd 获取和更新集群状态
Controller Manager	运行控制器进程,处理集群中的常规任务。例如,Replication Controller 确保指定数量的 Pod 副本始终运行,若 Pod 失败,会自动创建新的 Pod 替代
Scheduler	负责调度新创建的 Pod 到合适的节点。根据资源需求、服务质量要求、亲和性和反亲和性规则等因素,决定 Pod 的运行位置

②工作节点(Worker Node)是运行应用程序容器的实际机器,表 4.6 是工作节点包含的组件和功能介绍。

表 4.6　工作节点组件的功能描述

组件名称	功能描述
Kubelet	每个节点上的代理服务,负责管理 Pod 的生命周期,包括创建、启动、停止和删除 Pod。同时,收集容器状态信息并上报给 API Server
Container Runtime	负责运行容器的软件,如 Docker 或 containerd。它拉取容器镜像、创建容器进程并管理其生命周期
Kube-proxy	实现 Kubernetes 网络模型中的服务抽象,为每个服务维护虚拟 IP 地址,并将客户端请求转发到后端的 Pod 实例

通过主节点和工作节点的协同工作,Kubernetes 能够高效地管理容器的生命周期、资源调度和服务发现等功能,实现容器化应用的高可用性和可扩展性。

4.2.4　容器化边缘计算应用部署案例

在智能交通系统中,多个摄像头和传感器需要实时收集交通数据(如车速、道路状况等),传统集中式数据处理中心会带来较大的延迟和带宽压力。某城市的智能交通系统采用了容器化技术,使用 Docker 容器将各个传感器节点的数据采集、处理和传输模块分离成独立的容器服务。每个容器负责从特定位置的传感器获取数据,进行实时分析,并将处理结果发送到云端。通过 Docker 容器,系统能够快速部署和扩展新的节点,并在本地进行数据处理,减少了对远程数据中心的依赖,降低了网络带宽的负担和传输延迟。

同时, Kubernetes 被用于管理这些分布式的容器。Kubernetes 能够根据交通流量的变化自动扩展或缩减容器数量,并在设备出现故障时自动进行容器调度和恢复。这种容器化的智能交通系统不仅提升了数据处理的实时性,还提高了系统的可扩展性和容错能力。边缘计算在智能交通系统中的应用如图 4.6 所示。

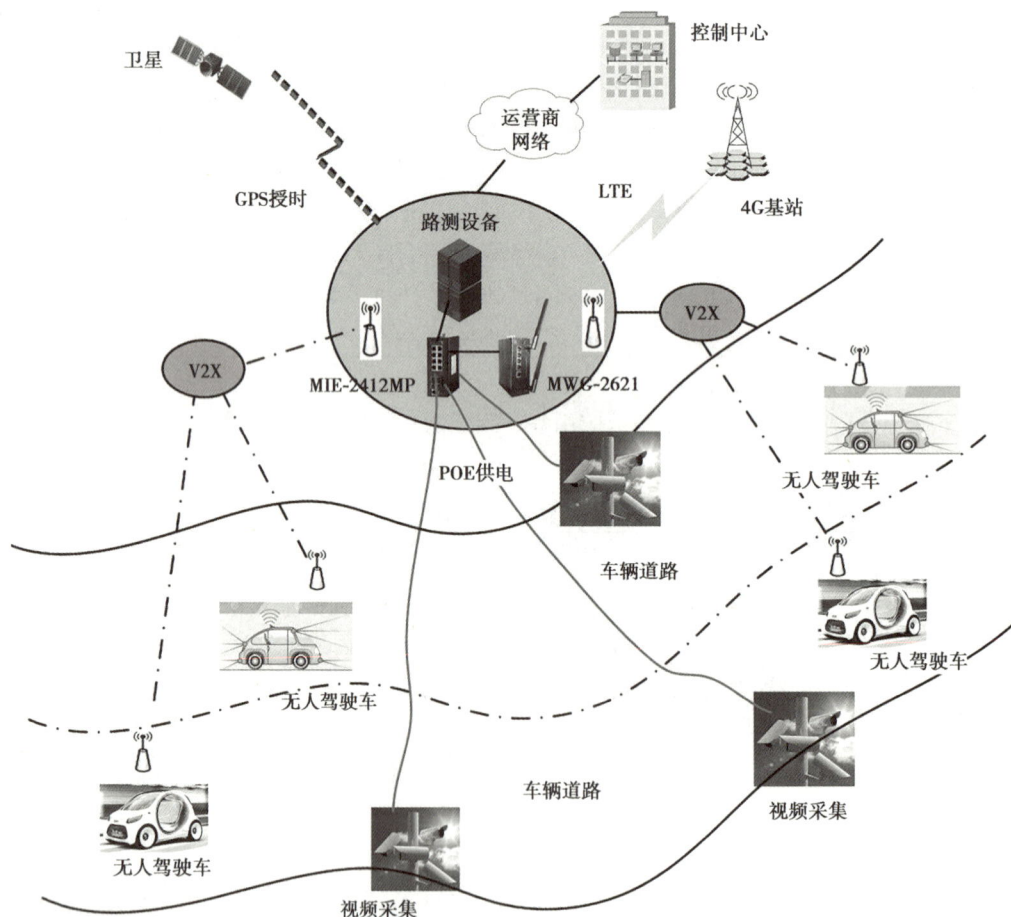

图 4.6　边缘计算在智能交通系统中的应用

需要注意的是,容器化技术的普及带来了安全性和监控方面的新挑战,尤其是在边缘计算环境中。容器虽然提供了应用隔离的能力,但它仍然面临着一些潜在的安全风险。容器镜像可能包含安全漏洞,容器之间的网络通信可能被攻击者窃听或篡改。因此,在边缘计算环境中,必须采取一系列措施来确保容器的安全性。

使用经过验证的、受信任的容器镜像是确保安全的第一步。开发者应该定期检查和更新容器镜像,及时修补已知的安全漏洞。其次,在运行容器时,尽量减少容器的权限,采用最小权限原则,限制容器对宿主操作系统的访问。还可以使用容器安全工具(如容器扫描工具)来检测容器镜像中的漏洞。

监控是确保容器化应用正常运行的重要手段。利用 Kubernetes 和其他监控工具(如 Prometheus、Grafana)可以实时监控容器的运行状态、资源使用情况和健康状况。开发者通过集中化的日志管理系统(如 ELK 堆栈),可以方便地查看和分析容器的日志信息,从而及时发现问题并采取相应的修复措施。

任务拓展

搭建一个 Docker 容器

边缘计算中搭建 Docker 容器的核心意义在于通过容器化技术实现高效资源利用与快速服务部署,解决边缘场景下设备异构性强、计算资源有限、网络不稳定等挑战。Docker 的轻量化特性适配边缘设备算力约束,其秒级启动能力支持实时性业务需求,同时通过镜像标准化降低多节点部署复杂度,结合边缘就近计算优势,可显著提升数据处理效率、降低传输延迟,并为分布式边缘应用提供弹性扩展与统一运维保障,是构建智能物联网、工业控制等低时延场景的关键基础设施。

搭建 Docker 平台,需进入 Ubuntu 操作系统终端。

(1)更新 Ubuntu 源索引

更新 ubuntu 的 apt 源索引,命令为"sudo apt update",结果如图 4.7 所示。

```
sudo apt update
```

```
[sudo] nle 的密码:
命中:1 http://cn.archive.ubuntu.com/ubuntu bionic InRelease
命中:2 http://security.ubuntu.com/ubuntu bionic-security InRelease
命中:3 http://cn.archive.ubuntu.com/ubuntu bionic-updates InRelease
命中:4 http://cn.archive.ubuntu.com/ubuntu bionic-backports InRelease
正在读取软件包列表... 完成
正在分析软件包的依赖关系树
正在读取状态信息... 完成
有 269 个软件包可以升级。请执行 'apt list --upgradable' 来查看它们。
```

图 4.7　更新 apt 源命令执行结果

上述命令需要留意的是:

· 确保 Ubuntu 能连接到因特网。

· 输入密码时系统不会提示,完成输入后点击回车键。

（2）安装支撑包

设置 apt 通过 HTTPS 使用仓库，命令如下，结果如图 4.8 所示。

```
sudo apt install \
apt-transport-https \
ca-certificates \
curl \
software-properties-common
```

```
[sudo] nle 的密码：
正在读取软件包列表... 完成
正在分析软件包的依赖关系树
正在读取状态信息... 完成
将会同时安装下列软件：
  libcurl4 python3-software-properties software-properties-gtk
下列【新】软件包将被安装：
  apt-transport-https curl libcurl4
下列软件包将被升级：
  ca-certificates python3-software-properties software-properties-common
  software-properties-gtk
升级了 4 个软件包，新安装了 3 个软件包，要卸载 0 个软件包，有 265 个软件包未被
升级。
需要下载 379 kB/623 kB 的归档。
解压缩后会消耗 1,203 kB 的额外空间。
您希望继续执行吗？ [Y/n]
```

图 4.8　安装 docker 支撑包

上述命令需要留意的是：

· 确保 Ubuntu 能连接到因特网。

· 安装时系统会提示是否继续安装，输入键盘"Y"键即可继续。

· 输入密码时系统不会提示，完成输入后点击回车键。

（3）添加 key

添加 Docker 官方 GPG key，结果如图 4.9 所示。

```
nle@nle-VirtualBox:~$ curl -fsSL https://download.docker.com/linux/ubuntu/gpg |
 sudo apt-key add -
OK
```

图 4.9　添加 key 命令的执行结果

上述命令需要留意的是：

· 确保 Ubuntu 能连接到因特网。

· 完成后系统会提示"ok"信息。

（4）设置 Docker 仓库

设置 Docker 稳定版仓库，命令如下，结果如图 4.10 所示。

```
sudo add-apt-repository \
"deb [arch=amd64] https://download.docker.com/linux/ubuntu \
$(lsb_release -cs) \
stable"
```

```
命中:1 http://security.ubuntu.com/ubuntu bionic-security InRelease
命中:2 http://cn.archive.ubuntu.com/ubuntu bionic InRelease
命中:3 http://cn.archive.ubuntu.com/ubuntu bionic-updates InRelease
命中:4 http://cn.archive.ubuntu.com/ubuntu bionic-backports InRelease
获取:5 https://download.docker.com/linux/ubuntu bionic InRelease [64.4 kB]
获取:6 https://download.docker.com/linux/ubuntu bionic/stable amd64 Packages [1
8.1 kB]
已下载 82.6 kB, 耗时 12秒 (6,969 B/s)
正在读取软件包列表... 完成
```

图 4.10　设置 Docker 稳定版仓库命令的执行结果

上述命令需要留意的是:

· 确保 Ubuntu 能连接到因特网。

· 完成后系统会提示"完成"信息。

（5）更新仓库

添加完仓库后需要再次更新 apt 源,命令如下:

```
sudo apt update
```

上述命令需要留意的是:确保 Ubuntu 能连接到因特网。

（6）安装 Docker

安装 Docker CE（社区）版本,命令如下:

```
sudo apt install docker-ce
```

上述命令需要留意的是:

· 确保 Ubuntu 能连接到因特网。

· 安装时系统会提示是否继续安装,输入"Y"即可继续。

· Docker CE 版本属于社区免费版本。

（7）查看 Docker 版本

安装完 Docker 后要查看 Docker 版本信息,可以使用 docker version 命令进行查看,命令、结果如图 4.11 所示。

```
nle@nle-VirtualBox:~$ docker version
Client: Docker Engine - Community
 Version:           20.10.7
 API version:       1.41
 Go version:        go1.13.15
 Git commit:        f0df350
 Built:             Wed Jun  2 11:56:40 2021
 OS/Arch:           linux/amd64
 Context:           default
 Experimental:      true
Got permission denied while trying to connect to the Docker daemon socket
4/version: dial unix /var/run/docker.sock: connect: permission denied
```

图 4.11　查询 Docker 版本命令的执行结果

任务 4.3　K8s 集群部署

【任务导学】

通过 Kubeadm 工具部署 Kubernetes（K8s）集群，首先学习在节点上配置主机名解析，关闭防火墙、SELinux 和 Swap；其次安装 Docker 并配置国内镜像源；再次设置 Kubelet 和 Kubeadm 的配置与软件源；然后通过 Kubeadm init 初始化 Master 节点并配置节点间通信与网络；最后安装网络插件确保服务互通。整个过程确保了集群的稳定性和可扩展性，为容器化应用部署奠定基础。图 4.12 为 K8s 集群部署的思维导图。

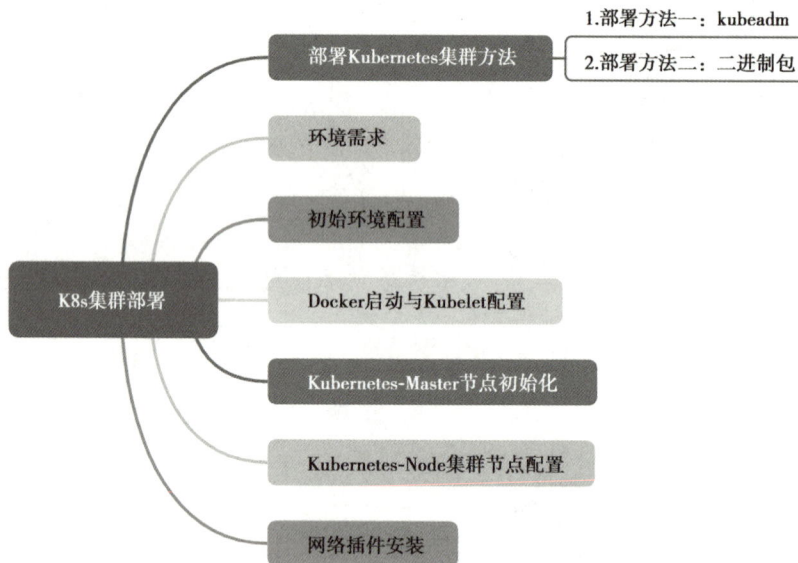

图 4.12　K8s 集群部署思维导图

【知识储备】

4.3.1　部署 Kubernetes 集群方法

目前部署 Kubernetes 集群主要有两种方式：Kubeadm 和二进制包，每种方式都有其独特的优势和适用场景。下面将对这两种部署方式进行详细介绍,并在最后说明为何本实验选择采用 Kubeadm 的方式搭建集群。

1)部署方法:Kubeadm

Kubeadm 是 Kubernetes 官方提供的一个用于快速部署集群的工具。它大大简化了集群的初始化过程,使得用户可以更轻松地搭建起一个功能完善的 Kubernetes 集群。Kubeadm 提供了两个核心命令:即 Kubeadm init 和 Kubeadm join。

Kubeadm init 用于初始化集群的第一个节点,即主节点(Master Node)。这个命令会自动安装并配置 Kubernetes 的各种核心组件,如 API Server、Controller Manager、Scheduler 以及 etcd 等。初始化完成后,该节点将具备管理整个集群的能力。

Kubeadm join 则用于将其他节点(即工作节点, Worker Node)加入已经初始化的集群中。这些工作节点将负责运行用户部署的容器化应用。

2)部署方法:二进制包

使用二进制包部署 Kubernetes 集群是一种较为灵活且底层的方法,它允许用户对集群的各个组件进行更精细的控制。

想要部署二进制包,首先需要从 Kubernetes 的官方下载对应版本的 Kubernetes 二进制文件。其次,配置 Kubernetes 的主节点与工作节点,在主节点上,使用 kubectl get nodes 命令验证集群状态,确保所有节点状态为 Ready。然后,通过 kubectl apply 命令部署所选的 Pod 网络插件,确保 Pod 之间能够相互通信。最后,使用 kubectl create deployment 命令部署应用,如 Nginx。配置 RBAC(基于角色的访问控制)、网络策略等安全特性,确保集群的安全性。通过以上步骤,可以使用二进制包部署一个完整的 Kubernetes 集群。这种方法虽然较为复杂,但提供了更高的灵活性和对集群组件的精细控制能力。

4.3.2　环境需求

在部署 Kubernetes 集群之前,需要满足一系列的环境要求。这些要求旨在确保读者的环境能够有效地运行 Kubernetes。环境配置需求见表 4.7。

表 4.7　配置环境需求

服务器要求	具体配置
建议最小硬件配置	2 核 CPU、2 G 内存、20 G 硬盘
操作系统	Ubuntu.22.04.3_x64
Docker	20.10.0
Kubernetes	1.23.6
服务器规划 (本实验采用虚拟机)	master:192.168.47.152 node1:192.168.47.153 node2:192.168.47.154

4.3.3　初始环境配置

安装环境准备：根据规划设置主机名称，该操作需要在节点上执行，如图 4.13 所示。

```
▸ ssh ▸ 集群 ▸ 192.168.47.152
1  Last login: Mon Mar 17 16:05:39 2025 from 192.168.47.1
2  [root@master ~]# hostnamectl set-hostname master
```

图 4.13　设置主机名称

在部署集群前需要修改各节点的主机名，配置节点间的主机名解析。注意，该操作在所有节点上都需要执行，这里只给出在 Master 节点上的操作步骤，示例代码（IP 改成自己的服务器 IP）如图 4.14 所示。

```
Last login: Mon Mar 17 16:05:39 2025 from 192.168.47.1
[root@master ~]# cat >> /etc/hosts << EOF
> 192.168.47.152 master
> 192.168.47.153 node1
> 192.168.47.154 node2
> EOF
[root@master ~]#
```

图 4.14　在 Master 节点上修改主机名

在 Kubernetes 集群部署过程中，通常建议关闭防火墙或配置防火墙规则，以确保集群节点之间能够顺利进行通信。Kubernetes 集群中的各个节点需要通过网络进行频繁的通信，包括 Pod 到 Pod 之间、节点到节点之间以及控制平面和工作节点之间的通信。如果防火墙阻止了这些通信，Kubernetes 的网络模型将无法正常工作，导致集群部署失败或无法运行。关闭防火墙的代码如图 4.15 所示。

```
[root@master ~]# systemctl stop firewalld
[root@master ~]# systemctl disable firewalld
Removed symlink /etc/systemd/system/multi-user.target.wants/firewalld.service.
Removed symlink /etc/systemd/system/dbus-org.fedoraproject.FirewallD1.service.
[root@master ~]#
```

图 4.15　关闭防火墙

SELinux 的安全策略可能会阻止 Kubernetes 组件和容器正常运行。SELinux 会限制容器和进程访问系统资源，可能导致容器无法正常启动或执行必要的操作，如网络通信、文件访问等，这会干扰 Kubernetes 的正常功能。临时关闭 SELinux 和永久关闭 SELinux 操作如图 4.16、图 4.17 所示。

```
[root@master ~]# setenforce 0
[root@master ~]#
```

图 4.16　临时关闭 SELinux

```
[root@master ~]# sed -i 's/enforcing/disabled/' /etc/selinux/config
[root@master ~]#
```

图 4.17　永久关闭 SELinux

部署集群时需要关闭系统的 Swap（交换分区），如果不关闭 Swap，则默认配置下的 Kubelet 将无法正常启动。用户可以通过两种方式关闭 Swap，临时 / 永久关闭 Swap 方式如图 4.18 所示，用命令查看是否已关闭虚拟内存 Swap 如图 4.19 所示。

```
[root@master ~]# swapoff -a
[root@master ~]# sed -i '/\/dev\/mapper\/centos-swap swap/s/^/#/' /etc/fstab
[root@master ~]#
```

图 4.18　临时 / 永久关闭 Swap

```
# 用命令查看是否已关闭虚拟内存 Swap：

free -m

              total        used        free      shared  buff/cache   available
Mem:           3770         185        3433          11         151        3386
Swap:             0           0           0
[root@master ~]#
```

图 4.19　查看 Swap 是否关闭

在部署 Kubernetes 时，确保各个节点的系统时间一致性至关重要。因为 Kubernetes 集群中的多个组件（如控制平面和工作节点）需要协调工作，系统时间的不一致可能导致一些问题出现，运行命令"yum install -y yum-utils"来安装开始时间同步器，具体情况如图 4.20 所示。

```
# 安装开始时间同步器：

yum install -y yum-utils
```

```
[root@master ~]# yum install -y yum-utils
已加载插件: fastestmirror
Repository base is listed more than once in the configuration
Repository updates is listed more than once in the configuration
Repository extras is listed more than once in the configuration
Repository centosplus is listed more than once in the configuration
Loading mirror speeds from cached hostfile
 * base: mirrors.aliyun.com
 * extras: mirrors.aliyun.com
 * updates: mirrors.aliyun.com
正在解决依赖关系
--> 正在检查事务
---> 软件包 yum-utils.noarch.0.1.1.31-54.el7_8 将被 安装
--> 正在处理依赖关系 python-kitchen，它被软件包 yum-utils-1.1.31-54.el7_8.noarch 需要
--> 正在处理依赖关系 libxml2-python，它被软件包 yum-utils-1.1.31-54.el7_8.noarch 需要
--> 正在检查事务
---> 软件包 libxml2-python.x86_64.0.2.9.1-6.el7_9.6 将被 安装
---> 软件包 python-kitchen.noarch.0.1.1.1-5.el7 将被 安装
--> 正在处理依赖关系 python-chardet，它被软件包 python-kitchen-1.1.1-5.el7.noarch 需要
--> 正在检查事务
---> 软件包 python-chardet.noarch.0.2.2.1-3.el7 将被 安装
--> 解决依赖关系完成
```

图 4.20　安装时间同步器

ntpdate 是一个专门用于同步系统时间的工具,能够通过网络时间协议(NTP)从外部时间服务器获取准确的时间并将其设置为本地系统时间,如图 4.21 所示。

```
# 通过网络时间协议(NTP)从 time.windows.com 服务器获取准确的时间:
ntpdate time.windows.com
```

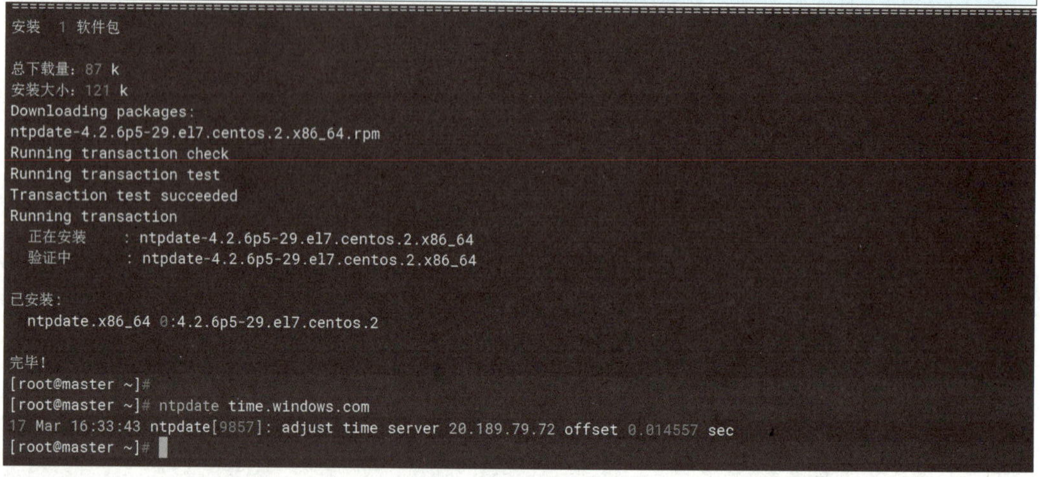

```
安装   1 软件包

总下载量: 87 k
安装大小: 121 k
Downloading packages:
ntpdate-4.2.6p5-29.el7.centos.2.x86_64.rpm
Running transaction check
Running transaction test
Transaction test succeeded
Running transaction
  正在安装    : ntpdate-4.2.6p5-29.el7.centos.2.x86_64
  验证中      : ntpdate-4.2.6p5-29.el7.centos.2.x86_64

已安装:
  ntpdate.x86_64 0:4.2.6p5-29.el7.centos.2

完毕!
[root@master ~]#
[root@master ~]# ntpdate time.windows.com
17 Mar 16:33:43 ntpdate[9857]: adjust time server 20.189.79.72 offset 0.014557 sec
[root@master ~]#
```

图 4.21 通过 NTP 从服务器获取时间

4.3.4 Docker 启动与 Kubelet 配置

前文已经实现了 Docker 容器的安装,但在部署 Kubernetes 时,需要先配置 Docker 默认启动,目的是提高容器镜像的下载速度并优化资源管理。通过使用国内镜像源,可以显著加快镜像拉取的速度,避免网络延迟。而通过设置 exec-opts 为 "native.cgroupdriver=systemd",则可以使 Docker 容器在 Linux 系统中更好地与系统资源管理兼容,提升性能。这些配置通过修改 /etc/docker/daemon.json 文件,确保每次 Docker 启动时自动应用,简化了操作并确保了配置的持久性,如图 4.22 所示。

```
[root@master ~]# cat <<EOF > /etc/docker/daemon.json
> {
> "registry-mirrors": [
>         "http://hub-mirror.c.163.com",
>         "https://docker.mirrors.ustc.edu.cn",
>         "https://registry.docker-cn.com"
>     ],
> "exec-opts": ["native.cgroupdriver=systemd"]
> }
> EOF
[root@master ~]#
```

图 4.22 配置 Docker 默认启动

需要确保系统能够加载或应用新的配置文件或更改的设置,因此需要通过重启来重新加载 systemd 管理器的配置,并且重新启动 Docker 服务,如图 4.23 所示。

```
> EOF
[root@master ~]# systemctl daemon-reload
[root@master ~]# systemctl restart docker
[root@master ~]#
```

图 4.23　重新加载配置管理器与重启服务

Kubeadm 是一个工具,旨在帮助用户快速部署和管理 Kubernetes 集群。它是 Kubernetes 集群的初始化工具,简化了集群安装、配置、升级,以及节点加入等操作。

Kubelet 是每个 Kubernetes 节点上的主要代理,它是 Kubernetes 集群中的工作节点上的核心组件。Kubelet 确保容器在节点上按照预期运行,并负责与 Kubernetes 控制平面进行通信。

配置 Kubeadm 和 Kubelet 的软件源,并在所有节点上安装它们是确保 Kubernetes 集群能够顺利初始化、管理和扩展的关键步骤。通过配置正确的软件源和安装工具,可以确保集群的版本一致性、提高集群管理效率、简化集群维护操作,并确保集群的安全性和稳定性,如图 4.24 所示。

```
[root@master ~]# cat > /etc/yum.repos.d/kubernetes.repo << EOF
> [kubernetes]
> name=Kubernetes
> baseurl=https://mirrors.aliyun.com/kubernetes/yum/repos/kubernetes-el7-x86_64
> enabled=1
> gpgcheck=0
> repo_gpgcheck=0
> gpgkey=https://mirrors.aliyun.com/kubernetes/yum/doc/yum-key.gpg https://mirrors.aliyun.com/kubernetes/yum/doc/rpm-package-key.gpg
> EOF
[root@master ~]#
```

图 4.24　配置软件源以及安装工具

刷新 yum 源缓存是为了确保系统获取到最新的软件包和仓库元数据。当仓库中的软件包发生更新时,旧的缓存可能导致安装过时版本或出现依赖问题。通过清理旧的缓存并重新加载最新的元数据,可以确保安装和更新的准确性,避免不一致和错误,同时也能释放磁盘空间,提升系统性能,如图 4.25 所示。

```
yum makecache fast

[root@master ~]# yum makecache fast
已加载插件: fastestmirror
Repository base is listed more than once in the configuration
Repository updates is listed more than once in the configuration
Repository extras is listed more than once in the configuration
Repository centosplus is listed more than once in the configuration
Loading mirror speeds from cached hostfile
 * base: mirrors.aliyun.com
 * extras: mirrors.aliyun.com
 * updates: mirrors.aliyun.com
base                                                            | 3.6 kB  00:00:00
docker-ce-stable                                                | 3.5 kB  00:00:00
extras                                                          | 2.9 kB  00:00:00
kubernetes                                                      | 1.4 kB  00:00:00
updates                                                         | 2.9 kB  00:00:00
kubernetes/primary                                              | 137 kB  00:00:00
kubernetes                                                               1022/1022
元数据缓存已建立
[root@master ~]#
```

图 4.25　刷新 yum 源缓存

Kubelet 是 Kubernetes 集群中的核心组件之一,负责在节点上运行和管理容器。如果 Kubelet 的版本与集群版本不兼容,可能会导致通信问题、资源调度失败、节点无法加入集群或出现其他运行时错误。安装 Kubelet 如图 4.26 所示。

```
[root@master ~]# yum install -y kubelet-1.23.6 kubeadm-1.23.6 kubectl-1.23.6
已加载插件: fastestmirror
Repository base is listed more than once in the configuration
Repository updates is listed more than once in the configuration
Repository extras is listed more than once in the configuration
Repository centosplus is listed more than once in the configuration
Loading mirror speeds from cached hostfile
 * base: mirrors.aliyun.com
 * extras: mirrors.aliyun.com
 * updates: mirrors.aliyun.com
正在解决依赖关系
--> 正在检查事务
---> 软件包 kubeadm.x86_64.0.1.23.6-0 将被 安装
--> 正在处理依赖关系 kubernetes-cni >= 0.8.6,它被软件包 kubeadm-1.23.6-0.x86_64 需要
--> 正在处理依赖关系 cri-tools >= 1.19.0,它被软件包 kubeadm-1.23.6-0.x86_64 需要
---> 软件包 kubectl.x86_64.0.1.23.6-0 将被 安装
---> 软件包 kubelet.x86_64.0.1.23.6-0 将被 安装
--> 正在处理依赖关系 socat,它被软件包 kubelet-1.23.6-0.x86_64 需要
--> 正在处理依赖关系 conntrack,它被软件包 kubelet-1.23.6-0.x86_64 需要
--> 正在检查事务
---> 软件包 conntrack-tools.x86_64.0.1.4.4-7.el7 将被 安装
--> 正在处理依赖关系 libnetfilter_cttimeout.so.1(LIBNETFILTER_CTTIMEOUT_1.1)(64bit),它被软件包 conntrack-tool
--> 正在处理依赖关系 libnetfilter_cttimeout.so.1(LIBNETFILTER_CTTIMEOUT_1.0)(64bit),它被软件包 conntrack-tool
--> 正在处理依赖关系 libnetfilter_cthelper.so.0(LIBNETFILTER_CTHELPER_1.0)(64bit),它被软件包 conntrack-tools-
--> 正在处理依赖关系 libnetfilter_queue.so.1()(64bit),它被软件包 conntrack-tools-1.4.4-7.el7.x86_64 需要
--> 正在处理依赖关系 libnetfilter_cttimeout.so.1()(64bit),它被软件包 conntrack-tools-1.4.4-7.el7.x86_64 需要
--> 正在处理依赖关系 libnetfilter_cthelper.so.0()(64bit),它被软件包 conntrack-tools-1.4.4-7.el7.x86_64 需要
```

图 4.26　安装 Kubelet

启动 Kubelet,如图 4.27 所示。

```
systemctl enable Kubelet --now
```

```
完毕!
[root@master ~]# systemctl enable kubelet --now
Created symlink from /etc/systemd/system/multi-user.target.wants/kubelet.service to /usr/lib/systemd/system/kubelet.service.
[root@master ~]#
```

图 4.27　启动 Kubelet

配置服务器的网络转发规则是为了允许服务器在不同网络之间转发数据包,从而实现网络之间的通信,如图 4.28 所示。

```
[root@master ~]# cat <<EOF >> /etc/sysctl.conf
> net.bridge.bridge-nf-call-ip6tables = 1
> net.bridge.bridge-nf-call-iptables = 1
> net.ipv4.ip_nonlocal_bind = 1
> net.ipv4.ip_forward = 1
> vm.swappiness=0
> EOF
[root@master ~]#
```

图 4.28　配置服务器网络转发规则

运行"sysctl -p"命令使其网络转发规则生效,如图 4.29 所示。

```
sysctl -p # 生效
```

```
[root@master ~]# sysctl -p
net.bridge.bridge-nf-call-ip6tables = 1
net.bridge.bridge-nf-call-iptables = 1
net.ipv4.ip_nonlocal_bind = 1
net.ipv4.ip_forward = 1
vm.swappiness = 0
[root@master ~]#
```

图 4.29　网络转发规则生效

如果在执行上述命令后出现 "net.bridge.bridge-nf-call-iptables" 相关信息的提示,则需要重新加载 br_netfilter 模块,代码如下:

```
modprobe br_netfilter
sysctl -p /etc/sysctl.d/Kubernetes.conf
```

创建 Docker 代理文件夹,为了确保 Docker 使用特定的配置文件夹来存储镜像、容器、数据卷等信息,如图 4.30 所示。

```
[root@master ~]# mkdir -p /etc/systemd/system/docker.service.d
[root@master ~]#
```

图 4.30　创建 Docker 代理文件夹

进入代理文件夹,上传代理文件,使用 ls 指令查看文件,如图 4.31 所示。

```
[root@master ~]# cd /etc/systemd/system/docker.service.d/
[root@master docker.service.d]# ls
http-proxy.conf
[root@master docker.service.d]#
```

图 4.31　使用 ls 指令查看文件

为了确保配置文件中的修改能够即时生效,重新加载代理文件,如图 4.32 所示。

```
[root@master docker.service.d]# systemctl daemon-reload
[root@master docker.service.d]# systemctl restart docker
[root@master docker.service.d]#
```

图 4.32　重新加载代理文件

拉取 DNS 组件是为了确保 Kubernetes 集群中的服务和容器能够通过域名进行相互访问和通信,操作如图 4.33 所示。

```
[root@master docker.service.d]# docker pull coredns/coredns:1.8.4
1.8.4: Pulling from coredns/coredns
c6568d217a00: Pull complete
bc38a22c706b: Pull complete
Digest: sha256:6e5a02c21641597998b4be7cb5eb1e7b02c0d8d23cce4dd09f4682d463798890
Status: Downloaded newer image for coredns/coredns:1.8.4
docker.io/coredns/coredns:1.8.4
[root@master docker.service.d]#
```

图 4.33　拉取 DNS 组件

镜像改名操作，如图 4.34 所示。

```
docker tag coredns/coredns:1.8.4 registry.aliyuncs.com/google_containers/coredns:v1.8.4
```

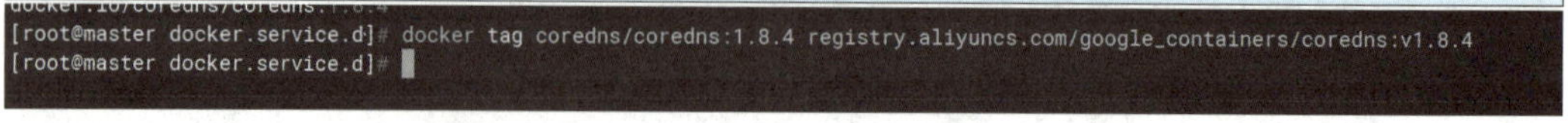

```
[root@master docker.service.d]# docker tag coredns/coredns:1.8.4 registry.aliyuncs.com/google_containers/coredns:v1.8.4
[root@master docker.service.d]#
```

图 4.34　镜像改名

4.3.5　Kubernetes-Master 节点初始化

初始化 Master 节点为了设置 Kubernetes 集群的控制平面，并确保集群能够管理和调度工作负载。初始化 Master 节点如图 4.35 所示。

```
kubeadm init \
--apiserver-advertise-address=192.168.47.152 \
--image-repository registry.aliyuncs.com/google_containers \
--service-cidr=10.1.0.0/16 \
--pod-network-cidr=10.244.0.0/16
```

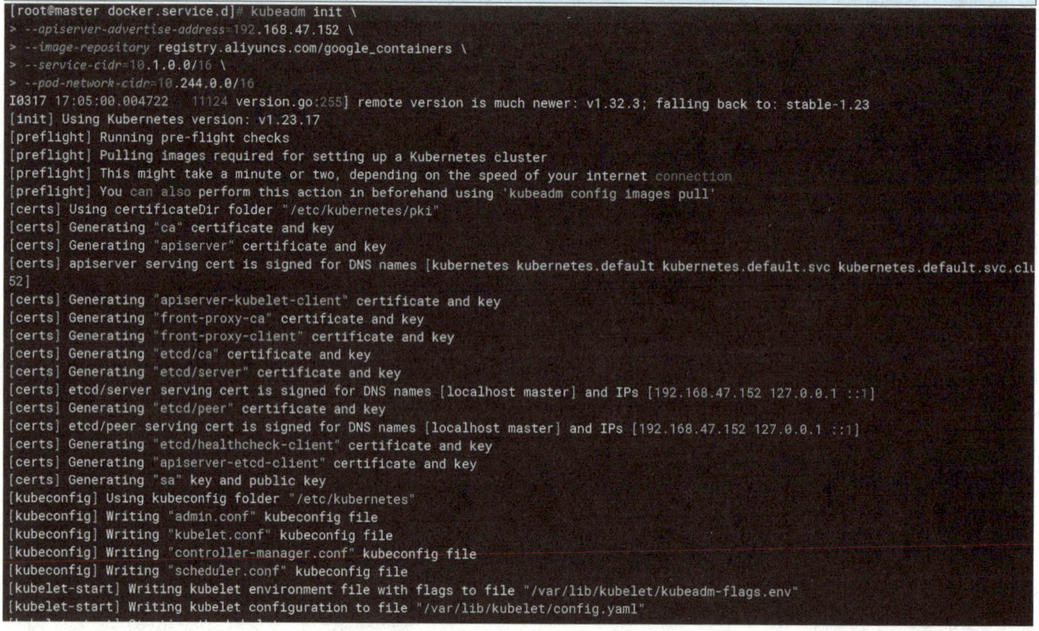

```
[root@master docker.service.d]# kubeadm init \
> --apiserver-advertise-address=192.168.47.152 \
> --image-repository registry.aliyuncs.com/google_containers \
> --service-cidr=10.1.0.0/16 \
> --pod-network-cidr=10.244.0.0/16
I0317 17:05:00.004722   11124 version.go:255] remote version is much newer: v1.32.3; falling back to: stable-1.23
[init] Using Kubernetes version: v1.23.17
[preflight] Running pre-flight checks
[preflight] Pulling images required for setting up a Kubernetes cluster
[preflight] This might take a minute or two, depending on the speed of your internet connection
[preflight] You can also perform this action in beforehand using 'kubeadm config images pull'
[certs] Using certificateDir folder "/etc/kubernetes/pki"
[certs] Generating "ca" certificate and key
[certs] Generating "apiserver" certificate and key
[certs] apiserver serving cert is signed for DNS names [kubernetes kubernetes.default kubernetes.default.svc kubernetes.default.svc.clu
52]
[certs] Generating "apiserver-kubelet-client" certificate and key
[certs] Generating "front-proxy-ca" certificate and key
[certs] Generating "front-proxy-client" certificate and key
[certs] Generating "etcd/ca" certificate and key
[certs] Generating "etcd/server" certificate and key
[certs] etcd/server serving cert is signed for DNS names [localhost master] and IPs [192.168.47.152 127.0.0.1 ::1]
[certs] Generating "etcd/peer" certificate and key
[certs] etcd/peer serving cert is signed for DNS names [localhost master] and IPs [192.168.47.152 127.0.0.1 ::1]
[certs] Generating "etcd/healthcheck-client" certificate and key
[certs] Generating "apiserver-etcd-client" certificate and key
[certs] Generating "sa" key and public key
[kubeconfig] Using kubeconfig folder "/etc/kubernetes"
[kubeconfig] Writing "admin.conf" kubeconfig file
[kubeconfig] Writing "kubelet.conf" kubeconfig file
[kubeconfig] Writing "controller-manager.conf" kubeconfig file
[kubeconfig] Writing "scheduler.conf" kubeconfig file
[kubelet-start] Writing kubelet environment file with flags to file "/var/lib/kubelet/kubeadm-flags.env"
[kubelet-start] Writing kubelet configuration to file "/var/lib/kubelet/config.yaml"
```

图 4.35　初始化 Master 节点

初始成功后，会出现 Node 加入的链接，将链接保存记录下来，后续将 Node 节点加入 Master，如图 4.36 所示。

```
Your Kubernetes control-plane has initialized successfully!

To start using your cluster, you need to run the following as a regular user:

  mkdir -p $HOME/.kube
  sudo cp -i /etc/kubernetes/admin.conf $HOME/.kube/config
  sudo chown $(id -u):$(id -g) $HOME/.kube/config

Alternatively, if you are the root user, you can run:

  export KUBECONFIG=/etc/kubernetes/admin.conf

You should now deploy a pod network to the cluster.
Run "kubectl apply -f [podnetwork].yaml" with one of the options listed at:
  https://kubernetes.io/docs/concepts/cluster-administration/addons/

Then you can join any number of worker nodes by running the following on each as root:

kubeadm join 192.168.47.152:6443 --token 0ffikh.rdjgwusupftddy6s \
        --discovery-token-ca-cert-hash sha256:d7fbf0a5ddc93bf3284089bb8e21be4763dfccfc1f16485bfd11524f8be193fd
[root@master docker.service.d]#
```

图 4.36 Node 加入的链接

按提示创建相关目录并赋予权限，如图 4.37 所示。

```
mkdir -p $HOME/.kube
sudo cp -i /etc/kubernetes/admin.conf $HOME/.kube/config
sudo chown $(id -u):$(id -g) $HOME/.kube/config
```

```
[root@master docker.service.d]# mkdir -p $HOME/.kube
[root@master docker.service.d]# sudo cp -i /etc/kubernetes/admin.conf $HOME/.kube/config
[root@master docker.service.d]# sudo chown $(id -u):$(id -g) $HOME/.kube/config
[root@master docker.service.d]#
```

图 4.37 创建目录与赋予权限

4.3.6 Kubernetes-Node 集群节点配置

node1 加入集群，输入初始成功后 Node 加入的链接，如图 4.38 所示。

```
[root@node1 docker.service.d]# kubeadm join 192.168.47.152:6443 --token 0ffikh.rdjgwusupftddy6s \
>         --discovery-token-ca-cert-hash sha256:d7fbf0a5ddc93bf3284089bb8e21be4763dfccfc1f16485bfd11524f8be193fd
[preflight] Running pre-flight checks
[preflight] Reading configuration from the cluster...
[preflight] FYI: You can look at this config file with 'kubectl -n kube-system get cm kubeadm-config -o yaml'
[kubelet-start] Writing kubelet configuration to file "/var/lib/kubelet/config.yaml"
[kubelet-start] Writing kubelet environment file with flags to file "/var/lib/kubelet/kubeadm-flags.env"
[kubelet-start] Starting the kubelet
[kubelet-start] Waiting for the kubelet to perform the TLS Bootstrap...

This node has joined the cluster:
* Certificate signing request was sent to apiserver and a response was received.
* The Kubelet was informed of the new secure connection details.

Run 'kubectl get nodes' on the control-plane to see this node join the cluster.
```

图 4.38 输入 Node 加入的链接

4.3.7 网络插件安装

网络还未设置，所以是 Notready，如图 4.39 框中所示。

```
[root@master docker.service.d]# kubectl get nodes
NAME       STATUS      ROLES                  AGE      VERSION
master     NotReady    control-plane,master   6m29s    v1.23.6
node1      Ready       <none>                 3m9s     v1.23.6
node2      NotReady    <none>                 2m36s    v1.23.6
[root@master docker.service.d]#
```

图 4.39 网络未设置

网络插件的安装如图 4.40 所示。

kubectl apply -f https://raw.githubusercontent.com/coreos/flannel/master/Documentation/kube-
flannel.yml

```
[root@master docker.service.d]# kubectl apply -f https://raw.githubusercontent.com/coreos/flannel/master/Documentation/kube-flannel.yml
namespace/kube-flannel created
clusterrole.rbac.authorization.k8s.io/flannel created
clusterrolebinding.rbac.authorization.k8s.io/flannel created
serviceaccount/flannel created
configmap/kube-flannel-cfg created
daemonset.apps/kube-flannel-ds created
[root@master docker.service.d]#
```

图 4.40 安装网络插件

等一段时间就已经 Ready,则代表网络插件安装成功,如图 4.41 所示。

```
[root@master docker.service.d]# kubectl get nodes
NAME       STATUS   ROLES                  AGE      VERSION
master     Ready    control-plane,master   9m10s    v1.23.6
node1      Ready    <none>                 5m50s    v1.23.6
node2      Ready    <none>                 5m17s    v1.23.6
[root@master docker.service.d]#
```

图 4.41 网络插件安装成功

任务 4.4 KubeEdge 架构

【任务导学】

通过本任务的学习,读者将深入了解 KubeEdge 的架构及关键组件 CloudCore 和 EdgeCore 的作用,以及它们如何协同实现边缘计算功能。KubeEdge 扩展了 Kubernetes 的管理和调度能力至边缘设备,适用于低延迟和断网场景。掌握 KubeEdge 基本概念,知晓 CloudCore 负责云端与边缘设备通信、资源管理及本地计算处理,EdgeCore 管理边缘设备容器运行和数据处理并与 CloudCore 通信。了解 KubeEdge 与 Kubernetes 版本的兼容性问题,以及如何在 KubeEdge

中部署边缘节点,保障边缘设备与云端顺利通信协作。本节学习任务将为边缘计算和容器化管理提供理论与实践指导。图 4.42 为 KubeEdge 架构思维导图。

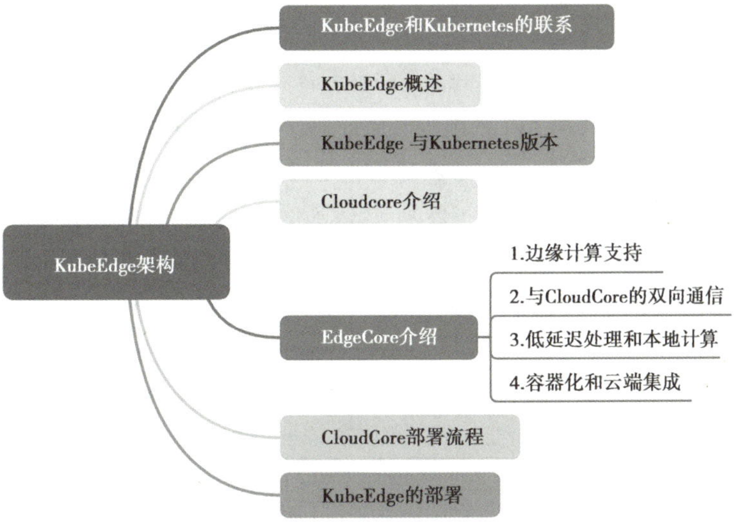

图 4.42 KubeEdge 架构思维导图

【知识储备】

4.4.1 KubeEdge 和 Kubernetes 的联系

KubeEdge 是在 Kubernetes 基础上扩展出的边缘计算平台。KubeEdge 部署的目的是以 Kubernetes 为核心控制平面,将其能力延伸到边缘侧,实现云边协同。通过 KubeEdge,用户可以在边缘设备上运行和管理容器化应用程序,同时利用 Kubernetes 的原生功能实现统一调度、设备管理和应用部署,真正实现"云原生 + 边缘计算"的融合。

在边缘计算框架中,KubeEdge 通过云边通信模块(如 CloudCore 和 EdgeCore)与 Kubernetes 控制平面连接,实现资源调度、状态同步和应用部署。它还引入了设备管理(DeviceTwin)和离线运行等功能,使边缘节点具备自治能力,即使断网也能维持服务运行。通过这种衔接方式,Kubernetes 与 KubeEdge 构建起统一的云边计算平台,实现从云端到边缘的高效协同与管理。

4.4.2 KubeEdge 概述

KubeEdge 是一个开源的边缘计算平台,它扩展了 Kubernetes 的能力,将 Kubernetes 的管理和调度能力带到边缘设备上。KubeEdge 旨在帮助企业和开发者在边缘环境中运行、管理和协调应用,尤其适用于需要低延迟、脱离网络连接的应用场景。KubeEdge 通过结合 Kubernetes 的优势和边缘计算的需求,使得边缘设备的应用管理更加高效和灵活。

4.4.3 KubeEdge 与 Kubernetes 版本

KubeEdge 的每个版本都与 Kubernetes 的特定版本紧密绑定,这意味着每个版本的 KubeEdge 都是针对特定版本的 Kubernetes 进行设计和开发的。由于 Kubernetes 在版本更新时可能会引入新的功能、改动 API 或修改底层架构,因此 KubeEdge 必须进行相应的适配,以确保在边缘计算场景中能够与 Kubernetes 集群平稳协同工作。

因此,在部署 KubeEdge 时,用户必须确保所使用的 KubeEdge 版本与当前部署的 Kubernetes 版本相匹配,确保两者能够顺利对接并实现预期功能。为了帮助用户选择合适的版本,KubeEdge 会在其发布文档中明确列出每个版本支持的 Kubernetes 版本范围。这些兼容性信息通常会详细列出哪些 Kubernetes 版本与特定的 KubeEdge 版本兼容,避免用户在部署时遇到版本不匹配的难题。KubeEdge 与 Kubernetes 版本兼容性参考见表 4.8。

表 4.8 KubeEdge 与 Kubernetes 版本兼容性列表

	Kubernetes 1.17	Kubernetes 1.18	Kubernetes 1.19	Kubernetes 1.20	Kubernetes 1.21	Kubernetes 1.22	Kubernetes 1.23
KubeEdge 1.11	√	√	√	√	√	√	-
KubeEdge 1.12	√	√	√	√	√	√	√
KubeEdge 1.13	√	√	√	√	√	√	√
KubeEdge HEAD (master)	√	√	√	√	√	√	√

此外,在 Kubernetes 发布新版本时,KubeEdge 团队会及时进行适配和更新,确保边缘计算平台能够继续稳定运行。由于 Kubernetes 的快速发展,KubeEdge 需要对其进行持续的版本更新和测试,尤其是当 Kubernetes 引入破坏性变化或新特性时,KubeEdge 需要进行相应的调整和优化。

4.4.4 Cloudcore 介绍

CloudCore 是 KubeEdge 的核心组件,部署在云端,作为 KubeEdge 与 Kubernetes 控制平面之间的桥梁,负责管理和协调边缘设备与 Kubernetes 集群之间的通信与交互,扩展 Kubernetes 的管理能力至边缘计算环境。它通过 Kubernetes 的 APIServer 与其他组件沟通,负责节点注册、状态同步和资源管理,确保边缘节点与集群的顺利交互。同时,CloudCore 管理边缘设备和应用的生命周期,包括设备状态、属性和操作管理,自动调度应用到合适的边缘节点,并支持应用的自动扩展和升级。此外,CloudCore 支持边缘计算和本地处理能力,通过将计算和数据存储推向靠近数据源的地方,减少对云端资源的依赖,降低网络延迟,优化带宽使用,提高系统可靠性和性能。总的来说，CloudCore 在 KubeEdge 中扮演了至关重要的角色，连接了云端与边缘设备，保证了设备、数据和应用的高效协同工作，推动了智能边缘计算的实现。

4.4.5　EdgeCore 介绍

1）边缘计算支持

EdgeCore 支持在边缘设备上运行容器化应用，使这些设备能够直接参与 Kubernetes 集群的工作负载调度与管理。它能够在边缘节点上管理容器的生命周期，执行本地计算任务，并处理来自传感器或其他设备的数据。

2）与 CloudCore 的双向通信

Kubernetes 与 KubeEdge 在边缘计算中的通信机制是实现云边协同的关键。KubeEdge 的通信体系主要由 CloudCore（云端核心组件）和 EdgeCore（边缘节点核心组件）构成，两者之间保持持续的双向通信连接。这种通信通常通过 WebSocket 或 MQTT 协议实现，具备轻量、高效和低延迟的特点，适用于边缘场景中不稳定或带宽受限的网络环境。数据格式方面，KubeEdge 采用 JSON 编码的数据结构进行传输，便于跨平台解析与处理，确保信息的一致性与可扩展性。

在安全机制方面，KubeEdge 强调云边通信的安全性，通过 TLS 加密保障数据传输的机密性和完整性。双方通信前需进行双向认证，基于证书的身份验证机制可防止中间人攻击和非法设备接入。EdgeCore 会定期从 CloudCore 获取下发的指令，如应用部署、配置更新等，同时将设备状态、日志和计算结果反馈至 CloudCore，实现云端对边缘设备的精准控制与监控。该机制不仅支持实时通信，也能在网络断连后进行本地缓存与后续同步，增强系统的鲁棒性与边缘自治能力。CloudCore 和 EdgeCore 在横向维度的比较见表 4.9。

表 4.9　CloudCore 和 EdgeCore 横向对比

项目	CloudCore（云端）	EdgeCore（边缘）
通信协议	WebSocket/MQTT	WebSocket/MQTT
数据格式	JSON（结构化指令、设备信息）	JSON（状态上报、日志、反馈数据）
安全机制	TLS 加密 + 双向证书认证	TLS 加密 + 双向证书认证
主要功能	控制与调度，设备管理，应用下发	指令接收与执行，状态上报，边缘应用运行
通信方向	向边缘发送应用配置、更新指令	向云端上报设备状态、本地事件、计算结果
断网处理能力	缓存边缘状态，等待恢复连接	本地继续运行，缓存数据，连接恢复后同步回云端

3）低延迟处理和本地计算

EdgeCore 支持边缘设备在本地进行数据处理和分析，减少了数据需要传输到云端的延迟。通过在本地进行实时计算，它能够提高边缘设备对数据的响应速度，尤其适用于对延迟敏感的应用场景，例如物联网、智能制造、智能城市等。

4）容器化和云端集成

EdgeCore 作为 Kubernetes 集群的一部分,能够使边缘设备直接参与容器化应用的管理和编排。这使得开发者能够使用 Kubernetes 提供的工具和功能来管理边缘设备上的容器,而无须考虑底层硬件和设备的差异。

4.4.6 CloudCore 部署流程

CloudCore 部署流程是确保云计算平台高效、稳定和安全运行的关键环节。随着企业对云服务需求的不断增加,部署 CloudCore 作为核心云平台,能够为组织提供强大的计算资源、灵活的存储解决方案以及高效的网络连接。下载和安装 keadm,如图 4.43 所示。如果下载失败,可以手动下载,然后再上传到服务器。

```
tar -zxvf keadm-v1.12.0-linux-amd64.tar.gz

cp keadm-v1.12.0-linux-amd64/keadm/keadm /usr/local/bin/keadm
```

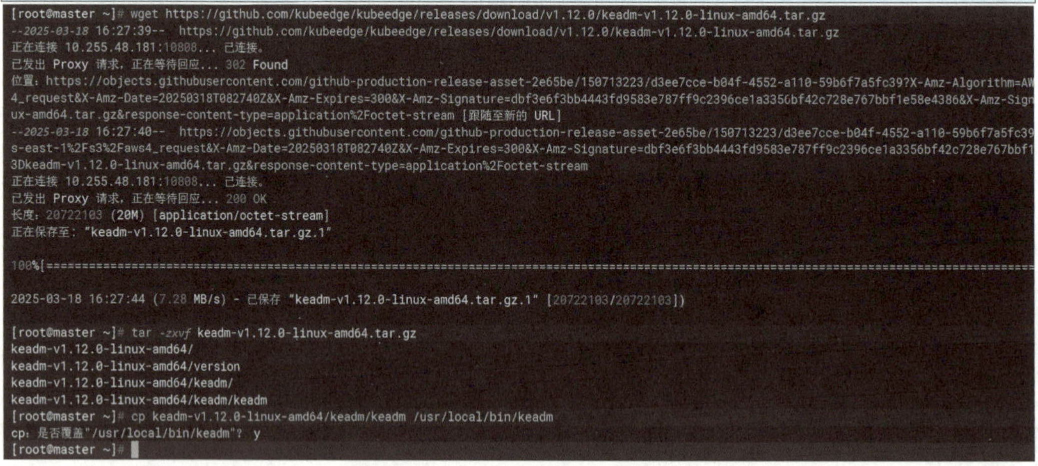

图 4.43　安装 keadm

为了确保 CloudCore 能与 Kubernetes 集群正常连接,并与边缘节点和设备进行有效通信。应通过云端初始化,配置与 Kubernetes APIServer 的连接、设备管理、消息队列以及网络设置等关键参数,确保设备数据同步、节点管理和工作负载调度能够顺利进行。没有云端初始化,CloudCore 将无法正常工作,会导致整个 KubeEdge 系统无法实现边缘计算的功能,如图 4.44 所示。

```
keadm init --advertise-address=192.168.47.152 --kubeedge-version=1.12.0
```

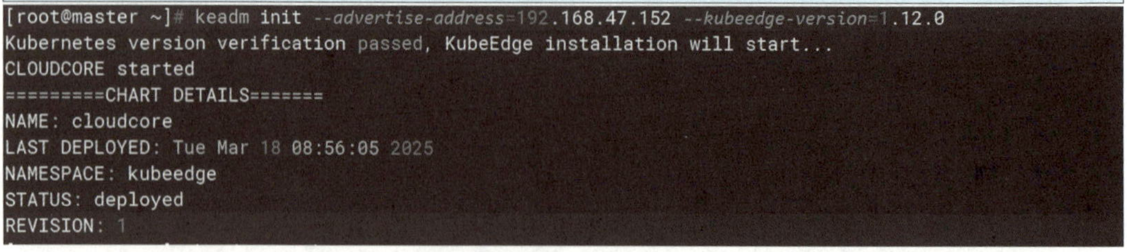

图 4.44　云端初始化

在 Kubernetes 集群中，Cloudcore 是连接云端与边缘设备的关键组件，因此了解它运行在哪个节点上非常重要。使用命令“kubectl describe pod -n kubeedge cloudcore-76d9fb959f-5p8zd”可以查看 Cloudcore 的详细信息，包括它所在的节点、状态、日志等。这对故障排查、资源分配、系统扩展以及节点健康监控至关重要。查看 Cloudcore 所在节点的信息是后续步骤中解决问题的基础，帮助判断是否需要进行节点调整、资源优化或节点修复等操作，从而保证整个系统的稳定性和高效运行，如图 4.45 所示。

```
kubectl describe pod -n kubeedge cloudcore-76d9fb959f-5p8zd
```

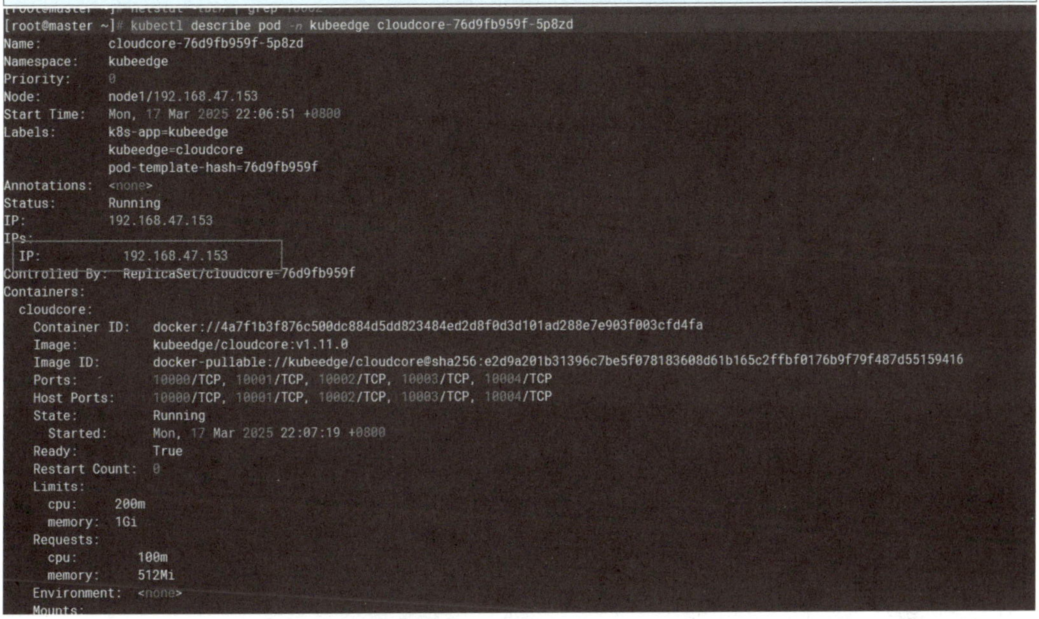

```
[root@master ~]# kubectl describe pod -n kubeedge cloudcore-76d9fb959f-5p8zd
Name:         cloudcore-76d9fb959f-5p8zd
Namespace:    kubeedge
Priority:     0
Node:         node1/192.168.47.153
Start Time:   Mon, 17 Mar 2025 22:06:51 +0800
Labels:       k8s-app=kubeedge
              kubeedge=cloudcore
              pod-template-hash=76d9fb959f
Annotations:  <none>
Status:       Running
IP:           192.168.47.153
IPs:
  IP:           192.168.47.153
Controlled By:  ReplicaSet/cloudcore-76d9fb959f
Containers:
  cloudcore:
    Container ID:   docker://4a7f1b3f876c500dc884d5dd823484ed2d8f0d3d101ad288e7e903f003cfd4fa
    Image:          kubeedge/cloudcore:v1.11.0
    Image ID:       docker-pullable://kubeedge/cloudcore@sha256:e2d9a201b31396c7be5f078183608d61b165c2ffbf0176b9f79f487d55159416
    Ports:          10000/TCP, 10001/TCP, 10002/TCP, 10003/TCP, 10004/TCP
    Host Ports:     10000/TCP, 10001/TCP, 10002/TCP, 10003/TCP, 10004/TCP
    State:          Running
      Started:      Mon, 17 Mar 2025 22:07:19 +0800
    Ready:          True
    Restart Count:  0
    Limits:
      cpu:     200m
      memory:  1Gi
    Requests:
      cpu:        100m
      memory:     512Mi
    Environment:  <none>
    Mounts:
```

图 4.45　查看 Cloudcore 详细信息

在 Kubernetes 中，Master 节点通常会被设置为污点(如 node-role.kubernetes.io/master:NoSchedule)，防止普通的应用 Pod 被调度到 Master 节点上。如果不移除这个污点，当边缘节点尝试加入集群并部署相关组件(如 Cloudcore)时，这些组件无法被调度到 Master 节点，导致报错。移除 Master 节点上的污点后，边缘节点的相关 Pod 就可以正常调度到 Master 节点上，从而确保集群的正常运行。操作如图 4.46 所示。

```
kubectl describe node master | grep Taints   // 查看 master 是否有污点
kubectl taint nodes master node-role.kubernetes.io/master:NoSchedule-    // 移除污点
```

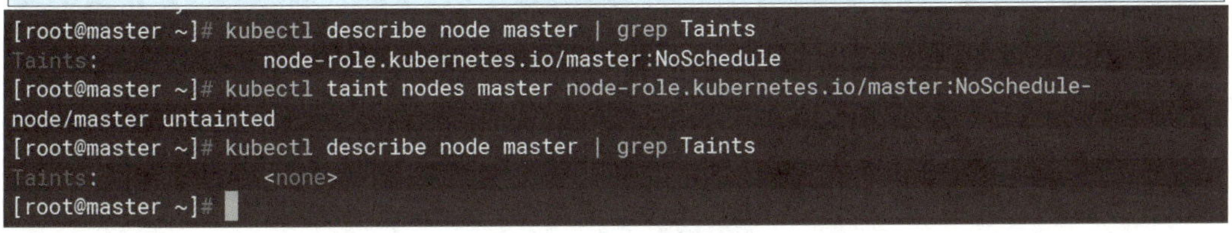

```
[root@master ~]# kubectl describe node master | grep Taints
Taints:             node-role.kubernetes.io/master:NoSchedule
[root@master ~]# kubectl taint nodes master node-role.kubernetes.io/master:NoSchedule-
node/master untainted
[root@master ~]# kubectl describe node master | grep Taints
Taints:             <none>
[root@master ~]#
```

图 4.46　查看 / 移除 Master 节点污点

修改 Cloudcore 配置文件，使 Pod 运行在 Master 节点上，Cloudcore 就能够被调度到 Master

节点上,参与集群管理、边缘设备通信和数据同步等任务,从而确保整个集群和边缘节点的正常协调与运行:

修改 Cloudcore 配置文件,使 Pod 运行在 Master 节点上:kubectl edit deployment cloudcore -n kubeedge。

原配置文件内容如图 4.47 所示。

```
spec:
  affinity:
    nodeAffinity:
      requiredDuringSchedulingIgnoredDuringExecution:
      nodeSelectorTerms:
      - matchExpressions:
        - key: node-role.kubernetes.io/edge
          operator: DoesNotExist
```

图 4.47　原配置文件

配置文件修改成如图 4.48 所示。

```
spec:
    nodeSelector:
        kubernetes.io/hostname: master
        app.kubernetes.io/managed-by: Helm
        k8s-app: kubeedge
        kubeedge: cloudcore
    name: cloudcore
    namespace: kubeedge
    resourceVersion: "88376"
    uid: e26d6c95-95bb-45b1-a7f1-001c711458a3
spec:
  nodeSelector:
    kubernetes.io/hostname: master
  strategy:
    rollingUpdate:
      maxSurge: 25%
      maxUnavailable: 25%
    type: RollingUpdate
  template:
    metadata:
      creationTimestamp: null
      labels:
        k8s-app: kubeedge
        kubeedge: cloudcore
```

图 4.48　配置文件修改

查看 Pod 并用命令删除它,通常是为了确保 Cloudcore 或其他关键组件能够在 Master 节点上重新生成一个新的实例:

```
kubectl get pods -n kubeedge
kubectl delete pod cloudcore-xxxx -n kubeedge
```

重新生成的 Pod 查看是否在 Master 节点,如图 4.49 所示。为了确保集群管理组件(如 Cloudcore)能够在正确的节点上执行任务。

```
kubectl get pod -n kubeedge -o wide
```

```
[root@master ~]# kubectl get pod -n kubeedge -o wide
NAME                          READY   STATUS    RESTARTS   AGE     IP               NODE     NOMINATED NODE   READINESS GATES
cloudcore-5c9dc6b7f7-jhjps    1/1     Running   0          8m39s   192.168.47.152   master   <none>           <none>
[root@master ~]#
```

图 4.49　查看节点任务

通过命令生成 Token,成功完成了 Cloudcore 和边缘节点之间的认证和通信配置,生成 Token 的目的是让边缘节点能够通过认证加入集群并与 Cloudcore 进行通信,如图 4.50 所示。

```
keadm gettoken
```

```
[root@master ~]# keadm gettoken
ea0e3bbab103ce79d89a8ed3ed013aec29dfac24770a59220f1caecd8d2e696f.eyJhbGciOiJIUzI1NiIsInR5cCI6IkpXVCJ9.eyJleHAiOjE3NDIzNTEwNjJ9.
```

图 4.50　生成 Token 命令

4.4.7　KubeEdge 的部署

在 KubeEdge 的部署过程中,边缘节点需要安装 Docker。因为 KubeEdge 基于容器化架构,Docker 用于管理容器化的应用和服务。通过 Docker,边缘节点能够创建、部署和管理容器,支持与云端的同步和通信,确保容器的生命周期得以管理。这部分内容参考 K8s 的 Docker 安装。

```
yum install -y yum-utils
yum-config-manager --add-repo http://mirrors.aliyun.com/docker-ce/linux/centos/docker-ce.repo
yum install -y docker-ce-20.10.0 docker-ce-cli-20.10.0 containerd.io
systemctl enable docker --now
```

安装 keadm,这部分内容参考 Master 节点安装步骤。

```
wget https://github.com/kubeedge/kubeedge/releases/download/v1.12.0/keadm-v1.12.0-linux-amd64.tar.gz  // 如果下载失败,可以手动下载,再上传到服务器
tar -zxvf keadm-v1.12.0-linux-amd64.tar.gz
cp keadm-v1.12.0-linux-amd64/keadm/keadm /usr/local/bin/keadm
```

复制 CloudCore 部署时先生成的 Token,然后在边缘节点上运行以下命令,结果如图 4.51 所示。下列命令主要是边缘节点需要通过执行 keadm join 命令,将自己注册到 Cloudcore。这个命令需要提供从 Cloudcore 生成的 Token,该命令用于边缘节点的认证和安全连接。

```
keadm join --cloudcore-ipport=192.168.47.152:10000 --token=< 复制的 token> --kubeedge-version=1.12.0
```

例：

```
keadm join --cloudcore-ipport=192.168.47.152:10000 --token=ea0e3bbab103ce79d89a8
ed3ed013aec29dfac24770a59220f1caecd8d2e696f.eyJhbGciOiJIUzI1NiIsInR5cCI6IkpXV
CJ9.eyJleHAiOjE3NDIzNTEwNjd9.RWxKbS9Lc-feirtH1r-d1Co7SqhX2uW8qkwKaSZQquY
--kubeedge-version=1.12.0
```

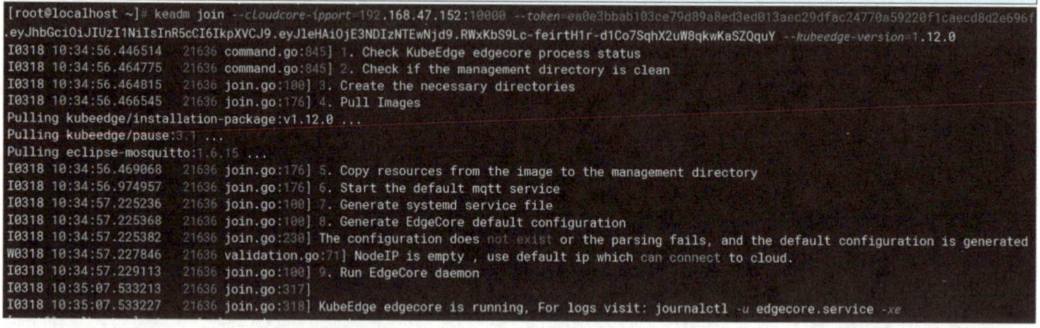

图 4.51　边缘节点注册至 Cloudcore

在云端节点查看边缘节点是否已加入 KubeEdge 集群，使用 kubectl get nodes 命令，是为了确认边缘节点是否成功注册到集群并与云端的 Cloudcore 正常通信。这一步骤可以帮助管理员验证边缘节点的状态（如是否为 Ready）和是否能够正常接收调度任务，从而确保集群中所有节点的资源分配和通信畅通，如图 4.52 所示。

```
kubectl get nodes
```

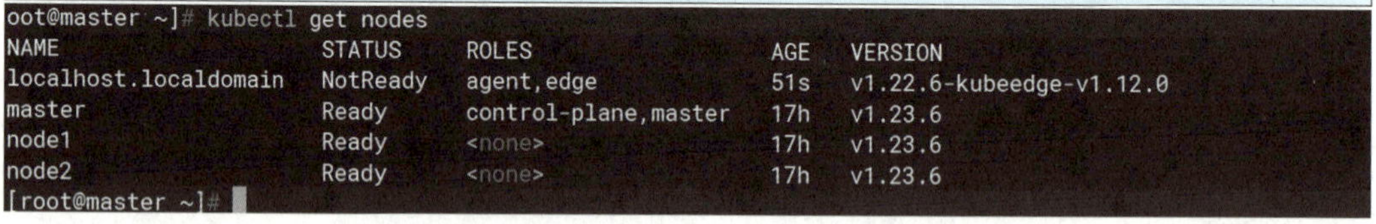

图 4.52　确认边缘节点正常通信

任务 4.5　部署 Nginx 访问实现

【任务导学】

部署 Nginx 旨在提升 Web 应用的性能和可扩展性。学习 Nginx 的概述和作为 Web 服务器、反向代理和负载均衡器的功能。Nginx 采用事件驱动模型能够高效处理大量并发请求,适用于高流量网站,且配置简便,支持 SSL 加密、访问控制等多种扩展功能。部署 Nginx 的目的主要是提升静态内容服务的速度、实现负载均衡,提高系统的可靠性与容错能力。

在部署过程中,通过 Kubernetes 部署一个 Nginx 集群。首先编辑 Nginx Pod 的配置文件,并使用 kubectl apply 命令将其应用到 Kubernetes 集群中,创建并启动一个 Nginx 容器。然后,使用 kubectl 命令检查 Nginx Pod 的状态,确认其是否运行成功,并查看 Pod 暴露的端口信息,确保端口配置正确,避免访问问题。最后,通过节点 IP 和端口的方式成功访问部署的 Nginx 服务,验证了部署的效果。图 4.53 为部署 Nginx 访问实现思维导图。

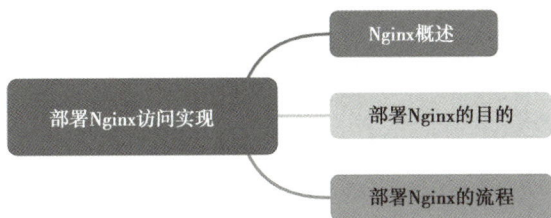

图 4.53　部署 Nginx 访问实现思维导图

【知识储备】

4.5.1　Nginx 概述

Nginx 是一款高性能的开源 Web 服务器、反向代理服务器及负载均衡器,采用事件驱动架构,高效处理大量并发连接,减少系统资源消耗。它能将客户端请求转发至后端服务器,支持轮询、加权轮询和最少连接等负载均衡策略,提升系统可靠性与可扩展性,还具备自动故障转移功能,保障高可用性。Nginx 配置灵活,支持扩展模块,可实现 SSL 加密、访问控制、日志管理等功能,适用于微服务架构和大规模 Web 应用。

4.5.2　部署 Nginx 的目的

Nginx 被广泛应用于现代网站和应用程序中,提升网页加载速度和用户体验。Nginx 支持多种负载均衡策略,如轮询、加权轮询和最少连接等,能够将客户端请求合理分配到多个后端服务器,避免单点故障,提高系统的可用性和稳定性。此外,Nginx 还具备自动故障转移功能,当某一后端服务器发生故障时,能够自动切换到其他健康的服务器,确保系统的高可用性。

Nginx 的配置文件简洁灵活,易于管理和扩展,支持多种扩展模块以实现不同功能,如 SSL 加密、访问控制、日志管理等。它不仅能高效提供静态内容服务,还常用于作为 API 网关,处理各种 API 请求。在微服务架构和大规模 Web 应用中,Nginx 凭借其高性能、高可靠性和灵活的配置能力,成为企业和开发者的首选解决方案。

4.5.3 部署 Nginx 的流程

用 Kubernetes 部署一个 Nginx 集群,先编辑一个 nginx-pod 的配置文件:vi nginx-pod.yaml,
代码如下:

```yaml
# Deployment 示例
apiVersion: apps/v1
kind: Deployment
metadata:
  name: nginx-deployment
spec:
  replicas: 3
  selector:
    matchLabels:
      app: nginx
  template:
    metadata:
      labels:
        app: nginx
    spec:
      containers:
      - name: nginx
        image: nginx:latest
        ports:
        - containerPort: 80
# Service 示例
apiVersion: v1
kind: Service
metadata:
  name: nginx-service
spec:
  selector:
    app: nginx
  ports:
    - protocol: TCP
      port: 80
```

> targetPort: 80
>
> type: NodePort

通过命令 kubectl apply -f nginx-pod.yaml 部署 Nginx,作用是将 nginx-pod.yaml 配置文件中的定义应用到 Kubernetes 集群中,创建并启动一个 Nginx 容器。该命令会根据 YAML 文件中的配置(如镜像、端口等)自动创建或更新 Pod,确保 Pod 的状态与配置一致,如图 4.54 所示。

```
kubectl apply -f nginx-pod.yaml
```
```
[root@master ~]# kubectl apply -f nginx-pod.yaml
deployment.apps/nginx-deployment created
service/nginx-service created
```

图 4.54　创建 Nginx 容器与 Pod

查看 Nginx 的 Pod 状态,等一段时间后,状态便会显示 Running,则表示运行成功,如图 4.55 所示。

```
kubectl get pods
```
```
[root@master ~]# kubectl get pods
NAME                                 READY   STATUS    RESTARTS   AGE
nginx-deployment-8d545c96d-4frl4     1/1     Running   0          2m4s
nginx-deployment-8d545c96d-cgdsg     1/1     Running   0          2m4s
nginx-deployment-8d545c96d-l4wr8     1/1     Running   0          2m4s
[root@master ~]#
```

图 4.55　Nginx 运行成功

查看 Pod 对外暴露的端口信息的作用是帮助用户确认和了解 Pod 中运行的应用程序如何与外部系统或用户进行通信。通过命令 kubectl describe pod <pod-name> 或 kubectl get pod <pod-name> -owide,可以查看到 Pod 的端口映射信息,包括容器暴露的端口和服务(Service)是否正确配置,如图 4.56 所示,具体原因见表 4.10。

```
kubectl get service nginx-service
```
```
[root@master ~]# kubectl get service nginx-service
NAME            TYPE       CLUSTER-IP    EXTERNAL-IP   PORT(S)        AGE
nginx-service   NodePort   10.1.40.91    <none>        80:30637/TCP   13m
[root@master ~]#
```

图 4.56　Pod 端口映射信息

表 4.10　查看 Pod 对外暴露端口的重要性

原因	详细因素
确认端口配置	确保 Pod 中的应用程序正确地暴露了需要与外部通信的端口,避免因端口配置错误导致的访问问题
故障排查	如果应用程序无法正常访问,查看端口信息有助于判断是否是端口未正确暴露或网络配置问题导致的
网络安全管理	查看端口信息可以帮助管理员确保只暴露必要的端口,减少潜在的安全风险

通过节点 ip+端口的方式访问 Nginx，端口是指暴露在外网的端口，比如 "http://192.168.47.152:30637/"，如图 4.57 所示。

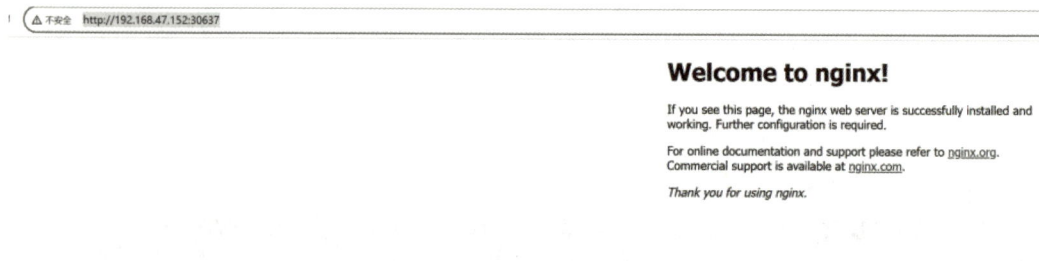

图 4.57　外网端口

任务拓展

Nginx 持久会话实现方案

Nginx 应用场景：在多台 Web 服务器之间使用 Nginx 进行负载均衡时，确保同一个用户的请求始终被转发到同一台 Web 服务器（即会话黏性）；

任务目标：了解 Nginx 实现会话保持机制以及如何实现负载均衡时的会话黏性。应用于电商网站、社交网站等需要在会话期间保持用户状态的场景

系统架构	
Nginx	①Nginx 作为负载均衡器，位于客户端和多个 Tomcat 服务器之间。它接收来自用户的请求并将请求转发到不同的 Tomcat 实例。 ②负载均衡功能保证了请求在不同的 Tomcat 实例之间分配，提高了系统的可扩展性和容错能力。 ③在这个架构中，Nginx 通过设置代理规则，将请求分发到不同的 Tomcat 服务器（如 172.18.68.21 和 172.18.68.22）
Tomcat	①Tomcat 是实际的应用服务器，它负责处理用户的 HTTP 请求并运行 Web 应用程序。在该架构中，有多个 Tomcat 实例。 ②每个 Tomcat 实例都运行相同的应用程序，并且可以处理来自 Nginx 的不同请求。由于用户可能会在不同的 Tomcat 实例间切换，Tomcat 本身不支持会话的持久性
Redis	①Redis 是一种高性能的内存数据库，用于存储会话数据。通过将会话信息保存在 Redis 中，确保即使用户的请求在不同的 Tomcat 实例之间切换，依然能够保持会话的持久性。 ②Redis 会作为会话存储解决方案，允许 Nginx 和各个 Tomcat 实例读取和写入会话数据。 ③这样，无论用户的请求被转发到哪个 Tomcat 实例，会话都能被同步到 Redis 中，因此用户的状态可以跨 Tomcat 实例保持一致

使用 Nginx+Tomcat+Redis 实现持久会话，如图 4.58 所示。

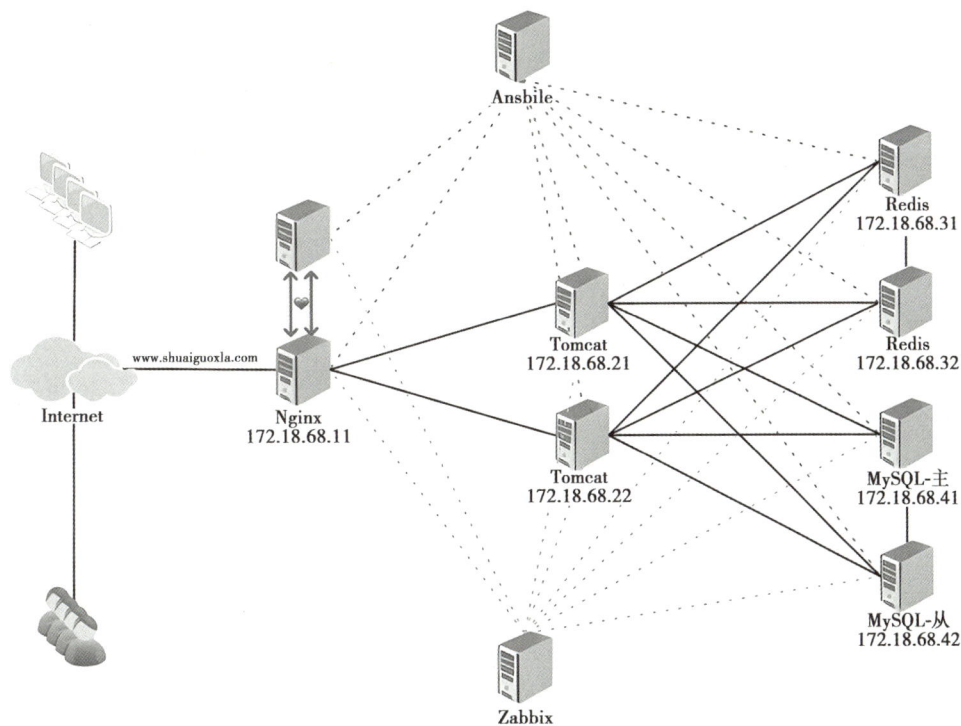

图 4.58　Nginx+Tomcat+Redis 实现持久会话

实现持久会话的步骤：

1. Tomcat 会话管理

在现代 Web 应用架构中,负载均衡器(如 Nginx)常用于分发大量并发请求到多个 Tomcat 实例,以提高应用的可扩展性和可靠性。Nginx 根据负载均衡策略(如轮询、最少连接等)将请求转发到不同的 Tomcat 实例。Tomcat 为每个请求分配唯一的会话 ID,并通过 JSESSIONID Cookie 或 URL 参数传递给客户端,会话数据通常保存在实例内存中。然而,在负载均衡环境下,各 Tomcat 实例独立且不共享内存,导致会话数据仅在当前实例内有效,无法跨实例共享。

为解决此问题,使用外部会话存储成为必要,Redis 作为分布式缓存系统被广泛应用。Tomcat 实例将原本保存在本地内存中的会话数据存储到 Redis 中,确保多个实例间会话状态的一致性。Redis 的高效内存存储和快速存取能力,使其在负载均衡环境下能够有效管理会话数据,同时具备良好的扩展性和持久性。

2. 会话同步到 Redis

当用户请求被某个 Tomcat 实例处理时,Tomcat 会在响应之前将会话数据存储到 Redis 中。会话数据包括用户身份信息、登录状态、会话超时等。通过存储到 Redis,Tomcat 实现了会话数据的集中管理,不再依赖本地内存。

一旦会话数据存储在 Redis 中,其他 Tomcat 实例在接收到同一用户的请求时,也可以通过 Redis 获取相同的会话信息。这种机制解决了负载均衡下的会话一致性问题,并提高了系统的容错能力。即使某个 Tomcat 实例故障,其他实例仍可通过 Redis 获取会话数据,保证用户正常使用。在实现上，Tomcat 可通过配置 Session Manager 与 Redis 交互，常用方式是使用 Redis Session Manager 类，它会定期同步会话数据到 Redis，确保数据的持久性和可靠性。

3. 会话数据共享

Redi 的分布式特性使其成为负载均衡环境下会话数据共享的理想选择，可确保多个 Tomcat 实例间会话信息的一致性，避免"会话丢失"。当用户请求被 Nginx 转发至不同 Tomcat 实例时，实例可通过 Redis 获取用户会话信息，保证状态一致性和用户体验。Redis 的高性能读写操作支持会话数据的快速同步，数据变化能立即更新至 Redis，供其他实例获取最新数据。

项目实训

部署一个 Kubernetes 集群

一、实训场景

模拟一个在线电商平台，平台需要支持高并发流量并且在购物季节期间流量大幅增长。为了应对这一情况，公司选择部署一个 Kubernetes 集群，以便进行容器化应用的管理和自动化部署。为提高集群管理效率，需要搭建并配置 Kubernetes Dashboard，使团队能够通过 Web 界面轻松管理集群和应用。

二、实训任务

①部署 Kubernetes 集群，配置主节点和工作节点，确保集群中的节点能够正常通信，并具备容器化应用管理能力。

②安装并配置 Kubernetes Dashboard，确保能够通过浏览器访问 Web 界面进行管理。

③通过 Dashboard 的 Web 界面获取 Kubernetes 集群的节点。

三、操作步骤

1）环境准备

①准备一台性能较好的计算机，确保其具备足够的计算能力、存储容量和网络带宽。

②安装虚拟化软件（如 VirtualBox 或 VMware Workstation），用于创建虚拟边缘服务器。

2）Kubernetes 环境搭建

（1）创建虚拟边缘服务器

创建三台最低配置的虚拟边缘服务器，具体参数见表 4.11。

表 4.11　虚拟边缘服务器配置

角色	核心数	内存	硬盘大小
Master	2	2 G	20 G

续表

角色	核心数	内存	硬盘大小
Node1	2	2 G	20 G
Node2	2	2 G	20 G

（2）设备联网

在配置好边缘服务器后,将网络适配设置为桥接模式,以 VMware Workstation 为例,如图 4.59 所示。

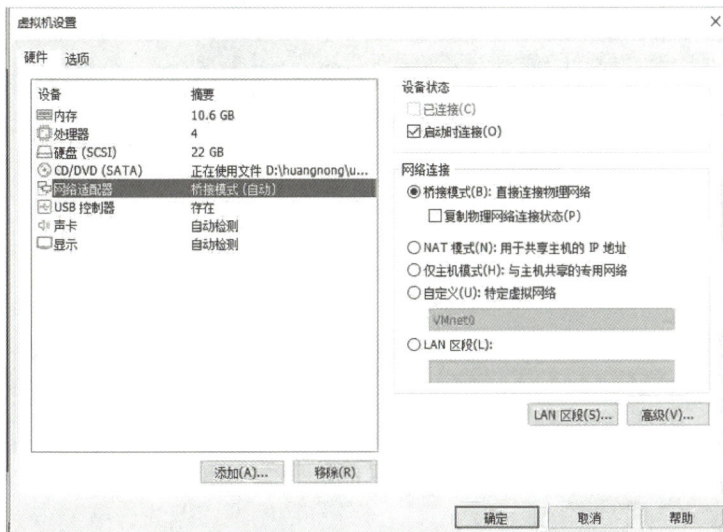

图 4.59　边缘服务器网络桥接配置

（3）初始化配置

每台设备上,关闭 SELinux 和 Swap。

· 永久禁用 SELinux：sed -i 's/enforcing/disabled/' /etc/selinux/config

· 临时关闭 SELinux：setenforce 0

· 永久禁用 Swap：sed -ri 's/.*swap.*/#&/' /etc/fstab

· 临时关闭 Swap：swapoff -a

（4）网络桥接处理

每台设备上,确保网络桥接包经过 Iptables 处理,启用相关内核参数,结果如图 4.60 所示。

```
[root@k8s-node2 ~]# cat > /etc/sysctl.d/k8s.conf << EOF
> net.bridge.bridge-nf-call-ip6tables = 1
> net.bridge.bridge-nf-call-iptables = 1
> EOF
[root@k8s-node2 ~]#
```

图 4.60　网络桥接处理

3）安装 Docker

每台设备上都下载阿里云源到本地 yum 仓库，操作如图 4.61 所示。

```
[root@k8s-node2 ~]# wget https://mirrors.aliyun.com/docker-ce/linux/centos/
docker-ce.repo -O /etc/yum.repos.d/docker-ce.repo
--2024-01-21 17:05:13-- https://mirrors.aliyun.com/docker-ce/linux/centos/
docker-ce.repo
Resolving mirrors.aliyun.com (mirrors.aliyun.com)... 2409:8c20:1834:512:715
::3fd, 2409:8c30:1000:1f01:3::3e7, 2409:8c04:110e:9:3::3f4, ...
Connecting to mirrors.aliyun.com (mirrors.aliyun.com)|2409:8c20:1834:512:71
5::3fd|:443... connected.
HTTP request sent, awaiting response... 200 OK
Length: 2081 (2.0K) [application/octet-stream]
Saving to: '/etc/yum.repos.d/docker-ce.repo'

100%[===============================>] 2,081       --.-K/s   in 0s
```

图 4.61　下载阿里云源

每台设备上都安装 Docker CE，如图 4.62 所示，当界面上出现"Complete！"提示信息，则表示安装完成。

> Yun -y install docker-ce

```
Installed:
  docker-ce.x86_64 3:25.0.0-1.el7

Dependency Installed:
  audit-libs-python.x86_64 0:2.8.5-4.el7
  checkpolicy.x86_64 0:2.5-8.el7
  container-selinux.noarch 2:2.119.2-1.911c772.el7_8
  containerd.io.x86_64 0:1.6.27-3.1.el7
  docker-buildx-plugin.x86_64 0:0.12.1-1.el7
  docker-ce-cli.x86_64 1:25.0.0-1.el7
  docker-ce-rootless-extras.x86_64 0:25.0.0-1.el7
  docker-compose-plugin.x86_64 0:2.24.1-1.el7
  fuse-overlayfs.x86_64 0:0.7.2-6.el7_8
  fuse3-libs.x86_64 0:3.6.1-4.el7
  libcgroup.x86_64 0:0.41-21.el7
  libseccomp.x86_64 0:2.3.1-4.el7
  libsemanage-python.x86_64 0:2.5-14.el7
  policycoreutils-python.x86_64 0:2.5-34.el7
  python-IPy.noarch 0:0.75-6.el7
  setools-libs.x86_64 0:3.3.8-4.el7
  slirp4netns.x86_64 0:0.4.3-4.el7_8

Complete!
```

图 4.62　安装 Docker CE

每台设备上有两种设置启动方式，此次设置为开机启动，结果如图 4.63 所示。

> systemctl enable docker && systemctl start docker

systemctl enable docker：该命令用于将 Docker 设置为开机自动启动，即在系统启动时自动启动 Docker 服务。

systemctl start docker：该命令用于立即启动 Docker 服务。

```
[root@k8s-master ~]# systemctl enable docker && systemctl start docker
Created symlink from /etc/systemd/system/multi-user.target.wants/docker.ser
vice to /usr/lib/systemd/system/docker.service.
```

图 4.63　设置启动

每台设备上，配置镜像加速器和 Cgroup 驱动并重启，最终结果如图 4.64 所示。

```
[root@k8s-node2 ~]# cat > /etc/docker/daemon.json << EOF
>   {
>       "registry-mirrors": ["https://b9pmyelo.mirror.aliyuncs.com"],
>       "exec-opts": ["native.cgroupdriver=systemd"]
>   }
> EOF
[root@k8s-node2 ~]#  systemctl restart docker
```

图 4.64　配置镜像加速器和 Cgroup 驱动并重启

完成后可以使用 docker infoDocker 显示 Docker 的详细配置信息和系统状态，检查 Docker 服务是否正确启动，配置是否正确加载，并验证是否使用了镜像加速器和正确的 cgroupdriver 设置。

每台设备上都需要下载 Docker 程序 "cri-dockerd-0.3.2-3.el7.x86_64.rpm" 到虚拟边缘服务器或将下载好的 Docker 程序传输到虚拟边缘服务器。

```
wget https://github.com/Mirantis/cri-dockerd/releases/download/v0.3.2/cri-dockerd-0.3.2-3.el7.
x86_64.rpm
```

安装 Docker 程序，结果如图 4.65 所示。

```
[root@k8s-node2 ~]# rpm -ivh cri-dockerd-0.3.2-3.el7.x86_64.rpm
Preparing...                          ################################# [10
0%]
Updating / installing...
   1:cri-dockerd-3:0.3.2-3.el7          ################################# [10
0%]
```

图 4.65　安装 Docker 程序

在每台设备上，修改 systemd 配置文件。

使用第一行 vi 指令打开配置文件：cri-docker.service 进行编辑，如图 4.66 所示。

```
vi /usr/lib/systemd/system/cri-docker.service
ExecStart=/usr/bin/cri-dockerd --container-runtime-endpoint fd:// --pod-infra-container-
image=registry.aliyuncs.com/google_containers/pause:3.9
```

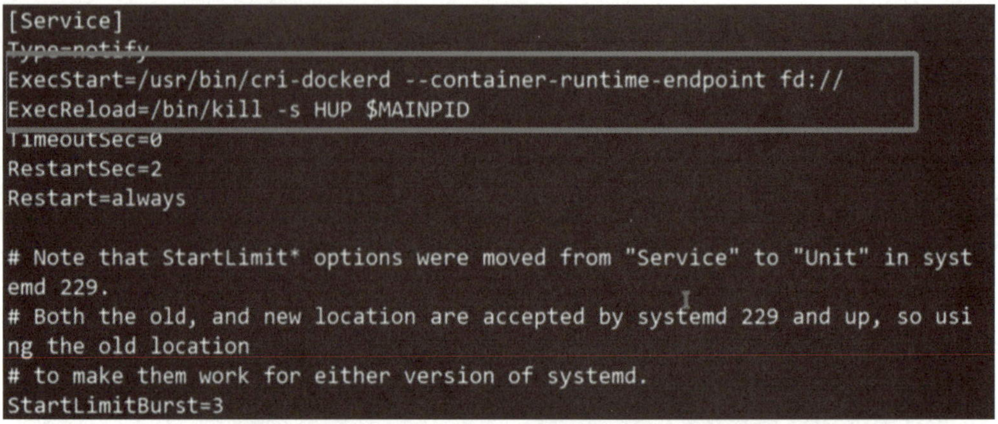

```
[Service]
Type=notify
ExecStart=/usr/bin/cri-dockerd --container-runtime-endpoint fd://
ExecReload=/bin/kill -s HUP $MAINPID
TimeoutSec=0
RestartSec=2
Restart=always

# Note that StartLimit* options were moved from "Service" to "Unit" in syst
emd 229.
# Both the old, and new location are accepted by systemd 229 and up, so usi
ng the old location
# to make them work for either version of systemd.
StartLimitBurst=3
```

图 4.66　打开配置文件

将第二行指令内容添加到文件中，输入："x"后按回车键保存文件，如图 4.67 所示。

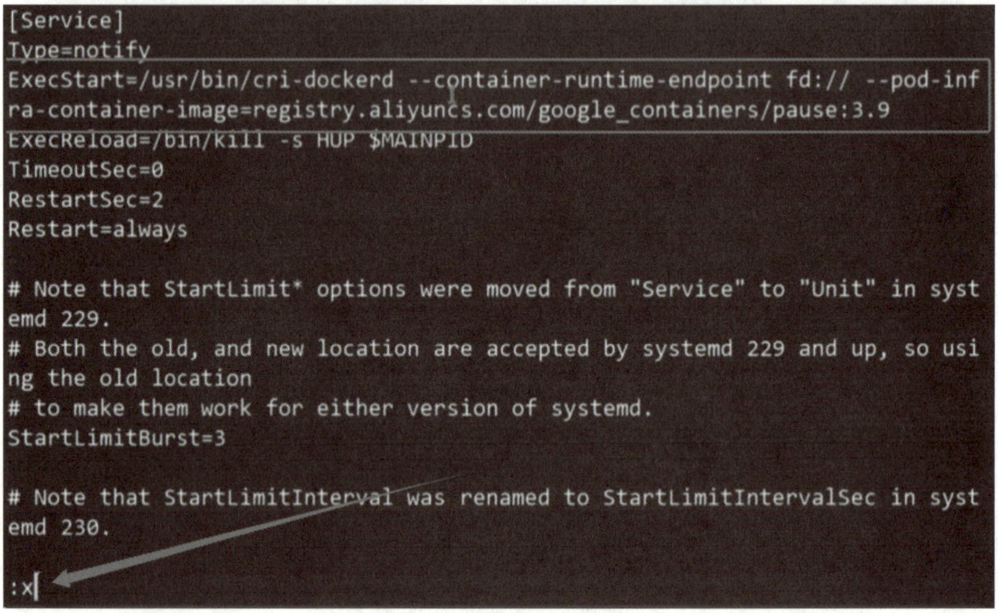

```
[Service]
Type=notify
ExecStart=/usr/bin/cri-dockerd --container-runtime-endpoint fd:// --pod-inf
ra-container-image=registry.aliyuncs.com/google_containers/pause:3.9
ExecReload=/bin/kill -s HUP $MAINPID
TimeoutSec=0
RestartSec=2
Restart=always

# Note that StartLimit* options were moved from "Service" to "Unit" in syst
emd 229.
# Both the old, and new location are accepted by systemd 229 and up, so usi
ng the old location
# to make them work for either version of systemd.
StartLimitBurst=3

# Note that StartLimitInterval was renamed to StartLimitIntervalSec in syst
emd 230.

:x
```

图 4.67　修改配置文件并保存

每台设备上，重载 Systemd 配置，启动 cri-docker，如图 4.68 所示。

```
systemctl daemon-reload
systemctl enable cri-docker && systemctl start cri-docker
```

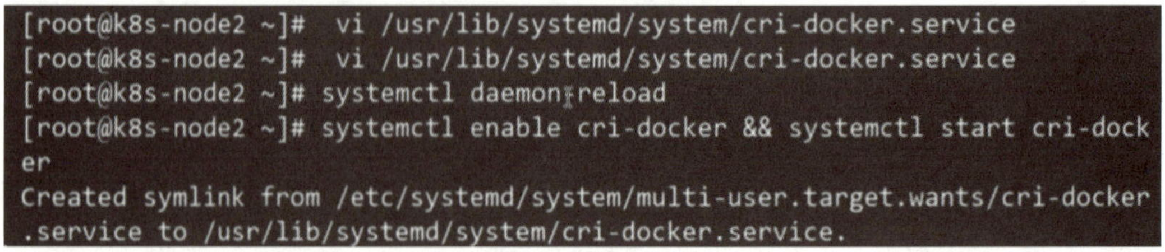

```
[root@k8s-node2 ~]#  vi /usr/lib/systemd/system/cri-docker.service
[root@k8s-node2 ~]#  vi /usr/lib/systemd/system/cri-docker.service
[root@k8s-node2 ~]# systemctl daemon-reload
[root@k8s-node2 ~]# systemctl enable cri-docker && systemctl start cri-dock
er
Created symlink from /etc/systemd/system/multi-user.target.wants/cri-docker
.service to /usr/lib/systemd/system/cri-docker.service.
```

图 4.68　启动 cri-docker

4）部署 Kubernetes

每台设备上，添加阿里云 yum 源，操作如图 4.69 所示。

```
cat > /etc/yum.repos.d/kubernetes.repo << EOF
[kubernetes]
name=Kubernetes
baseurl=https://mirrors.aliyun.com/kubernetes/yum/repos/kubernetes-el7-x86_64
enabled=1
gpgcheck=0
repo_gpgcheck=0
gpgkey=https://mirrors.aliyun.com/kubernetes/yum/doc/yum-key.gpg https://mirrors.aliyun.com/
kubernetes/yum/doc/rpm-package-key.gpg
EOF
```

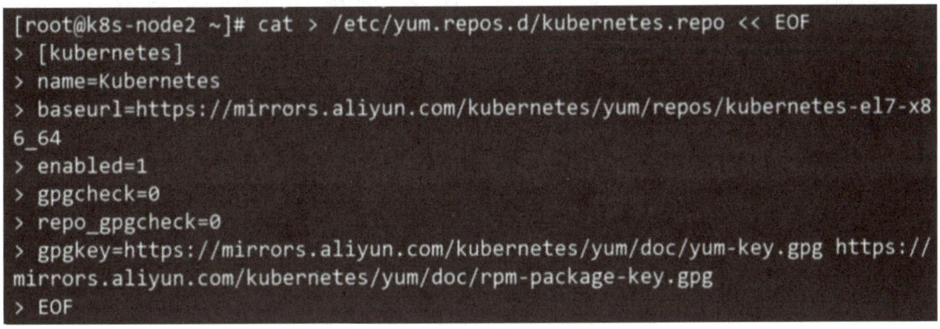

图 4.69　添加阿里云 yum 源

在每台设备上安装集群搭建工具 Kubeadm，进程管理工具 kubelet，集群管理工具 kubectl，如图 4.70 所示。设置 kubectl 为开机启动，使得 Kubeadm 在初始化 Master 节点时可启动，如图 4.71 所示。

```
yum install -y kubelet-1.28.0 kubeadm-1.28.0 kubectl-1.28.0
systemctl enable kubelet
```

图 4.70　安装工具

图 4.71　设置开机启动

初始化 Master 节点,操作如图 4.72 所示。

```
kubeadm init \
    --apiserver-advertise-address=192.168.1.71 \
    --image-repository registry.aliyuncs.com/google_containers \
    --kubernetes-version v1.28.0 \
    --service-cidr=10.96.0.0/12 \
    --pod-network-cidr=10.244.0.0/16 \
    --cri-socket=unix:///var/run/cri-dockerd.sock
```

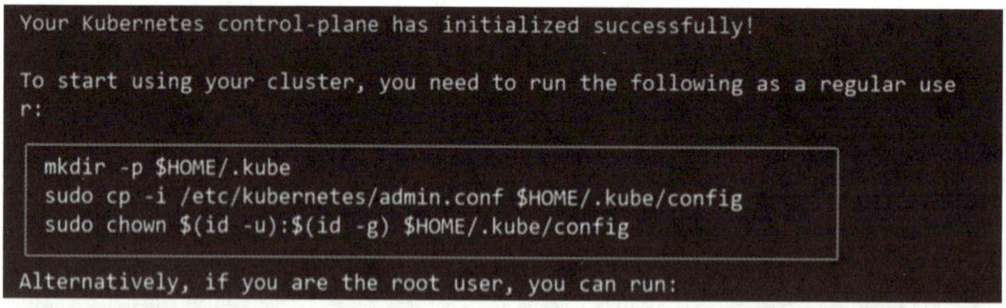

```
Your Kubernetes control-plane has initialized successfully!

To start using your cluster, you need to run the following as a regular use
r:

  mkdir -p $HOME/.kube
  sudo cp -i /etc/kubernetes/admin.conf $HOME/.kube/config
  sudo chown $(id -u):$(id -g) $HOME/.kube/config

Alternatively, if you are the root user, you can run:
```

图 4.72 初始化 Master 节点

按照指令添加如图 4.73 所示的框中部分的程序,之后在准备加入集群的虚拟边缘服务器上运行该程序,以此实现将虚拟边缘服务器节点 node1、node2 添加到 Kubernetes 集群中,其中的"192.168.1.71:6443"为 Master 主机的地址和端口号。

完成后,集群中有了 3 个节点 msater、node1、node2。

```
kubeadm join 192.168.1.71:6443 --token 5dh8w8.o2d1vbrqk3xlw93h \
--discovery-token-ca-cert-hash sha256:45f1185c31b9c074f87be118950019a839c31acf0ec48a158
1833a540058d144 \
--cri-socket=unix:///var/run/cri-dockerd.sock
```

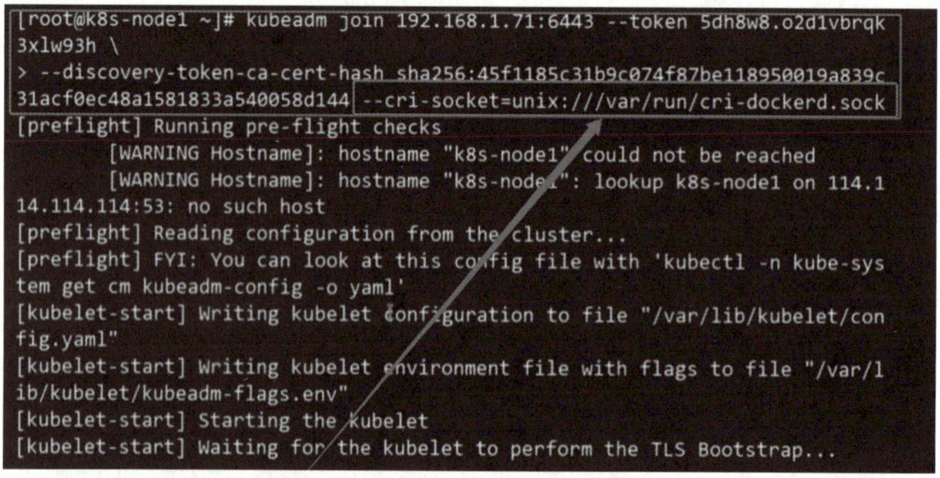

```
[root@k8s-node1 ~]# kubeadm join 192.168.1.71:6443 --token 5dh8w8.o2d1vbrqk
3xlw93h \
> --discovery-token-ca-cert-hash sha256:45f1185c31b9c074f87be118950019a839c
31acf0ec48a1581833a540058d144 --cri-socket=unix:///var/run/cri-dockerd.sock
[preflight] Running pre-flight checks
        [WARNING Hostname]: hostname "k8s-node1" could not be reached
        [WARNING Hostname]: hostname "k8s-node1": lookup k8s-node1 on 114.1
14.114.114:53: no such host
[preflight] Reading configuration from the cluster...
[preflight] FYI: You can look at this config file with 'kubectl -n kube-sys
tem get cm kubeadm-config -o yaml'
[kubelet-start] Writing kubelet configuration to file "/var/lib/kubelet/con
fig.yaml"
[kubelet-start] Writing kubelet environment file with flags to file "/var/l
ib/kubelet/kubeadm-flags.env"
[kubelet-start] Starting the kubelet
[kubelet-start] Waiting for the kubelet to perform the TLS Bootstrap...
```

图 4.73 添加节点

5）部署 Calico 网络组件

在 Master 节点中创建 tigera-operator.yaml 和 custom-resources.yaml。

通过将 cd 移动到文件所在地址,调用程序基于地址中的两个文件创建网络组件的资源,结果如图 4.74 所示。

```
kubectl create -f tigera-operator.yaml

kubectl create -f custom-resources.yaml
```

```
[root@k8s-master ~]# ls
calico-operator.zip                    kubernetes-dashboard.yaml
cri-dockerd-0.3.2-3.el7.x86_64.rpm     tigera-operator.yaml
custom-resources.yaml
[root@k8s-master ~]# kubectl create -f tigera-operator.yaml
namespace/tigera-operator created
customresourcedefinition.apiextensions.k8s.io/bgpconfigurations.crd.project
calico.org created
```

```
[root@k8s-master ~]# kubectl create -f custom-resources.yaml
installation.operator.tigera.io/default created
apiserver.operator.tigera.io/default created
```

图 4.74　创建网络资源

执行完成后,需要等待 7 ~ 10 min,就可以通过 "kubectl get pods -n calico-system" 指令查询下载状态,结果如图 4.75 所示,则表示安装成功。

```
kubectl get pods -n calico-system
```

```
[root@k8s-master ~]# kubectl get pods -n calico-system
NAME                                      READY   STATUS    RESTARTS   AGE
calico-kube-controllers-85955d4f5b-2hm8c  1/1     Running   0          10m
calico-node-2m8pk                         1/1     Running   0          10m
calico-node-grps4                         1/1     Running   0          4m7
s
calico-node-sz16k                         1/1     Running   0          10m
calico-typha-565bdd9788-g4zzz             1/1     Running   0          10m
calico-typha-565bdd9788-hrjtc             1/1     Running   0          10m
csi-node-driver-c8pkw                     2/2     Running   0          10m
csi-node-driver-lsmhs                     2/2     Running   0          10m
csi-node-driver-zj7mc                     2/2     Running   0          14s
```

图 4.75　下载镜像文件

6）部署 Dashboard 官网 UI 组件

指定基于 kubernetes-dashboard.yaml 文件来创建 Dashboard,结果如图 4.76 所示。

```
kubectl apply -f kubernetes-dashboard.yaml

kubectl get pods -n kubernetes-dashboard
```

```
[root@k8s-master ~]# kubectl apply -f kubernetes-dashboard.yaml
namespace/kubernetes-dashboard created
serviceaccount/kubernetes-dashboard created
service/kubernetes-dashboard created
secret/kubernetes-dashboard-certs created
secret/kubernetes-dashboard-csrf created
secret/kubernetes-dashboard-key-holder created
configmap/kubernetes-dashboard-settings created
role.rbac.authorization.k8s.io/kubernetes-dashboard created
clusterrole.rbac.authorization.k8s.io/kubernetes-dashboard created
rolebinding.rbac.authorization.k8s.io/kubernetes-dashboard created
clusterrolebinding.rbac.authorization.k8s.io/kubernetes-dashboard created
deployment.apps/kubernetes-dashboard created
service/dashboard-metrics-scraper created
deployment.apps/dashboard-metrics-scraper created
```

图 4.76　创建 Dashboard

通过"kubectl get pods -n kubernetes-dashboard"指令可查询下载进度,预计同样需要 7 ~ 10 min,安装成功结果如图 4.77 所示。

```
[root@k8s-master ~]# kubectl get pods -n kubernetes-dashboard -o wide
NAME                                         READY   STATUS    RESTARTS   A
GE   IP              NODE       NOMINATED NODE   READINESS GATES
dashboard-metrics-scraper-5657497c4c-llvd6   1/1     Running   0          6
5s   10.244.169.133  k8s-node2  <none>           <none>
kubernetes-dashboard-78f87ddfc-8n72h         1/1     Running   0          6
5s   10.244.36.72    k8s-node1  <none>           <none>
```

图 4.77　Dashboard 下载进度查询

7)访问 Dashboard 官网 UI 组件

浏览器访问"https://< 节点 IP 地址 >:30001",将看到 Dashboard 登录界面,登录需要在虚拟边缘服务器中实现创建用户、授权和获取用户 Token,用户 Token 为图 4.78 中的框中位置。需要执行之后获取具体虚拟边缘服务器中的用户 Token。

创建用户:

kubectl create serviceaccount dashboard-admin -n kubernetes-dashboard

kubectl create clusterrolebinding dashboard-admin --clusterrole=cluster-admin

--serviceaccount=kubernetes-dashboard:dashboard-admin

获取用户 token:

kubectl create token dashboard-admin -n kubernetes-dashboard

```
[root@k8s-master ~]# kubectl create serviceaccount dashboard-admin -n kuber
netes-dashboard
serviceaccount/dashboard-admin created
[root@k8s-master ~]# kubectl create clusterrolebinding dashboard-admin --cl
usterrole=cluster-admin --serviceaccount=kubernetes-dashboard:dashboard-adm
in
clusterrolebinding.rbac.authorization.k8s.io/dashboard-admin created
[root@k8s-master ~]# kubectl create token dashboard-admin -n kubernetes-das
hboard
eyJhbGciOiJSUzI1NiIsImtpZCI6IlpkYVZnTjI4elA4OWF6bjM3aXFfNXV5NE5sdEhwdUIzTTZ
zUFJlZ0NqRzQifQ.eyJhdWQiOlsiaHR0cHM6Ly9rdWJlcm5ldGdzLmRlZmF1bHQuc3ZjLmNsdXN
0ZXIubG9jYWwiwiXSwiZXhwIjoxNzA1ODQyMDE4LCJpYXQiOjE3MDU4Mjk3MjgsImlzcyI6Imh0dH
BzOi8va3ViZXJuZXRlcy5kZWZhdWx0LnN2Yy5jbHVzdGVyLmxvY2FsIiwia3ViZXJuZXRlcy5pb
yI6eyJuYW1lc3BhY2UiOiJrdWJlcm5ldGVzLWRhc2hib2FyZCIsInNlcnZpY2VhY2NvdW50Ijp7
Im5hbWUiOiJkYXNoYm9hcmQtYWRtaW4iLCJ1aWQiOiIxMGE4ZDIxYi0wYjUyLTRiOWQtODAyNy0
5ZTYwZTE4YmY3ZTcifX0sIm5iZiI6MTcwNTgyOTcyOCwic3ViIjoic3lzdGVtOnNlcnZpY2VhY2
NvdW50Omt1YmVybmV0ZXMtZGFzaGJvYXJkOmRhc2hib2FyZC1hZG1pbiJ9.U-28VmmH5NQl2cMn
jyk4QFV7pKVt5B5kylSpr_6QEJoUqJoXtwLo1Eeb8UAvAruBay_s2q3nQWcJ0xg_TfWq2EaiKYS
SlP00VUpJM5TcWYY18T2NYQNkcfaW8E2Pqx357MT2g_uDncWG_dPW8VB-4IiHz1HFrvausd3Oyb
Rfgil1kwqMDSATlPC2S2kP0ZE1mPlbr8BGf3l9NtBnSrf1hF6oJD5YyQI0ajydfUoeRgLL6Lcxd
3J70lscpB2jUHj1mkpfj9MDI5GNy3OOFAZa7Ky2EEkNBKTlLYihljqBqckcUdcSemF7UdVUl8V0
rTvPNTNqkHnelrkqIU4sJZX5sQ
```

图 4.78　获取登录界面用户 Token

将赋值的 Token 粘贴到 UI 登录界面的 Token 中,如图 4.79 所示。

Kubernetes Dashboard

◉ Token
　每个 Service Account 都有一个合法的 Bearer Token,可用于登录 Dashboard。要了解有关如何配置和使用 Bearer Tokens 的更多信息,请参阅 身份验证 部分。

○ Kubeconfig
　请选择您创建的 kubeconfig 文件以配置对集群的访问权限。要了解有关如何配置和使用 kubeconfig 文件的更多信息,请参阅配置到多个集群的访问 部分。

输入 token *

[登录]

图 4.79　Token 粘贴到 UI 登录界面

8)通过网页管理集群

通过网页可以管理集群,查看集群节点,如图 4.80 所示。

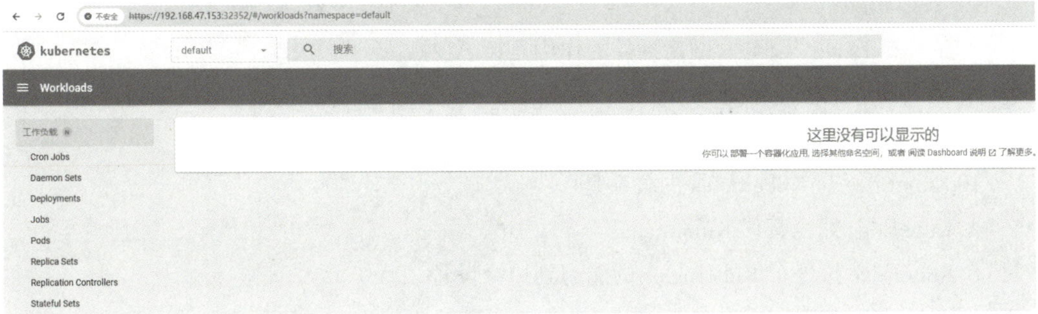

图 4.80　查看集群节点

通过实训任务,读者能够深入理解边缘计算框架实践,掌握在实际场景中如何利用边缘计算框架实践中的 Dashboard 实现 Web 界面的快速管理集群。

【课后习题】

1.边缘计算平台的核心优势不包括以下哪一项? (　　)

A.低延迟　　　　　　　　　　　　　　B.带宽优化

C.集中式数据处理　　　　　　　　　　D.提高安全性

2.在选择边缘计算平台时,以下哪一项不是主要考虑的标准? (　　)

A.计算能力　　　　　　　　　　　　　B.延迟性能

C.设备颜色　　　　　　　　　　　　　D.可扩展性

3.边缘计算平台的性能评估中,以下哪一项是关键维度? (　　)

A.设备重量　　　　　　　　　　　　　B.延迟性能

C.设备品牌　　　　　　　　　　　　　D.设备价格

4.容器化技术在边缘计算中的主要优势不包括以下哪一项? (　　)

A.快速部署　　　　　　　　　　　　　B.资源隔离

C.高硬件成本　　　　　　　　　　　　D.轻量性

5.Docker 的核心组件不包括以下哪一项? (　　)

A. Docker 引擎　　　　　　　　　　　B. Docker Hub

C. Docker Compose　　　　　　　　　D. Docker 虚拟机

6.Kubernetes 的核心概念中,以下哪一项用于定义 Pod 的期望状态? (　　)

A. Pod　　　　　　　　　　　　　　　B. Service

C. Deployment　　　　　　　　　　　D. Namespace

7.在 Kubernetes 集群部署中,关闭 Swap 的主要原因是? (　　)

A.提高网络速度　　　　　　　　　　　B.避免 Kubelet 无法正常启动

C.减少存储空间　　　　　　　　　　　D.增强安全性

8.Kubernetes 集群初始化时,以下哪一项不是必需的步骤? (　　)

A.关闭防火墙　　　　　　　　　　　　B.禁用 SELinux

C.安装图形界面　　　　　　　　　　　D.配置网络转发规则

9.在 Kubernetes 集群中,网络插件的作用是(　　)。

A.提供图形化管理界面　　　　　　　　B.确保 Pod 之间的网络通信

C.增加存储容量　　　　　　　　　　　D.优化 CPU 性能

10.KubeEdge 与 Kubernetes 的关系是(　　)。

A. KubeEdge 完全替代 Kubernetes

B. KubeEdge 扩展了 Kubernetes 的能力到边缘设备

C. KubeEdge 与 Kubernetes 无关

D. KubeEdge 是 Kubernetes 的竞争对手

项目 5

边缘计算安全与隐私保护

【项目背景】

边缘计算作为万物互联时代的分布式计算范式,正以"数据就近处理"的模式重塑产业格局。2023年发生的"智慧社区人脸数据泄露事件"(某头部物联企业因边缘节点未加密存储居民生物特征数据,导致约23万条人脸信息在黑市流通),暴露出边缘计算在隐私保护领域的重大隐患。该事件印证了分布式架构的双刃剑效应:虽然通过将计算任务迁移至智能电表、门禁终端等数据源附近,有效降低了智慧城市系统的云端传输延迟(实测响应速度提升60%),但分散部署的1 500余个边缘节点因缺乏统一加密标准,成为黑客入侵的突破口。

边缘计算这一万物互联时代的新型计算模型,它将原本在云计算中心执行的计算任务,部分或全部迁移到了数据源附近进行,这样不仅提升了数据传输的效率,也确保了处理的实时性。但与此同时,边缘计算作为一种新兴事物,在安全和隐私保护方面面临着许多挑战。边缘计算面临的安全风险分析如图5.1所示。

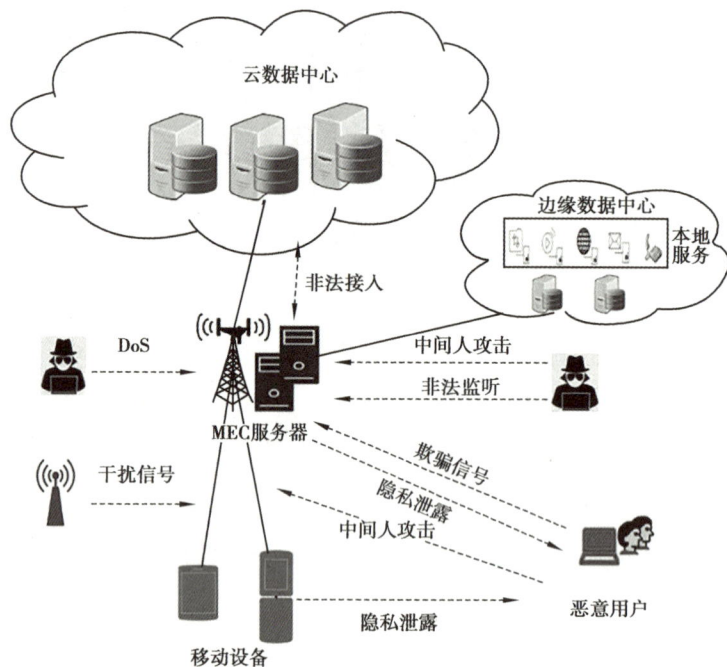

图 5.1 边缘计算面临的安全风险分析

边缘计算安全是边缘计算的重要保障,边缘计算推动计算模型从中心式云计算走向分布式边缘计算,极大地促进了业务和技术的发展,但同时也将安全风险引入了网络边缘,为边缘计算的发展构建安全可信环境,是边缘计算安全技术的使命。

本项目的目标是建立对边缘计算安全保护需求的初步认识,理解安全与隐私保护技术,最终通过学习并应用具体的边缘计算安全技术方案来开展实践。

【学习目标】

1. 了解边缘计算安全保护需求。
2. 熟悉边缘计算的五个安全性能评价指标。
3. 掌握数据加密、身份认证等边缘安全技术。
4. 掌握隐私保护技术、边缘联邦学习技术。
5. 了解边缘计算安全技术的应用方案。

【能力目标】

1. 能够熟练使用对称加密、非对称加密、同态加密等技术对边缘计算中的数据进行加密处理,确保数据的机密性和完整性。

2. 能够实现数据隐私保护、身份隐私保护和位置隐私保护技术,确保用户隐私和数据安全。

3. 能够对设计的安全与隐私保护方案进行测试和评估,包括安全性测试、性能测试和可用性测试,确保方案的有效性和可靠性。

4. 能够查阅相关文献和资料,对边缘计算安全与隐私保护领域的前沿技术进行研究和分析,具备一定的科研能力。

任务 5.1　边缘计算安全保护需求

【任务导学】

本节任务围绕边缘计算安全保护概述和数据安全与隐私保护体系两个方面展开,分析边缘计算面临的安全挑战,并探讨相应的安全防护措施。边缘计算的安全保护需求涵盖多个层面,包括设备、网络、数据和访问控制。构建完整的安全防护体系,并持续优化安全策略,是确保边缘计算技术稳定、可靠运行的必要条件。边缘计算安全保护需求思维导图如图5.2所示。

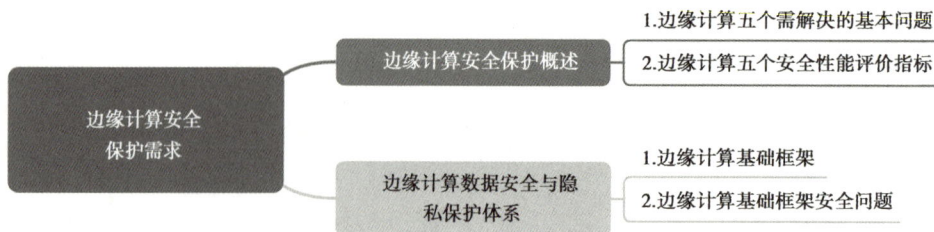

图 5.2　边缘计算安全保护需求思维导图

【知识储备】

边缘计算作为新兴计算范式,在赋能各行业高效数据处理与低延迟服务的同时,正遭遇严峻的安全挑战。从历史案例看,LG 智能家居漏洞、GitHub 遭 Memcached DDoS 攻击、米高梅酒店集团被勒索软件攻击等事件,均暴露出边缘环境在设备管控、流量防护及系统更新等层面的脆弱性。随着智能设备的普及深化,隐私数据保护需求急剧上升,边缘计算通过任务卸载和虚拟化技术将算力推向数据源头,更需构建完善的隐私保护机制,这已成为维护用户信任、保障商业利益及推动技术健康发展的关键基石。

5.1.1　边缘计算安全保护概述

边缘计算的基本思想是将大量对实时性有较高要求的数据留在边缘处理,以此大幅缩短数据传输至云端的时间,从而增强数据的即时响应能力和安全保护水平,这是边缘计算的优势。然而,每台边缘设备的存在都代表了一个潜在的易受攻击的端点,加之边缘计算中使用的设备比传统数据中心或服务器的设置更小,在设计时不可能像数据中心那样予以充分的安全性考虑,在设备更新和维护方面更不能与数据中心相提并论。

1)边缘计算五个需解决的基本问题

在云计算与边缘计算交织的生态环境中,用户隐私数据的托管往往涉及第三方(例如云数据中心或边缘数据中心),这种所有权与控制权的分离模式,无形中增加了数据丢失、泄露、非法操作(复制、发布、传播)和其他数据安全问题,无法保证数据的机密性和完整性。因此,数据安全是边缘计算中的基本问题之一。展望未来,随着物联网、大数据、5G 等技术的蓬勃发展与广泛应用,边缘计算有望迎来前所未有的增长机遇。但与此同时,其安全性问题亦呈现出多元化与复杂化的趋势。如果将边缘计算视为云计算的安全替代方案,那么边缘计算存在五个基本问题需要解决。边缘计算存在的基本问题及具体描述见表 5.1。

表 5.1　边缘计算存在的基本问题及具体描述

基本问题	具体描述
数据回传安全保证	从云端安全回传至边缘设备时,因用户移动性导致的服务器频繁切换变得更为棘手
隐私政策多样化	物联网设备需遵循多样化的隐私政策以通过身份验证
物理安全	边缘设备往往缺乏数据中心级别的物理防护,易受物理攻击和非法入侵

续表

基本问题	具体描述
设备增多	设备数量的激增可能迅速突破边缘网络的服务承载能力
用户错误	边缘计算环境中复杂的设备生态增加了人为错误,易引发安全风险的概率

2)边缘计算五个安全性能评价指标

针对前面提到的五个基本问题,设计边缘系统安全解决方案时,需要着重考虑并优化五个关键的安全性能指标。

①确保私密信息仅对合法所有者和授权用户可见,通过加密等措施保护数据在传输、存储和处理过程中的安全,防止未经授权的访问。

②保障数据在传输和处理过程中不被篡改,通过数据校验机制确保从产生到使用的整个流程中数据的准确性。

③确保系统能够持续、稳定地为授权用户提供服务,高效处理加密数据,支持随时随地访问边缘节点和云服务。

④通过身份验证确认用户身份,并精确设定用户对资源的访问权限,保障数据的机密性和完整性。

⑤保护用户敏感信息(如数据、身份、位置等)的私密性,综合运用加密、完整性验证、身份验证及访问控制等手段,构建全方位的安全防护体系。

5.1.2 边缘计算数据安全与隐私保护体系

在深入探讨隐私保护在边缘计算中的核心作用时,需要先对边缘计算的体系结构进行一番概览,以便更清晰地理解其安全挑战与应对策略。

1)边缘计算基础框架

边缘计算的核心思想是将计算和存储任务从终端设备转移到网络的边缘节点,例如基站(BS)、无线接入点(WAP)以及边缘服务器等。这种转移不仅增强了终端设备的计算能力,还大幅度提升了云与终端之间的数据传输效率。

一个典型的边缘计算基础架构通常包含以下几个层次分明的部分,如图 5.3 所示。

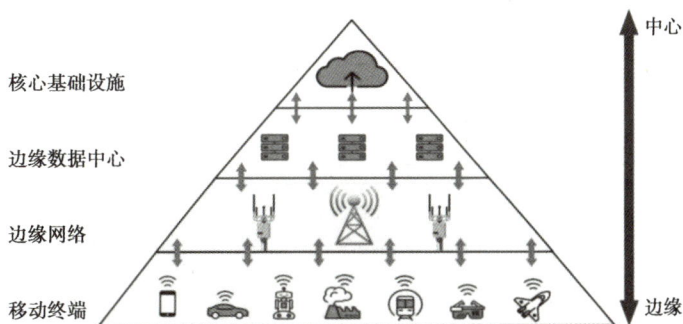

图 5.3 边缘计算基础框架

核心基础设施层是边缘计算架构的基石,提供了必要的硬件和软件支持,确保整个系统的稳定运行。

边缘数据中心层位于网络边缘的数据中心,负责处理和分析靠近用户的数据,减少数据传输的延迟,并提高响应速度。

边缘网络层是连接边缘数据中心和移动终端的网络层,负责数据的快速传输和交换。

移动终端层包括各种智能设备,如智能手机、物联网设备等,它们是数据的来源和最终应用场所。

这四个板块共同构成了边缘计算的基础框架,了解这一框架有助于人们更好地理解如何在各个层面实施数据安全与隐私保护措施。

2)边缘计算基础框架安全问题

在边缘计算的基础架构中,各个层次均存在不同种类和程度的安全风险。为了深入理解这些风险并探讨相应的防范措施,将从基础设施安全、边缘数据安全、边缘网络安全和移动终端安全这四个关键领域进行分析。

(1)基础设施安全

边缘基础设施为整个边缘计算节点提供软硬件基础,边缘基础设施安全是边缘计算的基本保障。基础设施可能产生的安全问题包括隐私泄露与数据篡改、服务攻击、服务操纵等。下面将介绍产生基础设施安全问题的原因及其相关应对措施。

基础设施安全问题见表5.2。

表5.2 基础设施安全问题

基础设施安全问题	具体描述
隐私泄露与数据篡改	未授权的用户可能会尝试非法访问或窃取用户的私密和敏感数据
服务攻击	在服务被劫持或阻塞的情况下,核心基础设施可能会传递虚假信息,引发拒绝服务攻击
服务操纵	拥有足够访问权限的恶意方可能操纵信息流,为其他实体提供误导性的信息和虚假服务

产生基础设施安全问题的原因:①核心基础架构的支持与风险:边缘计算依赖集中式云服务和管理系统,虽实现存储与计算集中化,但也引入了安全风险。②服务的集中与分散:边缘计算通过多层次异构服务器实现计算迁移,提供实时服务,但这种模式可能带来安全隐患。③信任问题与安全风险:核心基础设施涉及半信任或不信任实体,易导致数据泄露和服务操纵等安全问题。

为了解决基础设施安全问题,可以采取以下措施,具体描述见表5.3。

表5.3 解决基础设施安全问题采取的措施

采取措施	具体描述
增强物理安全	利用设备外壳和封装的检测机制,防止未经授权的物理访问和破坏

续表

采取措施	具体描述
建立可信机制	通过可信根、可信启动和严格的身份认证流程,验证系统组件的完整性和真实性
应用虚拟化技术	在关键节点实施任务虚拟化,隔离底层系统权限,防止安全威胁扩散,保障系统安全稳定运行

针对边缘计算中基础设施的安全问题,可以通过加强物理安全、建立可信机制和运用虚拟化技术等多种手段来提升安全防护能力。

（2）边缘数据中心安全体系

作为边缘计算的核心基础设施,数据中心采用分层架构设计,通过网络互联实现分布式协同计算,支持多用户虚拟化环境并与云端协同。其安全挑战源于服务复杂性、实时性需求及多源异构数据特性,传统安全机制难以应对分布式并行处理带来的高频数据交换风险。解决方案需构建三层防护:数据使用阶段强化访问控制与内存隔离,存储环节实施全磁盘及数据库加密,迁移过程采用 VPN/SSL 加密通道,形成覆盖全生命周期的安全防护。

（3）边缘网络安全挑战与防御

边缘网络作为物联网互联枢纽,因集成多元通信方式引入复杂安全风险。虽然分布式架构能降低核心系统被攻击概率,但海量节点、动态拓扑及多协议交互反而扩展了攻击路径,流量注入、会话劫持、网关恶意部署等攻击频发。针对这些威胁,需建立多层次防御体系,重点防护工业控制等关键基础设施,通过协议加固、入侵检测及物理层防护等手段,保障网络信息安全与服务可用性。

为了解决边缘网络安全问题,可以采取的措施见表 5.4。

表 5.4　解决边缘网络安全问题采取的措施

措施	具体描述
通信安全机制	确保数据的机密性、完整性、认证性和不可抵赖性,设计安全的通信协议,平衡能耗、复杂性和安全性
访问控制	实施严格的访问控制策略,防止未经授权的访问和数据泄露
入侵检测和异常行为分析	通过监控网络流量和用户行为,及时发现并应对潜在的安全威胁
协议安全	加强网络通信协议的安全性设计,防止针对协议的攻击

确保边缘网络安全需要从多个方面入手,包括加强通信安全机制、实施访问控制、进行入侵检测和异常行为分析以及提升协议安全性等。这些措施有助于构建一个更加安全、可靠的边缘计算环境。

（4）移动终端安全

移动终端安全关乎第三方边缘应用开发及运行过程中的安全保障,同时需要防范恶意应用对边缘计算平台及其他应用安全造成的潜在威胁。移动终端面临的安全问题主要集中在终端安全和隐私保护两大方面,具体包括信息注入、服务操纵、隐私泄露、恶意代码攻击及通信安全等风险。

产生移动终端安全问题的原因主要在于边缘设备在分布式边缘环境中的多重角色。移动终端包括各种连接到边缘网络的设备(如智能手机、物联网设备等),它们既是数据使用者也是数据提供者,参与分布式基础设施的各个层面。因此,即便是少量受损的边缘设备,也可能对整个边缘生态系统造成严重影响。具体的解决方法见表 5.5。

表 5.5　移动终端安全问题的解决方法

解决方法	具体描述
密钥管理	通过严格管理加密密钥,确保数据传输和存储的安全性
密码套件管理	选用安全的密码算法和协议,以增强数据的机密性和完整性
身份管理	实施强身份验证机制,确保只有授权的用户和设备能够访问敏感信息和资源
安全策略管理	制定和执行全面的安全策略,包括访问控制、数据保护、设备安全更新等,以防范各种安全威胁

这些解决方案的核心在于加密技术,它能够有效保护数据的机密性和完整性,防止未经授权的访问和篡改。通过综合应用这些安全措施,可以显著提升移动终端的安全性,保护用户隐私和边缘计算平台的安全。

任务拓展

边缘计算安全保护需求分析报告

本任务对边缘计算安全保护进行了概述,并对数据安全与隐私保护体系进行了分析。本报告通过参考行业研究报告、查询资料、分析典型边缘计算安全案例,如智能家居系统中的安全漏洞和防护措施,讨论不同场景下的安全保护需求差异,如工业控制、智慧城市等领域的特定安全需求。

1）典型边缘计算安全案例分析

以智能家居系统为例,其通过边缘计算技术实现设备的本地化数据处理与智能控制。然而,智能家居系统中存在诸多安全漏洞。例如,智能门锁的通信协议可能被破解,导致非法入侵;智能摄像头的视频数据可能被篡改或泄露,侵犯用户隐私。针对这些漏洞,防护措施包括采用加密通信协议(如 TLS/SSL)保障设备间数据传输的安全性;对摄像头视频数据进行加密存储与传输,防止数据泄露。同时,设置严格的访问权限控制,只有经过身份验证的用户才能访问设备数据。

2）不同场景下的安全保护需求存在差异

在工业控制领域，边缘计算用于实时监控生产设备的运行状态，安全需求侧重于系统的高可用性和数据的完整性。例如，工业控制系统中的边缘设备需具备强大的抗干扰能力，防止因电磁干扰导致数据传输错误；同时，需对生产数据进行实时校验，确保数据在采集、传输和处理过程中未被篡改。在智慧城市领域，边缘计算涉及大量公民个人信息的收集与分析，安全需求更关注数据的隐私保护和合规性。例如，智能交通系统中车辆的行驶数据和公民的出行信息需进行匿名化处理，防止个人隐私泄露；同时，需遵循相关法律法规，如《中华人民共和国数据安全法》和《中华人民共和国个人信息保护法》，确保数据的合法使用。

3）边缘计算环境中的安全威胁分析

边缘设备与云端或中心服务器之间的数据传输易被截获，尤其涉及用户隐私和商业机密的数据，如医疗记录在传输过程中可能泄露。边缘设备数量庞大且分布广泛，若身份认证机制不完善，伪造设备易接入网络，导致数据篡改或恶意操作，如工业物联网中伪造传感器设备干扰生产流程。边缘计算环境易遭受分布式拒绝服务攻击（DDoS），导致网络瘫痪，影响设备正常通信和数据传输，如智能家居系统受 DDoS 攻击，用户无法远程控制设备。此外，边缘计算平台和设备的软件可能存在漏洞，攻击者可利用这些漏洞获取设备控制权或窃取数据，如某些边缘设备的操作系统存在未修复的漏洞，攻击者可植入恶意软件。

4）针对性的安全保护需求

为确保边缘计算环境的安全，可采取以下措施：

①采用端到端加密保护数据，建立访问控制机制，确保仅授权用户和设备可访问敏感数据。

②建立严格设备认证机制，采用多因素认证并维护设备白名单。

③部署防火墙、IDS、IPS 实时监测流量，防御 DDoS 等攻击。

④定期进行漏洞扫描和安全评估。

⑤建立软件安全开发生命周期管理机制，确保软件符合安全标准并定期更新。

⑥建立安全审计机制，记录访问、操作和数据传输日志。

⑦部署实时监控系统，及时发现异常行为并发出警报。

这些措施可有效应对安全威胁，保障系统安全可靠。实际应用中，需根据具体场景和需求选择合适的安全技术和措施。

任务 5.2　边缘计算数据安全技术

【任务导学】

本节任务将围绕数据加密、身份认证、区块链＋边缘计算三个方面展开,探讨不同安全技术在边缘计算环境中的应用与实践。在数据加密方面,介绍多种加密技术,以应对不同的数据保护需求。在身份认证方面,分析边缘计算环境中的不同认证机制,以确保设备和用户的合法访问。在区块链＋边缘计算方面,探讨区块链技术如何增强边缘计算的安全性,并促进两者的融合。未来,随着边缘计算的深入发展,这些安全技术将在数据隐私保护、身份管理、分布式计算等领域发挥更加重要的作用。边缘计算数据安全技术思维导图如图 5.4 所示。

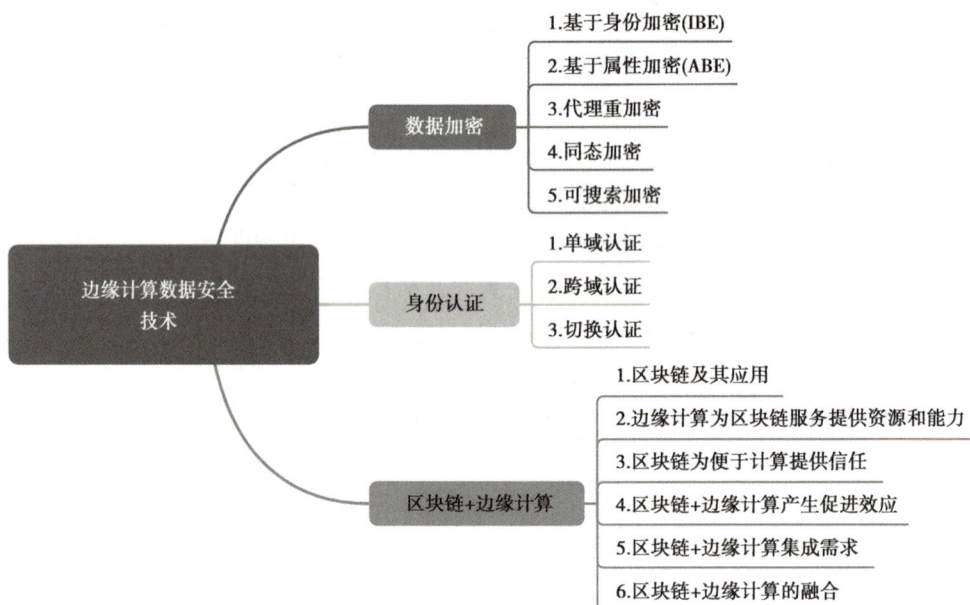

图 5.4　边缘计算数据安全技术思维导图

【知识储备】

在云计算和边缘计算中,数据安全是创建安全边缘计算环境的基础,旨在保障数据的保密性和完整性。边缘计算中的主要数据安全技术包括数据加密、身份认证和区块链与边缘计算的结合。数据加密用于保护数据在传输和存储过程中的安全,防止敏感信息泄露。身份认证用于确保在复杂的边缘计算环境中,每个实体的身份真实可靠,即使在不同的信任域之间也能进行有效的身份验证。边缘计算与区块链的结合能够进一步提升系统的安全性和效率,一方面,移动边缘计算可以为区块链提供服务,通过存储和处理数据来优化设备的工作状态;另一方面,区块链技术可以确保存储在边缘服务器中的数据具有高度的可靠性和安全性,防止数据被篡改或伪造。

5.2.1　数据加密

数据安全主要依赖于加密技术来提供保障,这种技术目前在社会上受到了广泛的关注。在边缘计算终端安全领域,加密技术的应用尤为普遍。本节将围绕数据安全技术展开讨论,具体聚焦于五种加密技术:基于身份的加密、基于属性的加密、代理重新加密、同态加密和可搜索的加密。这些密码系统对于构建安全可靠的数据加密技术至关重要,能够确保在云和边缘环境中外部数据的机密性。

1)基于身份加密(IBE)

基于身份的加密(IBE)由 Shamir 在 1984 年提出,利用用户身份信息(如邮箱、电话号码等)作为公钥,简化传统公钥基础设施(PKI)中的密钥管理和分发。在 IBE 中,受信任的密钥生成中心(PKG 或 KGC)负责生成和分发用户的私钥,用户无须交换公私钥或依赖第三方服务即可安全通信并验证身份。与传统 PKI 不同,IBE 的用户专用密钥由私钥生成器产生,其方案通常包括初始化、加密、密钥生成和解密四个主要算法。具体方案过程如图 5.5 所示。

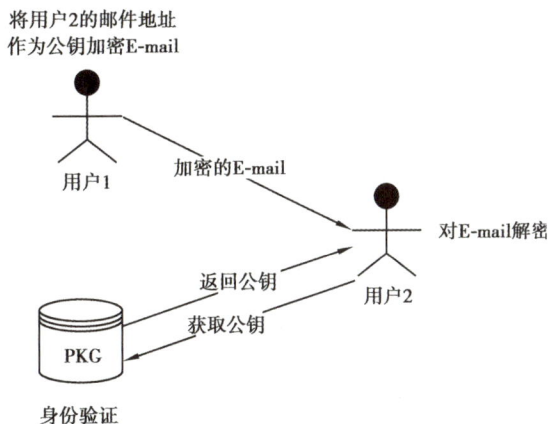

图 5.5　IBE 方案过程

当用户 1 向用户 2 发送数据时,会使用用户 2 的地址(即身份字符串)作为公钥对数据进行加密。用户 2 在收到加密数据后,需要进行身份验证并从私钥生成器处获取相应的私钥。用户 2 解密了加密数据并获得了原始消息。

基于身份的加密体制可以看作是一种较为特殊的公钥加密。在基于身份的加密过程中,系统中用户的公钥可以由任意的字符串组成,这些字符串可以是用户在现实中的身份信息,例如身份证号码、电话号码、电子邮箱等。公钥本质上就是用户在系统中的身份信息,所以基于身份的加密解决了证书管理问题和公钥真实性问题。其优势在于用户的公钥可以是描述用户身份信息的字符串,也可以是通过这些字符串计算得到的相关信息,并且不需要存储公钥字典和处理公钥证书。加密消息仅需要知道解密者的身份信息,使加密操作更为简便和高效。

2)基于属性加密(ABE)

基于属性的加密(ABE)是一种允许数据所有者根据用户属性控制数据解密权限的加密技术,由 Sahai 和 Waters 于 2005 年提出,可视为基于身份加密的延伸。ABE 系统由可信机构(TA)、消息发送者和接收者组成,TA 负责发布属性密钥和管理用户属性集合,确保加密和解密过程的安全性。在 ABE 中,用户属性是特定特征的组合,通过哈希函数映射,确保密文、密钥与特定属性紧密相关,并引入了创新的阈值策略,只有当用户和密文属性集的重合元素数量达到或超过系统设定的阈值时,用户才能执行解密操作。ABE 主要分为基于密钥策略的属性加密(KP-ABE)和基于密文策略的属性加密(CP-ABE)两类,KP-ABE 由 Goyal 等人于 2006年提出,基于单调的访问结构。KP-ABE 工作流程见表 5.6。

表 5.6 KP-ABE 工作流程

工作流程	具体描述
系统初始化	输入隐藏的安全参数,输出系统公开参数(PK)和主密钥(MK)
消息加密	输入信息(M)、公开参数(PK)和属性集合(S),输出加密后的密文(M′)
密钥生成	输入访问树结构(A)、公开参数(PK)和主密钥(MK),生成解密密钥(D)
密文解密	输入密文(M′)、解密密钥(D)和公开参数(PK),若属性集合(S)满足访问结构(A)要求,则输出明文(M)

在基于属性的密钥策略加密的方案中,通过引入访问树的结构,将密钥策略表示成一个访问树,并且把访问树结构部署在密钥中。密文仍然是在一个简单的属性集合参与下生成的,通过阈值策略访问树的内部节点,由叶节点数 x 阈值 k 组成,其中 k 的值在 1 到 x 之间。解密的条件是,与密文相关的属性集合必须满足私钥中的访问树结构。

另一种基于属性的加密方案是密文策略的属性加密(CP-ABE),由 Waters 在国际公开密钥密码学研讨会上提出。CP-ABE 的工作流程见表 5.7。

表 5.7 CP-ABE 工作流程

工作流程	具体描述
系统初始化	输入安全参数,输出公开参数(PK)和主密钥(MK)
消息加密	输入信息(M)、访问结构(A)和公开参数(PK),输出包含访问结构(A)的加密密文(M′)
密钥生成	输入属性集合(S)、公开参数(PK)和主密钥(MK),输出与属性集合(S)关联的私钥(SK)
密文解密	输入密文(M′)、私钥(SK)和公开参数(PK),若属性集合(S)满足访问结构(A),则解密密文并输出明文(M)

在 CP-ABE 系统中,密文与访问树结构紧密相关,数据发送者可以确定与私钥相关联的属性集合的访问控制策略。只有当与密文相关的访问树结构与私钥中的属性集合相匹配时,用户才能解密密文。这种机制为数据发送者提供了灵活的访问控制手段。

3)代理重加密

代理重加密(Proxy Re-encryption, PRE)是一种允许密文转换的加密协议。这一技术首次在 1998 年的密码技术理论与应用国际会议上被提出。其核心思想是利用一个代理,将一个密钥加密的密文转换成另一个密钥加密的密文,同时保证代理无法获取明文的任何信息。换句话说,半信任代理可以通过重新加密密钥,将在数据所有者的公共密钥下加密的密文转换为在数据用户的公共密钥下相同的明文加密的密文,并且 PRE 也可以保证代理不能用明文获取任何相应的消息。PRE 方案包括四个主要阶段(表 5.8)。

表 5.8　PRE 方案主要阶段

主要阶段	具体描述
加密	用户 1(数据所有者)用公钥 EA 加密原始数据,生成密文 C1 并传给代理
重新加密密钥	用户 1 获取用户 2(数据用户)的公钥 EB,用 EB 加密 EA,生成重加密密钥 EA → B 并传给代理
重新加密	代理收到 C1 和 EA → B 后,用重加密密钥对 C1 再加密,生成密文 C2
解密	用户 2 从代理获取 C2,用自己的私钥 SB 解密,获取原始数据

代理重加密(PRE)方案通过让代理将密文从一个用户的公钥转换为另一个用户的私钥可解密的形式,在不泄露原始数据和密钥的情况下实现数据共享。但存在双向性问题,即代理可能利用数学属性反向操作解密密文,以及共谋问题,即代理和用户 1 合作推断用户 2 的私钥。为解决这些问题,相关工作提出改进方案:如纽约大学团队通过分割用户 1 的秘密密钥并分配给代理和用户 2,实现单向性 PRE;也可将用户身份信息作为公钥参与重加密,或采用条件代理重加密(CPRE)限制转换条件,还可与属性基加密(ABE)结合构造基于密文策略的属性代理重加密方案(CPP-ABPRE),以及与基于云的重加密结合组成双重加密方案,最小化移动终端计算成本。

代理重加密可在不泄露解密密钥的情况下,实现云端密文数据安全共享,云服务商无法获取数据明文,因此广泛用于云安全应用,如数据转发、文档分发和多用户共享方案。

4)同态加密

同态加密,也称同构加密,是一种先进的加密技术,其核心特点是允许用户在不解密的情况下对密文进行代数计算。即对加密后的数据执行运算后再解密,所得结果与在未加密数据上执行相同运算的结果一致。同态加密可划分为加法同态、乘法同态和全同态,其优点在于用户能在特定情况下对加密数据进行分析和检索,提高数据处理效率,确保数据安全传输和解密结果的正确性,避免了数据在传输和存储过程中的被拦截、复制、篡改、伪造及泄露风险。

鉴于同态加密允许对密文直接计算,极大地增强了数据处理的灵活性和安全性,它在保护敏感信息的同时,促进了数据的高效处理与准确传输,是现代信息安全领域的重要技术。通过这种加密方式,人们能更放心地在各种网络环境中处理和分享数据,无须担忧数据泄露或被篡改的风险,因此同态加密可广泛用于数据加密、隐私保护、加密搜索和安全多方计算。同态加密逻辑关系见表5.9。

表 5.9　同态加密逻辑关系

名称	条件
加法同态	满足:$f(A)+f(B)=f(A+B)$
乘法同态	满足:$f(A) \times f(B)=f(A \times B)$
全同态	同时满足: $f(A)+f(B)=f(A+B)$ $f(A) \times f(B)=f(A \times B)$

5)可搜索加密

可搜索加密是一种既能保护数据隐私又能保持数据可用性的技术。在2000年IEEE的安全与隐私研讨会上,提出了关于加密数据搜索问题的定义,强调了以加密形式存储数据的重要性,以降低安全性和隐私风险。可搜索加密技术就是在这样的背景下应运而生,它允许用户在保证数据私密性的同时,还能进行密文数据的查询和检索操作。单用户数据共享场景中的可搜索加密方案(表5.10)包括四个主要阶段。

表 5.10　加密方案的主要阶段

主要阶段	具体描述
文件加密	用户加密文件并上传到服务器
生成陷门	用户将查询关键字加密生成"陷门",并发送至云端服务器
搜索	服务器接收陷门后,执行搜索算法,返回包含对应关键字的加密文件
解密	用户使用密钥对服务器返回的加密文档进行解密,获取包含所需关键字的原始文件内容

通过这种方式,可搜索加密技术为用户在保护数据隐私的同时提供了高效的搜索功能,极大地提升了云存储服务的便利性和安全性。

5.2.2　身份认证

在边缘计算环境中,终端用户想要使用其提供的计算服务,首要步骤就是进行身份认证。由于边缘计算的特点是多信任域共存且分布式交互,因此,不仅要为每个实体分配独特的身份,还需要考虑如何在不同的信任域之间进行相互的身份验证。身份认证的主要研究内容包括单一域内身份认证、跨域认证和切换认证。

1）单域认证

在边缘计算场景中，任何实体在获取服务前，都必须先通过授权中心的身份验证。单个信任域中的身份验证主要用于解决每个实体的身份分配问题。在单域认证中，用户位置固定，从单个信任域中取得身份认证。

用户位置与身份验证：在单域认证中，用户的位置是固定的，他们从同一个信任域中获取身份认证。

SAPA 协议是一种基于共享权限的隐私保护身份验证方法。这个协议的主要目的是增强与用户访问请求相关的隐私保护。

总的来说，单域认证在边缘计算环境中扮演着至关重要的角色，它不仅确保了用户身份的安全性和隐私性，还促进了数据的合规访问和高效共享。

2）跨域认证

在边缘计算中，跨域身份验证是关键问题，但相关研究较少，体系不完善。为推进研究，可从三方面探索：借鉴云计算经验、利用 SAML 和 OpenID 等认证标准、结合理论与实践进行验证和优化。

目前，边缘计算身份认证研究不完善，多局限于设备授权和单一域认证。如 Maged 的 Octopus 方案需云授权，不支持匿名；Amor 改进后支持匿名认证；Khalil 引入 IDM 保护身份，Khan 提出动态凭证方案。为推动跨域认证发展，相关工作提出多种改进方案，如纽约大学团队分割用户密钥实现单向性 PRE，将身份信息作为公钥参与重加密，采用 CPRE 限制条件，与 ABE 结合构造 CPP-ABPRE，以及与云重加密结合组成双重加密方案，降低终端成本。

3）切换认证

在边缘计算中，切换认证技术解决了用户因地理位置频繁变化导致的传统身份验证难题。它允许用户在不同网络区域间无缝迁移并保持安全认证状态。特别是针对高移动性用户，切换认证通过在边缘设备和服务器间高效传递身份信息，避免了频繁的身份验证过程，从而提高了系统响应速度和资源利用率。该技术在异构移动云网络中尤为关键，因为它支持用户在不同类型的网络间切换，同时保持数据的完整性和隐私性。

为增强安全性，切换认证技术结合了多种加密方法，如椭圆曲线算法，以保护用户身份和位置信息。此外，改进的切换认证方案如用户秘密密钥分割、条件代理重加密和基于属性的加密等被提出，以防止双向操作和共谋攻击。这些方案不仅提升了安全性，还优化了效率，使得切换认证在边缘计算环境中更加实用。总之，切换认证是边缘计算中不可或缺的技术，它通过不断演进的加密技术和框架，为高移动性用户提供更安全、高效的认证服务，推动了边缘计算技术的广泛应用。

5.2.3　区块链 + 边缘计算

1）区块链及其应用

区块链是一种去中心化的数据库，通过将数据记录组织成区块并链接起来，确保数据的不可篡改、可溯源和可验证。每个区块的区块头记录前一区块的哈希值,形成链式结构。以太坊是区块链的一个广泛应用,它是一个开源的公共区块链平台,支持智能合约。智能合约是存储在区块链上的程序,可以协助和验证合约的谈判和执行。以太坊提供去中心化的虚拟机来处理点对点合约,可用于构建和运行应用程序。

以太坊和比特币在技术上存在差异。以太坊不仅具有管理和跟踪交易的功能,还可以通过存储和执行编程逻辑来进行编程。以太坊的交易确认时间为 12~14 s,而比特币为 2~10 min。比特币使用安全哈希算法,以太坊使用 Ethash。以太坊则侧重于通过智能合约和应用程序提供服务,使开发者能够构建和运行去中心化程序。

2)边缘计算为区块链服务提供资源和能力

边缘计算通过在移动网络边缘部署本地数据中心和服务器,为区块链服务提供资源和能力,解决了区块链在移动服务中因计算受限的问题。传统移动服务中,区块链用户需解决工作量难题以添加新数据,这会消耗大量 CPU 时间和能量,不适用于资源受限的移动设备。而在边缘计算增强的场景下,移动设备可访问边缘服务器以增强计算能力,使边缘计算成为移动区块链应用的有前途的解决方案。

边缘计算为区块链服务提供资源和能力主要体现在:区块链平台/应用可以部署在边缘计算平台上,边缘计算节点可以为区块链提供服务。具体而言,边缘计算节点服务层面包括以下三个层面,具体描述见表 5.11。

表 5.11　边缘计算节点服务层面

服务层面	具体描述
资源层面	边缘计算平台为区块链节点部署提供了新选择,可与终端节点共用资源,节省云计算开销,且部署高效
通信层面	边缘计算使区块链靠近用户端,降低通信时延,路径可控,还可缓存常用数据,进一步提高通信效率
能力层面	边缘服务器为公共区块链提供强大存储,为私有区块链提供安全环境,并支持多媒体应用的链下数据存储,拓展区块链应用范围

3)区块链为边缘计算提供信任

由于边缘计算自身存在着一定的安全问题,所以区块链最显著的数据永久保存和防篡改特性就派上了用场。作为大规模分布式去中心化系统,区块链通过哈希链及共识算法,提供了数据永久保存及防篡改特性,可以有效地辅助解决边缘计算环境中各类安全问题。此外,通过有效利用区块链的去中心化特性,亦可以构建去中心化文件系统、去中心化计算系统等。基于区块链的工业互联网安全平台如图 5.6 所示。

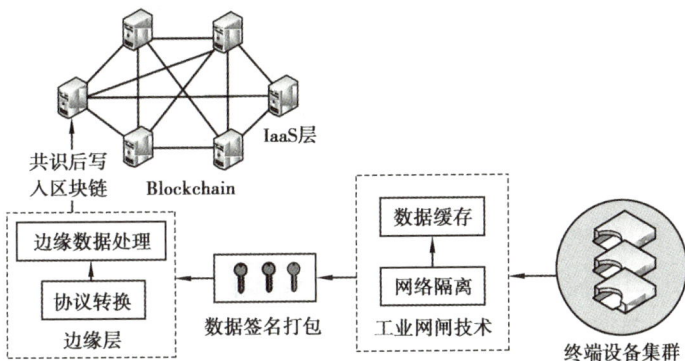

图 5.6   基于区块链的工业互联网安全平台

通过在边缘计算节点上部署区块链,可以提高边缘计算节点的安全性、隐私性以及对公共资源的利用率。

区块链在边缘计算中的应用主要体现在数据保护、隐私管理和资源协调三个方面。首先,它通过分布式账本技术确保数据在边缘节点上的准确性与一致性,适用于异构用户和移动场景,保护数据不被篡改。然后,区块链允许用户自主管理密钥,无须第三方介入即可控制数据访问,其匿名性有助于在对等网络中协调服务,避免数据泄露。最后,区块链的智能合约功能可自动执行资源分配和服务水平协议的验证,提高资源使用的可靠性和效率,同时降低运营成本。

4)区块链 + 边缘计算产生促进效应

区块链技术促进边缘系统的安全可信,边缘计算技术促进区块链技术的高效可用。因此,将区块链和边缘计算集成到一个系统中成为自然趋势。一方面,通过将区块链合并到边缘计算网络中,系统可以在大量分布式边缘节点上提供可靠的网络访问和控制、存储和计算,从而有望大大提高系统的网络安全性、数据完整性和计算有效性。另一方面,区块链与边缘计算的结合使系统拥有大量计算资源,以及分布在网络边缘的存储资源,从而有效地减轻了受功耗限制设备的区块链存储和挖掘计算负担。此外,边缘的链外存储和链外计算可在区块链上实现可扩展的存储和计算。

5)区块链 + 边缘计算集成需求

为了实现区块链和边缘计算的集成,需要满足以下要求。

①在多服务提供商的边缘计算环境中,交互实体需通过身份验证建立安全通信通道,其权利和要求由区块链记录。

②随着设备数量和应用复杂性增加,区块链需适应动态变化的用户和任务需求,支持节点自由加入或离开网络。

③区块链集成可替代部分通信协议中的密钥管理,提供便捷访问和有效监控,防范恶意行为,如 DDoS 攻击和数据包饱和。

④结合边缘计算的分布式存储和区块链的数据完整性服务框架,可在分散环境中复制数据,防止数据丢失和错误修改,提供可靠验证。

⑤利用边缘计算的外部资源进行计算,通过智能合约激励机制和自主性保证计算调度的有效性和解决方案的正确性。

⑥区块链集成于边缘计算节点可优化计算与执行位置的映射,平衡传输延迟与计算延迟,提升应用性能。

6)区块链 + 边缘计算的融合

区块链 + 边缘计算的融合主要体现在两个方面:一是区块链为边缘计算提供信任和安全保障。二是边缘计算作为区块链服务的承载平台,提升用户业务体验。在服务模式上,区块链与边缘计算结合了云计算的三种服务模式:IaaS(基础设施即服务)提供计算、存储、网络等基本资源;PaaS(平台即服务)提供开发语言、工具及组件服务等平台能力;SaaS(软件即服务)则直接为用户提供云基础设施上的应用程序。通过这些服务模式,区块链与边缘计算的结合能够为不同应用领域提供安全、高效且灵活的解决方案。

将区块链引入边缘计算平台,边缘计算融合区块链的服务方式也可以按照上述 3 种服务模式(表 5.12)进行规划。

表 5.12　服务模式

服务模式	具体规划
IaaS 服务模式	边缘计算的分布式部署可以为区块链提供分布式、去中心化的资源供给,便于区块链的快速部署。
PaaS 服务模式	区块链也可以服务的模式,集成在基于 PaaS 架构的边缘计算平台上,提供 API 供边缘计算 App 调用。
SaaS 服务模式	区块链可以以 SaaS 模式,直接为边缘计算提供各种应用服务。

区块链和边缘计算系统的融合可以划分为 3 个层次。

① MEC 层。由边缘计算平台支持,位于服务模式的最底层,负责计算、存储、网络资源的分配和调度,同时也可以为外部区块链系统提供服务器资源。

② PaaS 层。在该层中,边缘计算平台提供网络及业务能力,区块链平台提供区块链核心支持功能,如块存储、智能合约和共识机制,丰富完善了边缘计算能力,通过能力开放框架,共同为上层各类 App 应用提供使能服务。而在资源层面,区块链平台所需资源受全局的统一调度分配,保证了信息的安全性和可靠性。

③ SaaS 层。SaaS 层对外提供应用服务能力,应用也可以部署在边缘计算节点资源池外部的区块链上。

区块链和边缘计算的框架可以总结为以下两个部分。

①包含终端节点(设备)和边缘服务器的基于私有区块链的本地网络。

在边缘计算环境中,设备通过 Wi-Fi、蜂窝网络或由边缘服务器支持的 P2P 通信进行交互。由于本地网络的访问权限可控且身份清晰,部署私有区块链可以避免使用昂贵的共识机制(如 PoW),从而降低监管风险、减少技术开销并降低延迟,同时支持更多的共识协议。网络管理结构分为两种类型:集中管理和参与区块链的设备与边缘服务器。在集中管理中,边缘服务器负责设备的添加和删除,设备通过共享密钥通信,边缘服务器挖掘并附加每个区块到区块链。而在参与区块链的设备与边缘服务器结构中,设备作为轻型对等设备接收固件更新或发送交易摘要文件,边缘服务器主要负责本地网络控制,为低性能设备提供外包数据存储和计算,并将部分数据合并到服务器的更高区块链。

②基于区块链的 P2P 服务器网络。

边缘服务器除了在本地网络中发挥重要作用外,还具有存储和相互转发消息的功能,以便进行数据复制、共享数据、协调计算等。从高层的角度来看,边缘服务器对其自身和对等服务器执行轻量级分析,以实现添加或删除适应环境的边缘节点的自组织结构。考虑到处理能力,应部署轻量级分布式共识协议以确保低延迟和高吞吐量需求。对于具有强大计算和存储功能的云,分布式区块链云可提供最具竞争力的计算基础架构,该架构拥有低成本、安全和按需访问的特性。由于 P2P 边缘服务器网络和分布式云的范围都比本地网络要广得多,因此较好的方案是具有智能合约的公共区块链,如以太坊。

任务拓展

智能家居场景下的边缘计算数据安全保护方案设计与实践

本任务介绍了数据加密、身份认证、区块链 + 边缘计算等边缘计算数据安全技术的相关知识。本设计报告选择一个边缘计算应用场景作为研究对象,对所选场景进行简要描述,分析所选场景中可能存在的数据安全威胁,设计一套采用身份加密算法的数据安全保护方案。

1)智能家居场景描述

智能家居系统通过边缘计算技术实现家庭设备的智能化控制与管理,其工作原理是利用传感器采集环境数据和用户操作数据,并通过边缘网关进行本地数据处理与分析,实现设备的自动化控制与场景联动。数据处理流程包括数据采集、本地预处理、决策生成与设备控制指令下达。涉及的数据类型包括用户个人信息、设备运行数据和环境监测数据,其中用户个人信息和设备状态数据的敏感程度较高。

2)数据安全威胁分析

(1)数据泄露风险

智能摄像头的视频数据可能被非法截获并泄露,导致用户隐私曝光;智能门锁的开锁记录可能被窃取,威胁家庭安全。潜在的影响为用户隐私泄露,可能导致用户遭受骚扰或诈骗;家庭安全受到威胁,可能引发盗窃等安全事件。

产生数据泄露风险的原因是数据传输过程中未采用加密措施,或加密强度不足;设备与边缘网关之间的通信协议存在漏洞。

(2)设备身份认证不足

伪造的智能设备可能接入家庭网络,发送错误数据或恶意指令;用户通过移动设备控制智能家居设备时,身份认证机制薄弱,可能导致非法用户控制设备。这可能导致家庭自动化系统瘫痪,用户对智能家居系统的信任度降低。

根据智能家居系统存在的数据泄露等风险,制定身份加密算法(IBE)对系统进行保护。IBE 的设计流程见表 5.13。

表 5.13　IBE 的设计流程

设计流程	具体描述
IBE 初始化	通过初始化算法,输入安全参数,输出系统参数和主密钥
IBE 加密	输入原始消息、系统参数以及接收方的身份 ID,输出密文,仅当接收方具有相同身份 ID 时,才能解密
密钥生成	输入端是系统参数、接收方身份 ID 以及主密钥,输出是会话秘钥
解密	输入会话密钥及密文,输出原始消息

3)身份加密算法实操

(1)环境配置

安装 PBC 库及该库对应的依赖库,导入 PBC Go Wrapper。

```go
package main
import (
    "crypto/sha256"
    "github.com/Nik-U/pbc"
)
```

其中"crypto/sha256"是 Go 语言标准库中的 SHA-256 哈希函数库。

(2)代码实现

①IBE 初始化。通过初始化算法,输入安全参数,输出系统参数和主密钥。IBE 初始化示例代码如下。

```go
// sharedParam 结构体用于存储公共参数,包括曲线参数、生成元 g 和主公钥 mpk
type sharedParam struct {
    params string // 曲线参数,用于初始化 PBC pairing
    g      []byte // 生成元 g
    mpk    []byte // 主公钥 mpk = g^x,其中 x 是主密钥
}
// IbeSetup 生成 IBE (身份基加密)系统的主公钥和主私钥
func IbeSetup() (pubParams sharedParam, mskByte []byte) {
    // 生成 A 型双线性对曲线参数,160-bit q,512-bit p
    params := pbc.GenerateA(160, 512)
    bp := params.NewPairing()
    // 生成群 G1 的随机元素 g
    g := bp.NewG1().Rand()
```

```
// 生成主私钥 x（随机取自 Zr）
msk := bp.NewZr().Rand()
// 计算主公钥 mpk = g^x
mpk := bp.NewG1().PowZn(g, msk)
// 将主私钥转换为字节数组以便存储或传输
mskByte = msk.Bytes()
// 存储公共参数
pubParams = sharedParam{
params: params.String(),
g:      g.Bytes(),
mpk:    mpk.Bytes(),
}
return
}
```

代码实现了一个身份基加密（IBE）系统的初始化过程，即 IbeSetup 函数。其主要作用是生成 IBE 系统的主公钥（mpk）和主私钥（msk），并返回公共参数（pubParams）和主私钥的字节数组（mskByte）。这段代码是 IBE 系统的初始化部分，为整个加密系统的安全运行奠定了基础。

②IBE 加密。输入原始消息、系统参数以及接收方的身份 ID，输出密文，仅当接收方具有相同身份 ID 时，才能解密。IBE 加密示例代码如下。

```
// IbekeyGen 生成身份 ID 对应的私钥 d
// 需要传入公共参数 pubParams、主私钥 mskByte 和用户 ID
func IbekeyGen(pubParams sharedParam, mskByte []byte, ID string) []byte {
// 根据存储的曲线参数重新创建 pairing
bp, _ := pbc.NewPairingFromString(pubParams.params)
msk := bp.NewZr().SetBytes(mskByte)

// 计算 QID = H_1(ID)，即将 ID 经过哈希映射到 G1
QID := bp.NewG1().SetFromStringHash(ID, sha256.New())
// 计算 d = QID^msk，即 d = H_1(ID)^x
d := bp.NewG1().PowZn(QID, msk)

// 返回私钥 d 的字节表示
return d.Bytes()
}
```

IbekeyGen 函数的作用是为给定的用户身份 ID 生成对应的私钥 d。函数的输出是用户身份 ID 对应的私钥 d 的字节数组表示。代码是 IBE 系统中的密钥生成部分,这个过程确保了每个用户都能根据自己的身份获得一个唯一的私钥,从而实现安全的加密和解密操作。

③密钥生成。输入端是系统参数、接收方身份 ID 以及主密钥,输出是会话密钥。密钥生成示例代码如下。

```
// signature 结构体存储签名值,包括 U 和 V
// 其中 U = QID^r, V = d^(r+h)
type signature struct {
    UByte []byte
    VByte []byte
}
// IbeSign 使用 ID 的私钥 dByte 对消息 msg 进行签名
// 需要公共参数 pubParams、私钥 dByte、用户 ID 和消息 msg
func IbeSign(pubParams sharedParam, dByte []byte, ID, msg string) (sign signature) {
    // 重新加载 pairing 和私钥 d
    bp, _ := pbc.NewPairingFromString(pubParams.params)
    d := bp.NewG1().SetBytes(dByte)

    // 计算 QID = H_1(ID)
    QID := bp.NewG1().SetFromStringHash(ID, sha256.New())
    // 生成随机数 r
    r := bp.NewZr().Rand()

    // 计算 U = QID^r
    U := bp.NewG1().PowZn(QID, r)
    // 计算 h = H_2(m, U),即消息和 U 结合后做哈希
    msg2Zr_U := append([]byte(msg), U.Bytes()...)
    h := bp.NewZr().SetFromStringHash(string(msg2Zr_U), sha256.New())
    // 计算 V = d^(r+h)
    r_h := bp.NewZr().Add(r, h)
    V := bp.NewG1().PowZn(d, r_h)
    // 返回签名( U, V )
    sign = signature{
        UByte: U.Bytes(),
        VByte: V.Bytes(),
```

```
    }
    return
}
```

代码实现了一个身份基加密（IBE）系统中的签名生成函数 IbeSign，用于使用用户的身份 ID 和对应的私钥 d 对消息 msg 进行签名。

④解密。解密算法是确定性算法，输入会话密钥及密文，输出原始消息。解密示例代码如下。

```
// IbeVerify 用于验证签名的正确性
// 需要提供公共参数 pubParams、签名 sign、消息 msg 和用户 ID
func IbeVerify(pubParams sharedParam, sign signature, msg, ID string) bool {
    // 重新加载 pairing、g 和 mpk
    bp, _ := pbc.NewPairingFromString(pubParams.params)
    g := bp.NewG1().SetBytes(pubParams.g)
    mpk := bp.NewG1().SetBytes(pubParams.mpk)
    U := bp.NewG1().SetBytes(sign.UByte)
    V := bp.NewG1().SetBytes(sign.VByte)
    // 计算 h = H_2(m, U)
    msg2Zr_U := append([]byte(msg), U.Bytes()...)
    h := bp.NewZr().SetFromStringHash(string(msg2Zr_U), sha256.New())

    // 计算 QID = H_1(ID)
    QID := bp.NewG1().SetFromStringHash(ID, sha256.New())
// 计算 e(g, V) 和 e(mpk, U + h_QID)
pair1 := bp.NewGT().Pair(g, V)
pair2 := bp.NewGT().Pair(mpk, U_h_QID)
// 如果两者相等，则签名有效
return pair1.Equals(pair2)
}
```

以上代码实现了一个身份基加密（IBE）系统中的签名验证函数 IbeVerify，通过给定的公共参数、签名值、消息和用户身份，验证签名的有效性，确保了签名的正确性和不可伪造性，从而实现消息的完整性和不可抵赖性。

4）方案评估

数据加密与隐私保护措施可有效防止数据泄露和篡改，提升系统的整体安全性。设备身份认证与接入控制机制可有效防止非法设备接入和用户身份冒用，保障系统的安全性。软件安全与漏洞管理措施可降低软件漏洞被利用的风险，提高系统的稳定性。区块链技术的应用可进一步增强数据的完整性和设备之间的信任机制,提升系统的安全性和可靠性。

数据加密和身份认证机制可能会增加系统的计算开销和通信延迟,但通过优化加密算法和认证流程,可将性能影响控制在可接受范围内。区块链技术的应用可能增加系统的存储开销和处理延迟,但通过采用轻量级区块链架构和优化智能合约设计,可提高系统的性能。

数据加密和身份认证技术的引入需要一定的硬件和软件成本,但可通过合理选择加密算法和认证技术,降低系统的总体成本。区块链技术的应用需要一定的技术投入和运营成本,但可通过开源区块链框架和社区支持,降低系统的开发和维护成本。

5)改进建议

①可进一步优化加密算法和身份认证机制,降低系统的计算开销和通信延迟;探索更高效的区块链架构和智能合约设计,提高系统的性能。

②加强对用户的网络安全教育,提高用户的安全意识和操作规范性;指导用户正确使用智能家居设备,避免因用户操作不当导致的安全问题。

③建立系统的安全监测和评估机制,定期对系统的安全性进行评估和改进;关注最新的网络安全技术和威胁情报,及时更新系统的安全防护措施。

通过以上分析与设计,方案针对智能家居中的数据安全威胁提出了全面的保护措施,旨在保障智能家居系统的数据安全和用户隐私,为智能家居的广泛应用提供可靠安全保障。

任务 5.3　边缘计算隐私保护技术

【任务导学】

本任务将围绕边缘计算环境中的隐私保护技术展开,介绍数据隐私、身份隐私、位置隐私的保护方法,并探讨联邦学习在隐私保护中的应用;总结多种隐私保护策略,并探讨联邦学习在数据安全与隐私保护方面的优势,为边缘计算环境下的隐私安全提供有效的解决方案。边缘计算隐私保护技术思维导图如图5.7所示。

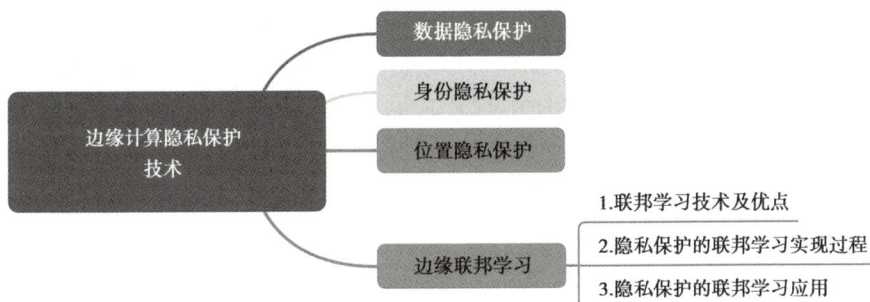

图 5.7　边缘计算隐私保护技术思维导图

【知识储备】

在边缘计算中,存在很多授权的实体,例如边缘数据中心、基础设施提供商、服务提供商,甚至一些用户。在这种情况下,人们不可能知道一个服务提供者在具有不同信任域的开放生态系统中是否值得信任。因此,保护用户的隐私是一个很大的挑战,其主要内容包括数据隐私保护、身份隐私保护和位置隐私保护。

5.3.1　数据隐私保护

在边缘计算中,隐私保护至关重要。潜在的窥探者包括边缘数据中心、基础设施提供商、服务提供商,甚至某些用户。这些攻击者通常是授权实体,为了各自的利益可能获取用户敏感信息。例如,在智能电网中,如果智能电表被攻击者操控,用户的私人隐私如数据、身份和位置就会被泄露,可能导致严重后果。

为保护隐私,研究者们提出了一系列创新技术和方法。其中包括 2014 年 Li 等人提出的混合数据架构,融合了公共云与私有云的优势,通过基于概率公钥加密(PPKE)的方法,实现精细的访问控制和高效的关键字搜索,确保用户私有数据的安全性。此外,2015 年 Bahrami 和 Singhal 提出了专为移动客户端设计的轻量级加密方法,旨在降低加密操作对移动设备性能的影响,同时保持足够的安全强度,应对资源受限环境下的数据传输挑战。

这些研究不仅展现了数据隐私保护在边缘计算领域的重要性,也为解决实际应用中的隐私挑战提供了宝贵的思路和技术支持。随着技术的不断进步,未来的边缘计算系统将能够更加安全、高效地服务于广大用户,推动数字化转型的深入发展。

5.3.2　身份隐私保护

在边缘计算技术的讨论中,尽管其对设备性能提升的作用备受关注,但用户身份隐私保护这一关键问题也得到充分探讨。

在移动云计算领域,已有研究者开始探索解决方案。传统身份验证依赖于"数字凭证",但其一旦被窃取,身份易被冒用。2013 年,Khan 团队提出"动态凭证"方法,引入可信第三方定期更新凭证,减轻设备负担,降低能耗,同时因凭证的频繁更新,显著降低了身份被盗用的风险。同年,Park 团队基于"公钥基础设施"改进身份管理,优化网络资源配置,降低拥堵和成本,并促进不同设备与服务间的高效通信,提升了身份管理的安全性与便捷性。

Khan 和 Park 等人的研究为边缘计算中的用户身份隐私保护技术发展提供了方向,有望推动更多高效且安全的用户身份隐私保护方案的出现,从而保障数字生活的安全。

5.3.3　位置隐私保护

随着智能手机的普及,基于位置服务(Location Based Services, LBS)广泛应用,但也带来了用户位置信息隐私泄露的风险。

2012 年,Wei 等人开发了 MobiShare 系统,旨在保护移动在线社交网络中的位置隐私。该系统通过区分用户信任的朋友和陌生人,允许用户自定义位置信息的分享范围和精度,从而增强用户对位置隐私的掌控力。

MobiShare 采用双保险措施,将用户身份和匿名位置信息分开存储,即使其中一个存储点被攻破,也无法同时获取用户的身份和位置信息,有效保护了位置隐私。

此外,MobiShare 具有可扩展性和适应性,通过模块化设计和开放接口,可以轻松与其他系统和服务集成。

从社会影响角度看,MobiShare 推动了移动在线社交网络的健康发展,促进了社交网络中的信任与合作,构建了更加开放、包容、和谐的社交网络生态。

5.3.4　边缘联邦学习

联邦学习的主要思想是基于多个设备上的数据集构建机器学习的模型,保证在合理规则前提下,在多个终端或节点上高效率地执行机器学习相关算法。其主要优点是可以有效提高终端数据和个人数据隐私安全。

近年来各种算法和大数据应用的普及,尤其是 2016 年的 AlphaGo 使用 30 万训练数据,接连战胜了人类职业围棋选手,展示了人工智能的巨大潜力,人们希望这种数据驱动的人工智能可以在各行各业得以实现。但是很多领域存在着数据有限且质量较差的问题,比如在医疗领域,病历数据需要专业的人进行标注,导致很多病例可获得的输入数据是远远不够的。而在现实中,由于行业竞争、手续复杂、隐私安全等因素,将分散在各地的机构数据进行整合,也是几乎不可能的。为此,联邦学习在 2016 年由谷歌公司首次在发表的论文中提出,用以在不进行数据共享的前提下进行机器学习。其特点如下所述:

·各个数据都保留在本地,不会泄露隐私给别人。

·多个参与者联合数据建立虚拟的共有模型。

·各个参与者身份和地位对等。

联邦学习使得多方数据在保存在本地的情况下得以共同使用,解决了数据不够的问题,同时也避免了多方隐私泄露的问题。

边缘智能主要研究如何将人工智能模型放在网络边缘端执行,而联邦学习就是一个良好的训练框架,可以支持在资源受限的终端及边缘设备上执行。边缘智能联邦学习架构如图 5.8 所示。

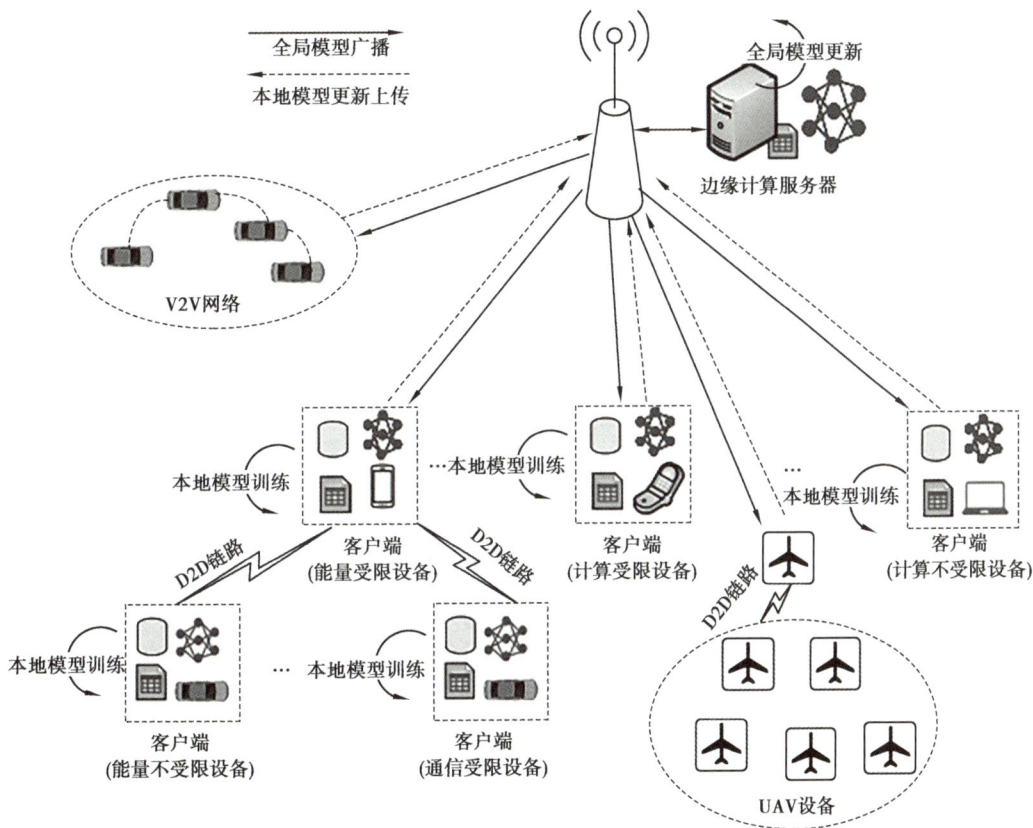

图 5.8　边缘智能联邦学习架构

在边缘计算中使用联邦学习的应用场景中,基于联邦学习的移动边缘计算的隐私感知服务放置是一个较为典型的例子,移动边缘云可以在网络边缘部署存储和计算资源,为用户的延迟敏感应用提供服务。但由于边缘服务器的资源有限,实际上无法在边缘云上部署所有服务。由此,现有的许多工作重在解决如何在边缘云上放置分布式机器学习服务以提供给用户更高的服务质量。这些工作往往需要收集用户请求服务的历史数据进行分析,在这一过程中,对历史数据的使用可能会侵犯用户的隐私,现有工作提出了一种隐私感知服务代理(PSP)方案来解决边缘云系统中的服务放置问题。

在获取用户偏好的过程中,移动用户可以使用自己收集的数据在自己的设备上训练偏好模型,然后将参数卸载到边缘云进行更新。边缘云对参数进行更新后,反馈给移动设备。移动设备根据新参数再次训练,得到用户偏好模型。这样用户就不需要把涉及隐私的数据上传到边缘云上,只需要上传模型即可。

1)联邦学习技术及优点

联邦学习的步骤包括选择、配置、汇报。具体描述见表 5.14。

表 5.14　联邦学习步骤

联邦学习步骤	具体描述
选择	满足条件的设备向服务器请求参与训练,服务器根据参与设备数、超时时间等因素选择部分设备进行本轮训练。未入选的设备将在一段时间后重新请求。训练成功需在超时前有足够设备参与
配置	服务器选择模型整合方式,并向各设备发送联邦学习任务及当前检查点
汇报	服务器等待设备返回训练结果,采用聚合算法进行聚合,并通知设备下次请求时间。若在超时前收到足够结果,则本轮训练成功,否则失败

联邦学习的优点:①隐私保护性;②降低延时;③安全性扩展。

同时联邦学习也有以下难以回避的缺陷。

①在训练过程中传递模型的更新信息仍然不断向第三方或中央服务器报告,第三方可以不断收集所有参与者不同轮的数据,有机会进行分析推导。

②数据传输问题。尽管梯度非原始数据,但仍可能暴露敏感信息,存在被反推出用户数据的风险。因此,需采用差分隐私、加密等技术保护梯度数据。

③传统联邦学习中,服务器难以高效鉴别参与者数据的正常性,异常输入可能未被及时发现和处理,导致数据污染,严重影响模型训练效果,甚至被攻击者恶意改变。因此,监控数据源质量和防止恶意污染至关重要。

2)隐私保护的联邦学习实现过程

目前已有大量的硬件、软件和算法应用于联邦学习中,并且这些技术已被用来进一步完善联邦学习。联邦学习的主要算法包括 FedAvg、联合随机方差降低梯度算法(FSVGR)和 CO-OP 算法等。下面对 FedAvg、FedProx、FedSVGR、FedMA、LoAdaBoost 算法进行简要介绍。

(1)FedAvg

通过主服务器初始化全局模型并优化,涉及客户端数量、批处理大小等参数。服务器将模型分发给客户端,客户端本地更新后返回服务器,服务器通过加权总和生成新的全局模型。但 FedAvg 无法解决设备异构性问题,会丢弃无法按时完成任务的设备。

(2)FedProx

改进了 FedAvg,允许设备根据自身约束执行不同数量的工作,提高了系统的稳定性和适应性,更适合异构环境。

(3)FedSVRG

适用于稀疏数据,通过随机排列数据执行更新。FedSVRG 在处理大规模数据和非凸问题时具有优势,其性能表现受多种因素影响,在 MNIST 数据集等场景下性能稍逊。

(4)FedMA

用于联邦学习中的神经网络框架,通过逐层匹配和平均权重构建全局模型,客户端在每轮开始时获得全局模型并更新局部模型。

（5）LoAdaBoost

应用于医疗行业的联邦学习，考虑计算复杂性、通信成本和准确性，提升性能并保护数据安全。

3）隐私保护的联邦学习应用

目前，许多行业和公司开始将联邦学习纳入自己的产品中来，下面将对一些应用程序和用例进行简单的讨论。

（1）Google 键盘查询建议：Gboard

Google 的虚拟键盘 Gboard 通过联邦学习在保护用户隐私的同时提供实时功能，如自动更正和单词预测。Gboard 利用设备闲置或充电时进行后台训练，采用客户端 - 服务器架构，服务器在积累足够客户端后分配训练任务，并管理跨设备负载。

（2）视觉对象检测：FedVision

FedVision 是一个基于联邦学习的计算机视觉应用平台，使用 YOLOv3 框架进行视觉对象检测，适用于隐私敏感和数据传输成本高的场景。该平台包含六个组件：配置管理、任务计划、任务管理、资源监控、联邦学习服务器和客户端，以协调联邦模型训练。已有公司利用FedVision 开发安全隐患预警应用，提升运营效率并降低成本。

（3）药物发现：FL-QSAR

FL-QSAR 采用水平联邦学习架构进行药物发现研究，通过协作提高药物发现效率。研究表明，水平联邦学习在制药机构间的协作中优于单一客户端，有效保护数据隐私并提升模型性能。

🧩 任务拓展

基于边缘计算的隐私保护方案设计与实现

本任务学习了边缘计算隐私保护技术，了解了数据隐私保护、身份隐私保护、位置隐私保护、边缘联邦学习等相关隐私保护方法。本任务通过设计并实施一个简单的边缘计算隐私保护方案，模拟数据传输过程，测试隐私保护方案的有效性，确保数据在传输和存储过程中的机密性、完整性和可用性。

1）需求分析

在边缘计算环境中，系统需要保护的敏感数据类型包括用户个人信息（如姓名、身份证号、联系方式）、设备运行数据（如传感器采集的温度、湿度、位置信息）以及业务数据（如交易记录、医疗诊断结果等）。数据流向主要从边缘设备到边缘服务器，再到云端服务器。访问控制需求包括：

用户访问控制：确保只有经过授权的用户才能访问敏感数据。

设备访问控制：确保只有合法的边缘设备可以向服务器传输数据。

数据访问控制：根据用户角色和权限，限制对不同数据的访问。

2）系统框架设计与数据脱敏策略

设计一个基于边缘计算的隐私保护系统框架,包括以下模块:

①数据脱敏模块。对敏感数据进行脱敏处理,确保数据在传输和存储过程中无法被直接识别。

②数据加密模块。采用对称加密算法(如 AES)对数据进行加密,确保数据在传输和存储过程中的机密性。

③访问控制模块。采用基于角色的访问控制(RBAC)模型,根据用户角色和权限进行数据访问控制。

④隐私保护联邦学习模块。在需要进行分布式学习的场景中,采用隐私保护的联邦学习技术,确保数据隐私。

数据脱敏策略:

①通过正则表达式等技术识别敏感数据。

②采用数据掩码、哈希算法等技术对敏感数据进行脱敏处理。

③选择 AES 算法,因其加密速度快,适合在边缘设备上使用。

④采用密钥分发中心(KDC)管理密钥,确保密钥的安全分发和存储。

3）代码实现

数据加密与解密示例代码(Python)如下:

```python
from Crypto.Cipher import AES # 导入 AES 加密模块
from Crypto.Random import get_random_bytes # 导入生成随机字节的方法
import base64 # 导入 base64 编码模块


# AES 加密函数
def aes_encrypt(data, key):
    # 创建 AES 加密器,使用 EAX 模式
    cipher = AES.new(key, AES.MODE_EAX)
    # 获取加密器的 nonce 值(用于保证加密的安全性)
    nonce = cipher.nonce
    # 对数据进行加密并生成消息认证码 tag
    ciphertext, tag = cipher.encrypt_and_digest(data.encode('utf-8'))
    # 将 nonce 和密文进行拼接,并进行 base64 编码后返回
    return base64.b64encode(nonce + ciphertext).decode('utf-8')


# AES 解密函数
def aes_decrypt(encrypted_data, key):
    # 对加密后的数据进行 base64 解码
```

```
raw_data = base64.b64decode(encrypted_data)
# 提取 nonce 值(前 16 字节)
nonce = raw_data[:16]
# 提取密文部分
ciphertext = raw_data[16:]
# 创建 AES 解密器,使用相同的密钥和 nonce 值
cipher = AES.new(key, AES.MODE_EAX, nonce=nonce)
# 对密文进行解密并返回明文
plaintext = cipher.decrypt(ciphertext)
return plaintext.decode('utf-8')


# 示例代码:生成一个随机的 16 字节密钥
key = get_random_bytes(16)
# 需要加密的数据
data = " 这是一个需要加密的数据 "
# 对数据进行加密
encrypted_data = aes_encrypt(data, key)
print(" 加密后的数据 :", encrypted_data)
# 对加密后的数据进行解密
decrypted_data = aes_decrypt(encrypted_data, key)
print(" 解密后的数据 :", decrypted_data)
```

代码实现了一个简单的 AES(高级加密标准)加密和解密功能,用于保护数据的机密性和完整性。访问控制示例代码(Python)如下:

```
class User:  # 定义用户类
    # 初始化方法,设置用户名和角色
    def __init__(self, username, roles):
        self.username = username  # 用户名
        self.roles = roles  # 用户的角色列表
class Role:  # 定义角色类
    # 初始化方法,设置角色名和权限
    def __init__(self, name, permissions):
        self.name = name  # 角色名
        self.permissions = permissions  # 角色的权限列表
class AccessControl:  # 定义访问控制类
    def __init__(self):
```

```
            self.users = []  # 存储用户列表
            self.roles = []  # 存储角色列表
        def add_user(self, user):# 添加用户的方法
            self.users.append(user)
            def add_role(self, role):# 添加角色的方法
            self.roles.append(role)
        def check_permission(self, user, permission):
            for role in user.roles:# 遍历用户的角色
                # 如果权限在角色的权限列表中,返回 True
                if permission in role.permissions:
                    return True
            # 如果遍历完所有角色都没找到该权限,返回 False
            return False
# 创建管理员角色,具有读、写、删除权限
admin_role = Role("admin", ["read", "write", "delete"])
user_role = Role("user", ["read"])# 创建普通用户角色,只有读权限
# 创建管理员用户,分配管理员角色
admin_user = User("admin_user", [admin_role])
normal_user = User("normal_user", [user_role])# 创建普通用户,分配普通用户角色
# 创建访问控制对象
access_control = AccessControl()
access_control.add_user(admin_user)# 添加用户到访问控制系统
access_control.add_user(normal_user)
access_control.add_role(admin_role)# 添加角色到访问控制系统
access_control.add_role(user_role)
# 检查用户是否有写权限
print(" 是否有 write 权限 :", access_control.check_permission(admin_user, "write"))
print(" 是否有 write 权限 :", access_control.check_permission(normal_user, "write"))
```

代码实现了一个简单的访问控制系统(RBAC)。从而展示了基于角色的访问控制机制如何工作。

测试验证模拟数据传输过程。使用 Python 的 socket 模块模拟边缘设备与云端服务器之间的数据传输过程。在传输过程中,对数据进行加密处理,确保数据在传输过程中的机密性和完整性。测试代码如下:

```
import socket
# 模拟边缘设备函数
```

```
def edge_device():
    host = '127.0.0.1' # 本地主机地址
    port = 12345 # 端口号
    # 创建一个 TCP 客户端套接字
    client_socket = socket.socket(socket.AF_INET, socket.SOCK_STREAM)
    client_socket.connect((host, port))# 连接到服务器
    data = " 这是一个需要加密的数据 "# 需要发送的数据
    encrypted_data = aes_encrypt(data, key)# 对数据进行加密
    client_socket.send(encrypted_data.encode('utf-8'))# 发送加密后的数据
    client_socket.close()# 关闭客户端套接字
# 模拟云端服务器函数
def cloud_server():
    host = '127.0.0.1' # 本地主机地址
    port = 12345 # 端口号
    # 创建一个 TCP 服务器套接字
    server_socket = socket.socket(socket.AF_INET, socket.SOCK_STREAM)
    server_socket.bind((host, port))# 绑定主机和端口
    # 开始监听,等待客户端连接
    server_socket.listen(1)
    # 接受客户端连接,返回新的套接字对象和客户端地址
    conn, addr = server_socket.accept()
    # 接收客户端发送的数据
    encrypted_data = conn.recv(1024).decode('utf-8')
    # 对数据进行解密
    decrypted_data = aes_decrypt(encrypted_data, key)
    # 打印解密后的数据
    print(" 接收到的数据 :", decrypted_data)
    # 关闭连接
    conn.close()
# 示例代码 # 生成一个随机的 16 字节密钥
key = get_random_bytes(16)# 模拟边缘设备发送数据
edge_device()# 模拟云端服务器接收数据
cloud_server()
```

代码中生成了一个随机的加密密钥,然后模拟了边缘设备向云端服务器发送加密数据,以及云端服务器接收并解密数据的过程,展示了如何在边缘计算环境中安全地传输数据。

通过测试验证隐私保护方案的有效性,确保数据在传输和存储过程中的机密性、完整性和可用性。测试结果表明,数据在传输过程中被正确加密和解密,访问控制机制能够有效限制非法访问,隐私保护方案达到了预期目标。

4)总结与改进建议

本方案通过数据脱敏、加密和访问控制等关键技术,设计并实现了一个基于边缘计算的隐私保护系统框架。在模拟数据传输过程中,验证了该方案的有效性,但仍有改进空间:需进一步优化加密算法和访问控制逻辑以降低计算开销和通信延迟;采用更安全的密钥管理机制,如硬件安全模块(HSM);在实际应用中探索隐私保护的联邦学习技术,以增强系统的隐私保护能力。通过这些设计与实现,本方案为边缘计算环境中的隐私保护提供了一种有效的解决方案,可广泛应用于智能家居、智慧城市、工业自动化等领域,确保用户数据的隐私和安全。

任务 5.4　边缘计算安全技术应用方案

【任务导学】

本任务将深入探讨边缘计算安全技术的应用方案,重点介绍在不同场景下的安全技术实现与应用,通过三个典型应用场景,展示边缘计算安全技术的多样性和实用性。从数据认证、无人机安全到车联网,边缘计算和区块链技术的结合为各种复杂环境下的数据安全提供可靠的保障,推动边缘计算在不同领域中的广泛应用。边缘计算安全技术应用方案思维导图如图5.9所示。

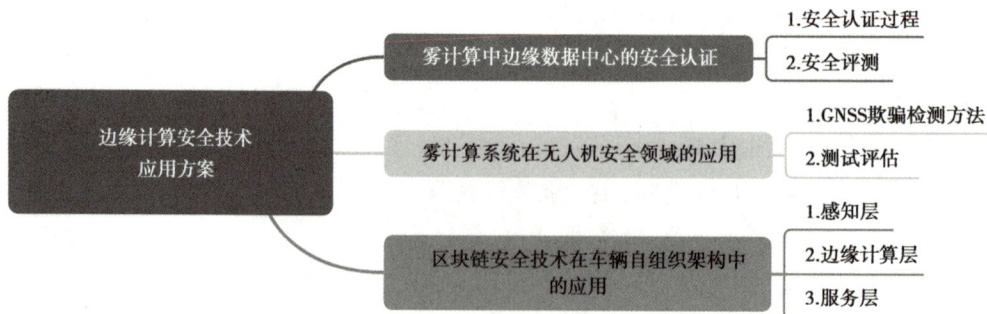

图 5.9　边缘计算安全技术应用方案思维导图

【知识储备】

在数字化、智能化的时代背景下,边缘计算正渗透到人们生活的方方面面。从智能家居到工业自动化,从智能交通到远程医疗,边缘计算的应用场景越来越广泛。然而,随着其在实际应用中的不断深入,边缘计算环境的安全性也愈发受到社会各界的关注。

在实际应用中,边缘计算设备往往直接与用户数据打交道,处理着大量敏感信息。这些信息一旦遭到泄露或被非法篡改,不仅会影响用户的隐私安全,还可能对整个系统的稳定运行造成威胁。因此,如何结合实际场景,采取有效的安全技术应用方案,确保边缘计算环境的安全性和稳定性,就显得尤为重要。

本任务将紧密结合实际案例和应用场景,深入探讨边缘计算环境中的安全技术应用。从实际需求出发,分析边缘计算在各个领域中的安全挑战,并介绍一系列切实可行的安全技术应用方案。

5.4.1　雾计算中边缘数据中心的安全认证

在雾计算环境中,边缘数据中心(EDC)的安全认证至关重要。Deepak Puthal 等学者在其研究中,专门针对边缘计算中的认证弱点,创新性地提出了一种新的安全认证方案。该方案以集中式云数据中心为基础,设计了一种自适应的 EDC 认证技术。具体认证过程如下:认证技术的基本框架是从云端发起认证。利用云端的高度安全性作为认证起点,降低安全风险。EDC 间的相互认证。在云端协调下,各 EDC 通过特定云凭证进行身份验证,构建安全可信的边缘计算网络。具体认证过程见表 5.15。

表 5.15　认证过程

认证过程	具体描述
数据存储与处理	数据存储和处理在云端完成,EDC 作为中间环节,减少用户请求时延
密钥分配与 ID 关联	云端为每个 EDC 分配初始 ID(EI),并关联特定密钥(K)和共享密钥(Kc),为安全通信提供基础
可信模块的应用	EDC 利用可信模块(如 TPM)安全存储来自云端的秘密信息和重新生成的密钥,增强系统安全性
区域内 EDC 身份验证	初始化后,每个 EDC 验证其所在区域内的其他 EDC,防止恶意 EDC 参与关键操作,确保系统稳定性和安全性

通过这种新型的安全认证方案,雾计算环境中的边缘数据中心能够实现更高效、更安全的数据处理和传输,为用户提供更加可靠的服务。

1)安全认证过程

在边缘数据中心(EDC)的安全认证过程中,假定以 EDC-I 作为验证的起始点。

(1)初始化加密请求

EDC-I 将自己的 ID(EI)与关联密钥(KI)相结合。使用由云发起的共享密钥(Kc)进行加密,形成加密包 EKc(EIKI)。EDC-I 将生成的请求包广播到该区域内的所有其他 EDC。

（2）其他 EDC 解密请求

当其他 EDC（例如 EDC-J）收到身份验证请求包时,它们使用相同的云共享密钥（Kc）对应的解密密钥 DKc(EIK) 对其进行解密。由于所有 EDC 都使用相同的共享密钥,因此它们能够执行相应的加密和解密操作。

（3）验证源 EDC 的真实性

一旦目标 EDC（如 EDC-J）获取到源 EDC-I 的 ID 及其相关密钥,它会与云一起检查这些信息,以确认源 EDC 的真实性。云在确认所有信息无误后,会保存 EDC-I 的详细信息,并将其标记为已认证的 EDC。

（4）目标 EDC 的响应与验证

接着,EDC-J 会将自己的 ID（EJ）与关联密钥（KJ）连接,并使用源关联密钥（即 EDC-I 的密钥）进行加密,形成加密包 EKc(EIKj),然后发送给 EDC-I。EDC-I 在收到加密包后,使用自己的密钥对其进行解密,并将结果发送到云以验证 EDC-J 的身份。

（5）云的验证与反馈

云数据中心在接收到加密包后,会使用共享密钥对其进行解密,并检索 EDC-J 的相关密钥以进行验证。一旦 EDC-J 被验证通过,云会将 EDC-J 的 ID 和关联密钥连接起来,使用 EDC-I 的关联密钥对其加密,然后发送回 EDC-I。

（6）最终验证与相互认证

EDC-I 在收到云返回的加密包后,对其进行解密以获取 EDC-J 的密钥（KJ）,并将其与从 EDC-J 接收到的相关密钥进行比较。如果两个密钥匹配（即 K=K）,则 EDC-I 将 EDC-I 和 EDC-J 的 ID 组合起来,并使用目的地关联密钥（KJ）对其进行加密。当 EDC-J 接收到这个组合数据包时,它确认 EDC-I 和 EDC-J 现在已经完成了相互认证。

这个过程确保了雾计算环境中边缘数据中心之间的安全通信和身份验证。

2）安全评测

（1）定义（认证攻击）

入侵者"Ma"真实攻击,并且能够监视、拦截和将自身伪装成经过身份验证的 EDC,以启动负载平衡过程。

（2）声明

攻击者 Ma 无法读取 EDC 的秘密凭证,以将自己伪装成经过身份验证的 EDC 并参与负载平衡。

（3）证明

根据以上对 TPM 模块（EDC 的安全模块）的真实性和计算强度的攻击定义,人们认为攻击者 Ma 不能获得由云发起的 E、K 和 Kc 的秘密信息。执行身份验证过程的所有安全信息都是在 EDC 部署期间由云发起的。当 EDC 开始相互认证时,它们使用云共享密钥（Kc）来加密初始认证分组,如 Ekc（EDCIK）,然后是 EDC 的各个关联密钥（Ki）。在初始身份验证期间,是基于 AES 的对称加密。因此,在此期间交易不能中断。要彻底监视网络并获取身份验证凭证几乎是不可能的。在认证过程中,各个 EDC 使用其安全模块执行加密、解密或保存密钥。因此,几乎不可能使用 TPM 属性从安全模块获得进程或密钥。因此可以得出结论:在 EDC 负载平衡期间攻击者 Ma 不能攻击认证。

（4）安全验证

利用 Scyther 仿真环境,对所提出的安全认证方案进行了正式验证。Scyther 是一个分析安全协议的正式工具,其分析结果界面会显示一个协议的总结和验证结果。在结果界面中,人们可以看到一个协议是否正确,并且会解释可能的验证流程和结果。最主要的是,如果协议是有漏洞的,那么在协议验证结果中至少会存在一个攻击。

实验在 Scyther 环境中运行了 100 个实例。在整个实验过程中,没有出现任何的认证攻击行为。这表明所提出的安全解决方案是安全的,不会受到身份验证攻击。

5.4.2　雾计算系统在无人机安全领域的应用

Nadra Guizani 等人针对无人机作为雾节点时的飞行安全问题,提出了一种结合单目摄像机和 IMU 惯性测量装置的 GPS 欺骗检测方法,以提高无人机飞行安全性。在边缘或雾计算部署中,无人机因通信链路开放易遭窃听、篡改等攻击,可能造成严重损失。无人机在边缘或雾环境中通过多种异步通信链路交互,包括与卫星、地面站及其他无人机的通信,这些链路在实时共享信息中起关键作用。无人机与地面站的通信主要用于传输控制指令和视频图像数据,无人机之间的通信则用于数据传输与协作,在编队飞行或任务协同中尤为重要。短距离飞行时无人机可直接与地面站通信,长距离飞行则需使用中继机保证通信稳定,从而扩展通信范围并提高复杂环境适应能力。

1）GNSS 欺骗检测方法

无人机可利用视觉传感器与 IMU 信息融合检测 GPS 欺骗。IMU 能提供瞬时加速度、速度和位置,但存在累积误差。视觉传感器通过 Lucas-Kanade 方法从视频流中估计速度,无累积误差但有时不准确。结合两者优势,使用卡尔曼滤波器融合信息,可实时、精确地检测 GPS 欺骗,且无须额外设备,算法负担轻。

具体实现中,通过比较 Lucas-Kanade 方法和 GPS 传感器在 NED 坐标系中的位移差异判断欺骗。在 x 和 y 方向设置累计变量,计算每个时间间隔 dt 的差异,与阈值 Xth 比较。若超过阈值,则无人机被欺骗;未超过则正常。z 方向位移由气压计等其他传感器感测。dt 和 Xth 需根据应用环境设置,以减少计算量,提高机载设备工作效率。

2）测试评估

本次测试将采用 DJI Phantom 4 作为实验无人机平台,对其进行详细的性能评估。测试环境及方法的详细描述如下:

（1）实验环境与设备参数

·无人机平台:DJI Phantom 4

·照相机焦距:20 mm

·视频分辨率:1280×720

帧速率:30帧/s

为了确保数据的准确性和完整性,采取的措施如下:

①使用遥控器精确控制无人机的飞行轨迹,使其沿着一个近似矩形的路径飞行。

②发射的GPS信号轨迹与无人机飞行路径的起点保持一致。

③模拟的GPS信号以5 m/s的速度沿着一个封闭的矩形轨迹移动。

同时利用DJI提供的移动SDK来获取无人机的关键飞行数据,包括:①偏航角、俯仰角、滚转角;②IMU(惯性测量单元)数据;③飞行高度。

(2)数据处理与分析方法

数据处理在Ubuntu Linux 14.04操作系统上进行,采用OpenCV2.4.10库中的Lucas-Kanade(LK)方法来处理视频流。该方法提供了高效的应用程序编程接口,便于进行视频流的处理和分析。为了融合单目摄像机和IMU的信息,使用卡尔曼滤波器。这种方法可以有效提高数据的准确性和稳定性。

在实验中,根据最大安全飞行距离差和测量误差等因素,确定了阈值Xth和dt。通过对DJI Phantom 4进行100次试验,发现10 m和250 m是Xth和dt的最优选择。

(3)实验结果与结论

实验结果显示,如果仅考虑x轴,无人机在2 046 ms处成功检测到GPS欺骗;而如果仅检测y轴,则在23 311 ms处检测到GPS欺骗。根据算法,只要无人机在设定的时间内检测到x轴或y轴的异常,就可以成功识别出GPS欺骗攻击。

通过本次测试评估,验证了所提出算法的有效性和可行性。该算法能够帮助无人机在飞行过程中及时检测和防范GPS欺骗攻击,从而提高飞行的安全性和可靠性。

5.4.3 区块链安全技术在车辆自组织架构中的应用

车辆自组织网络(VANET)的发展带来了便利,但也面临数据安全问题,包括数据传输、存储、访问控制和隐私保护。

传统架构依赖中心实体,但存在单点故障和数据安全问题。区块链技术,作为一种分布式基础架构,通过分布式存储、点对点传输、共识机制和加密算法等技术,能够验证和存储数据,保证数据传输和访问的安全性,并通过智能合约操作数据。然而,区块链的共识机制需要大量计算力,难以在资源有限的车辆上实现。因此,边缘计算网络可提供数据安全服务,帮助移动设备处理数据并传输至数据中心或云端。

1)感知层

车联网感知层的安全架构至关重要,它主要保护车辆自组织网络中的数据,这些数据来自车辆上的各种感知设备。这些设备和计算单元是安全层级的最前端,负责收集并初步处理车辆信息,如速度、位置、周围环境等。然而,车辆作为边缘设备,受计算资源和空间限制,无法进行大规模数据处理,且高移动性使得在传统车辆自组织网络中难以加密和处理大量数据。

为此,采用区块链安全机制,其去中心化和数据不可篡改的特性为车联网数据安全提供新保障。车辆上的安全系统实现钱包功能,存储地址和密钥,使每辆车都拥有独特身份标识和安全凭证。车辆还负责网络路由,验证和传播区块信息,发现并保持节点链接,确保车辆自组织网络中信息准确、高效传递。通过整合感知设备、计算单元及区块链技术,车联网安全架构在感知层实现高效、安全的数据处理与传输,为车联网发展奠定坚实基础。

2)边缘计算层

边缘计算层在车联网架构中扮演着桥梁的角色,它连接了感知层和服务层,承载着重要的数据处理和传输任务。这一层主要负责加密、认证、数据交换以及数据存储等操作,是实现基于区块链的分布式安全网络架构的关键部分。

在区块链技术的支持下,边缘计算层需要完成一系列核心功能,具体描述见表5.16。

表 5.16 边缘计算层需要完成的核心功能

需要核心功能	具体描述
钱包功能	负责存储地址和密钥,确保数据的安全性和可追溯性
挖矿功能	通过算力竞争,维护区块链网络的安全与稳定
完整区块链存储	保存所有区块链数据,提供可靠的数据支持
网络路由	验证和传播区块链信息,发现并维护节点之间的连接,保障信息的畅通无阻

边缘计算层进一步细分为路边单元(RSU)和边缘计算网络两个主要部分。

(1)路边单元(RSU)

路边单元通过线缆相互连接,构建一个稳定的区块链网络,确保交易记录的唯一性和准确性。路边单元能够执行所有区块链相关功能,是车联网中的重要固定节点。车辆在行驶过程中,可以直接或通过其他车辆间接连接到路边单元,实现数据的实时交互。

(2)边缘计算网络

该网络旨在协助并卸载路边单元在处理区块链计算业务时的负担。鉴于车辆自组织网络中存在大量的信息交易,若仅依赖路边单元完成共识机制处理,可能会影响网络性能并增加时延。因此,边缘计算网络能够有效分担路边单元的计算任务,提高整体处理效率。边缘计算网络还能承担一些计算资源消耗较大的业务处理,如图像和视频处理,从而进一步优化车联网的性能和响应速度。

通过上述分工与合作,边缘计算层在车联网中发挥着至关重要的作用,不仅提升了数据处理的效率和安全性,还为车联网的智能化和高效运作提供了有力支持。

3)服务层

服务层,作为车联网体系中的关键环节,承载着云端或数据中心的核心功能。

(1)数据存储的扩展与必要性

车辆自组织网络在日常运营中会产生巨量的数据。这些数据包括但不限于车辆行驶轨迹、驾驶员行为、车辆状态以及各种传感器读数等。边缘层,尽管具有一定的数据存储能力,但其存储空间相对受限,难以应对如此庞大的数据量。因此,服务层的云端服务器成为了必要的数据存储扩展空间。

（2）数据的分类与处理

在车联网的安全架构中,数据被精心分类以优化其存储和处理方式。对于需要高度安全性和可信度的数据(例如事故数据、违章记录等),系统会通过区块链技术进行处理。区块链的不可篡改性和数据可追溯性为这些数据提供了坚实的保护,确保它们的真实性和完整性。例如,一旦发生交通事故,相关的事故数据会立即被记录并通过区块链技术加以保护。这样,在后续的事故调查中,这些数据就能作为不可篡改的证据,大大提高事故处理的公正性和效率。

（3）数据中心节点的角色与功能

服务层中的数据中心节点不仅负责数据存储,还确保整个车辆自组织网络协议的顺畅执行。这些节点持续监控网络状态,确保数据流动不受阻碍,并及时处理任何可能违反网络协议的行为。通过这种方式,数据中心节点维护了整个车联网系统的稳定性和安全性。

✦ 任务拓展

智能工厂边缘云计算架构的安全技术应用方案设计与实现

本任务学习了边缘计算安全技术应用方案相关的知识,了解了雾计算中边缘数据中心的安全认证、雾计算系统在无人机安全领域的应用,以及边缘计算中区块链安全技术在车辆自组织架构中的应用。本任务旨在通过前面的学习,了解智能工厂行业内对数据安全、用户隐私和系统稳定性的需求,设计一个适用于智能工厂行业的边缘云计算架构。确保架构能够满足实时数据处理、低延迟响应和大规模并发访问的要求。

1）行业分析

智能工厂作为工业 4.0 的核心应用,通过边缘云计算技术实现生产过程的自动化、智能化和信息化。边缘云计算将计算能力下沉到边缘设备,实时采集、处理和分析生产数据,提高生产效率、优化流程并降低成本。在智能工厂中,数据安全与隐私是首要需求,涉及生产设备运行参数、工艺流程数据、产品质量数据及员工个人信息等敏感信息,需确保其安全性和隐私性。同时,生产系统需具备高可用性和低延迟响应能力,支持实时生产控制和决策。此外,系统稳定性至关重要,智能工厂的生产环境复杂,设备种类繁多且分布广泛,边缘云计算架构需适应这种环境,确保稳定运行并具备强大的容错能力和快速恢复能力,以应对网络故障、设备故障等突发情况。

2）架构设计

设计一个适用于智能工厂行业的边缘云计算架构,架构分为三个主要层次:感知层、边缘计算层和服务层。

感知层。负责采集生产设备的运行数据、环境数据以及人员操作数据等,主要设备包括传感器、控制器、RFID 读写器等。感知层设备通过工业总线(如 Modbus、Profibus)或无线通信技术(如 ZigBee、NB-IoT)将数据传输到边缘计算层。

边缘计算层。对感知层采集的数据进行实时处理和分析,实现数据的预处理、特征提取和初步分析。同时,负责与感知层设备的交互控制,以及与服务层的数据传输。边缘计算层通过边缘网关与感知层设备通信,通过网络接口(如以太网、5G)与服务层的云端服务器通信。

服务层。提供数据存储、分析和可视化服务,支持生产管理决策。同时,负责系统的整体管理和监控,包括设备管理、用户管理、安全管理和性能监控等。服务层通过网络接口接收边缘计算层传输的数据,并通过 Web 服务、移动应用等方式向用户提供数据访问和管理功能。

3)架构特点

架构特点的描述见表 5.17。

表 5.17　架构特点描述

特点	描述
实时性	边缘计算层能够对感知层数据进行实时处理,满足智能工厂对低延迟响应的要求
可扩展性	架构支持灵活扩展,能够适应智能工厂规模的增长和设备的增加
高可用性	通过冗余设计和容错机制,确保系统的稳定运行

4)总结

本方案针对智能工厂行业的特点,设计并实现了一个边缘云计算架构,并集成了多种先进的安全技术。通过数据加密、身份认证、访问控制和区块链技术的应用,有效保护了数据的安全性和隐私性,同时确保了系统的稳定性和可用性。方案在模拟测试中表现良好,满足了智能工厂对实时数据处理、低延迟响应和大规模并发访问的要求。

🎯 项目实训

新零售边缘计算环境下的安全与隐私保护

一、实训场景

某新零售企业计划部署一个边缘计算系统,以支持其线下门店的实时数据分析、智能推荐和库存管理等功能。考虑到数据的敏感性和隐私性,企业需要确保边缘计算系统的安全性和隐私保护。本实训项目旨在设计一套安全与隐私保护方案,确保企业数据在边缘计算环境中的安全性和隐私性。

二、实训任务

①制定数据加密模块架构,实现数据脱敏,确保边缘计算系统的安全性与隐私性。
②配置数据环境,添加数据加密程序。
③对创建好的加密程序进行测试,查看测试结果是否能正常运行。

三、操作步骤

1）数据加密模块基本架构与加密规则

数据加密模块对线下门店某些敏感信息通过脱敏规则进行数据的变形,实现敏感隐私数据的可靠保护,是保证数据安全的基本手段。ShardingSphere 提供了完整、透明、安全、低成本的数据加密解决方案。通过自动化和透明化的数据脱敏过程,该方案能够对身份证号、手机号、银行卡号、客户号等敏感个人信息进行变形处理,确保数据安全,同时让用户无须关注脱敏细节,像使用普通数据一样使用脱敏数据。

数据加密模块属于 ShardingSphere 分布式治理这一核心功能下的子功能模块,它通过解析用户输入的数据库并根据加密规则改写数据库,实现对原文数据的加密,并可选择性地将原文和密文数据存储到底层数据库。在查询时,它从数据库中取出密文数据,解密后将原始数据返回给用户。数据加密模块基本架构如图 5.10 所示。

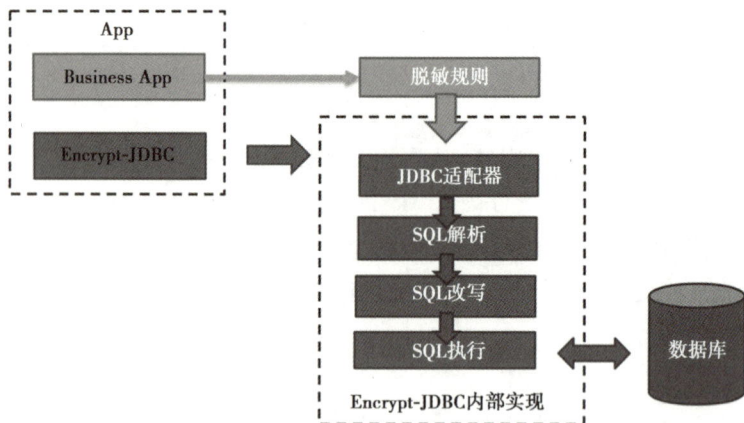

图 5.10   数据加密模块基本架构

脱敏配置主要分为四部分:数据源配置负责配置数据源的链接信息;加密器配置负责加密策略;脱敏表配置指定表中哪些列需要加密;查询属性配置决定查询时是否通过密文列查询,其详情如图 5.11 所示。

数据源配置是指 DataSource 的配置信息。加密器配置是指使用什么加密策略进行加解密。目前 ShardingSphere 内置了两种加解密策略:AES/MD5。脱敏表配置是指定哪个列用于存储密文数据(cipherColumn)、哪个列用于存储明文数据(plainColumn)以及用户想使用哪个列进行 SQL 编写(logicColumn)。当底层数据库表里同时存储了明文数据、密文数据后,该属性开关用于决定是直接查询数据库表里的明文数据进行返回,还是查询密文数据通过 Encrypt-JDBC 解密后返回。

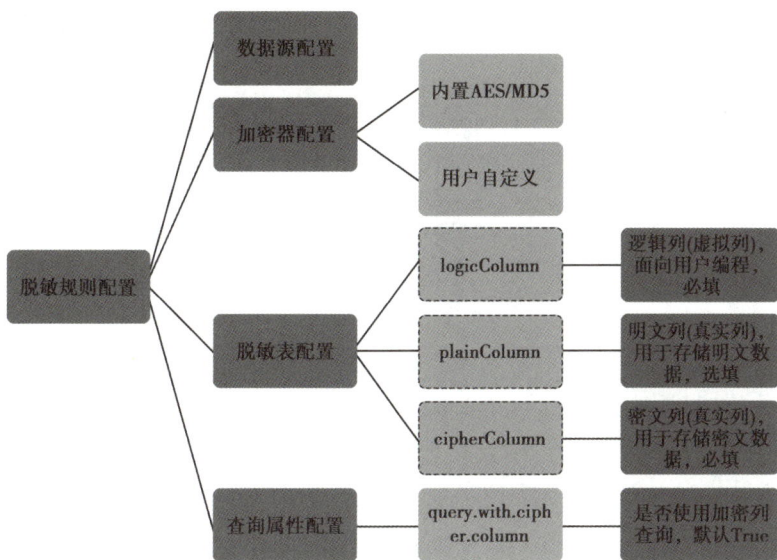

图 5.11　脱敏配置

2）环境准备

（1）软件环境

确保系统中安装了 Java 8 或更高版本的 Java 开发环境。安装 Maven 构建工具,用于项目构建和依赖管理。安装数据库管理工具 MySQL 5.7 或更高版本,用于存储数据。软件环境的安装检查命令如下所示。

```
java -version 'java 版本'
mvn -version 'Maven 工具版本'
mysql -v 'mysql 安装版本'
```

（2）数据库环境

在 MySql 中创建一个"ljw_encryption_db"数据库。

```
CREATE DATABASE ljw_encryption_db CHARACTER SET utf8mb4 COLLATE utf8mb4_
unicode_ci;
```

数据库创建好后,在数据库中再添加"t_user"表。

```
CREATE TABLE t_user (
    user_id BIGINT(11) NOT NULL AUTO_INCREMENT,
    user_name VARCHAR(255) DEFAULT NULL,
    password VARCHAR(255) DEFAULT NULL COMMENT '密码明文',
    password_encrypt VARCHAR(255) DEFAULT NULL COMMENT '密码密文',
    password_assisted VARCHAR(255) DEFAULT NULL COMMENT '辅助查询列',
    PRIMARY KEY (user_id)
) ENGINE=InnoDB DEFAULT CHARSET=utf8mb4;
```

3）添加程序代码

①导入依赖库，代码如下所示。

```
<?xml version="1.0" encoding="UTF-8"?>
<project xmlns="http://maven.apache.org/POM/4.0.0"
        xmlns:xsi="http://www.w3.org/2001/XMLSchema-instance"
        xsi:schemaLocation="http://maven.apache.org/POM/4.0.0 http://maven.apache.org/xsd/
maven-4.0.0.xsd">
    <modelVersion>4.0.0</modelVersion>
    <groupId>com.ljw</groupId>
    <artifactId>shardingjdbc-encryption</artifactId>
    <version>1.0-SNAPSHOT</version>
```

②创建数据库（SQL）对应的 User 实体类程序，代码如下所示。

```
@TableName("t_user")
@Data
public class User { // 和数据库表的列字段一一对应
    @TableId(value = "user_id",type = IdType.ASSIGN_ID)
    private Long userId;
    private String userName;
    private String password;
    private String passwordEncrypt;
    private String passwordAssisted;
}
```

③编写对应的数据库持久层 UserMapper 接口，代码如下所示。

```
@Repository
public interface UserMapper extends BaseMapper<User> {
// 插入数据
    @Insert("insert into t_user(user_id,user_name,password) " +
            "values(#{userId},#{userName},#{password})")
    void insetUser(User users);
// 查询数据
@Select("select * from t_user where user_name=#{userName} and password=#{password}")
@Results({
        @Result(column = "user_id", property = "userId"),
        @Result(column = "user_name", property = "userName"),
```

```
        @Result(column = "password", property = "password"),
        @Result(column = "password_assisted", property = "passwordAssisted")
    })
    List<User> getUserInfo(String userName, String password);
}
```

④配置读写分离相关的信息,代码如下所示。

```
# 应用名称
spring.application.name=sharding-jdbc-encryption
# 打印 SQl
spring.shardingsphere.props.sql-show=true
# 定义多个数据源
spring.shardingsphere.datasource.names = db1
# 数据源 1
spring.shardingsphere.datasource.db1.type=com.zaxxer.hikari.HikariDataSource
spring.shardingsphere.datasource.db1.driver-class-name=com.mysql.jdbc.Driver
spring.shardingsphere.datasource.db1.jdbc-url=jdbc:mysql://192.168.10.132:3306/ljw_
encryption_db?useUnicode=true&characterEncoding=utf-8&useSSL=false
spring.shardingsphere.datasource.db1.username=root
spring.shardingsphere.datasource.db1.password=root


# 采用 MD5 加密策略
spring.shardingsphere.encrypt.encryptors.encryptor_md5.type=MD5
# password 为逻辑列, password.plainColumn 为数据表明文列, password.cipherColumn 为数据
表密文列
spring.shardingsphere.encrypt.tables.t_user.columns.password.plainColumn=password
spring.shardingsphere.encrypt.tables.t_user.columns.password.cipherColumn=password_encrypt
spring.shardingsphere.encrypt.tables.t_user.columns.password.encryptor=encryptor_md5
# 查询是否使用密文列
spring.shardingsphere.props.query.with.cipher.column=true
```

4)数据加密测试

采用 AES 对称加密策略测试,代码如下所示。

```
@Autowired
private UserMapper userMapper;
@Test
```

```
public void testInsertUser(){
    User user = new User();
    user.setUserName("ljw");
    user.setPassword("root");
    userMapper.insertUser(user);
}
```

运行结果如图 5.12 所示。

```
2023-07-27 11:26:01.116  INFO 4176 --- [            main] com.zaxxer.hikari.HikariDataSource
2023-07-27 11:26:01.126  WARN 4176 --- [            main] com.zaxxer.hikari.util.DriverDataSource
 .jdbc.Driver was not found, trying direct instantiation.
2023-07-27 11:26:01.401  INFO 4176 --- [            main] com.zaxxer.hikari.HikariDataSource
2023-07-27 11:26:01.530  INFO 4176 --- [            main] o.a.s.core.log.ConfigurationLogger
encryptors:
  encryptor_aes:
    props:
      aes.key.value: 123qweasd
    type: aes
tables:
  t_user:
    columns:
      password:
        cipherColumn: password_encrypt
        encryptor: encryptor_aes
        plainColumn: password
```

运行成功！！！

图 5.12　运行结果

AES 数据加密策略,数据插入成功,如图 5.13 所示。

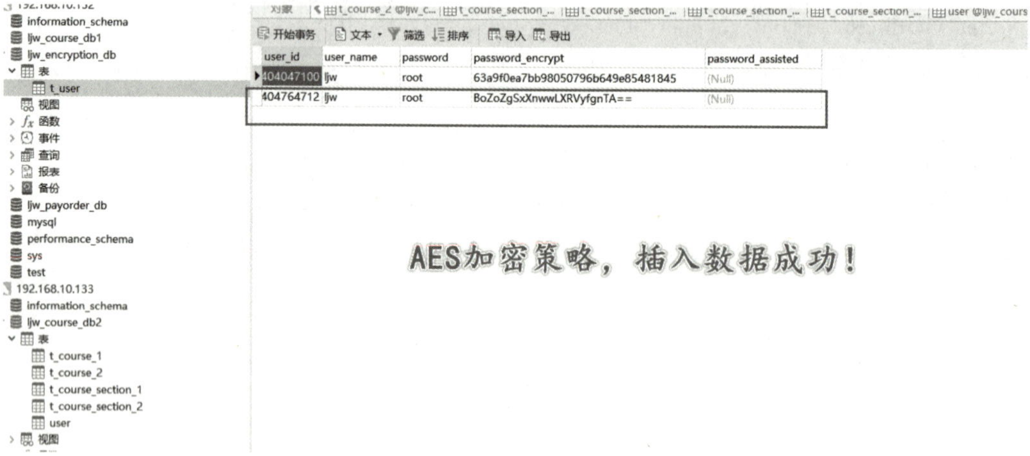

AES加密策略，插入数据成功！

图 5.13　数据插入成功

【课后习题】

1. 边缘计算中,保障设备安全的关键措施不包括:(　　　)

A. 采用安全固件　　　　　　　　　　　B. 加密通信

C. 随意安装应用程序　　　　　　　　　D. 访问控制

2. 在边缘计算环境中,关于数据安全的描述错误的是:(　　　)

A. 数据加密是保护数据安全的重要手段　B. 数据备份可以确保数据不丢失

C. 无须对数据进行访问控制　　　　　　D. 应采用多种技术手段保障数据安全

3. 边缘计算中,网络安全主要关注哪些方面? (多选)(　　　)

A. 网络的稳定性　　　　　　　　　　　B. 网络的安全性

C. 网络的可靠性　　　　　　　　　　　D. 网络的隐私

4. 关于边缘计算的安全管理,以下哪项不是必要措施? (　　　)

A. 制定严格的安全策略　　　　　　　　B. 定期进行安全培训

C. 忽视安全审计的重要性　　　　　　　D. 及时处理安全事件

5. 在边缘计算中,隐私保护主要涉及哪个方面? (　　　)

A. 数据的加密　　　　　　　　　　　　B. 数据的共享

C. 用户数据的保护　　　　　　　　　　D. 网络的安全

6. 边缘设备容易受到哪种威胁? (　　　)

A. 自然灾害　　　　　　　　　　　　　B. 恶意软件攻击

C. 电源故障　　　　　　　　　　　　　D. 硬件老化

7. 为了防止边缘设备受到恶意攻击,以下哪项措施是有效的? (　　　)

A. 随意更新设备软件　　　　　　　　　B. 实施防火墙和入侵检测系统

C. 忽视安全漏洞的修补　　　　　　　　D. 开放所有网络端口

8. 在边缘计算中,数据加密的主要目的是什么? (　　　)

A. 提高数据传输速度　　　　　　　　　B. 保护数据的机密性

C. 方便数据共享　　　　　　　　　　　D. 降低数据存储成本

9. 边缘计算环境的安全审计和监控主要用于:(　　　)

A. 提高系统性能　　　　　　　　　　　B. 优化资源利用

C. 发现和解决安全问题　　　　　　　　D. 降低运营成本

10. 边缘计算中,哪种安全技术主要用于保护数据传输的机密性和完整性? (　　　)

A. 防火墙技术　　　　　　　　　　　　B. 数据加密技术

C. 入侵检测技术　　　　　　　　　　　D. 负载均衡技术

项目 6
边缘计算案例实践

【项目背景】

在智能制造领域,某集团 2024 年构建的"工业 4.0+ 边缘智能"生态体系(基于"第一、开放、创新"的企业文化理念),将边缘计算与 5G 专网、AI 视觉检测深度融合,在某轮胎工厂部署的 327 个边缘节点,实现了生产数据本地毫秒级处理,使产品瑕疵检测准确率提升至 99.7%,设备预测性维护效率提高 42%。这个案例印证了该企业"迅速、创新、协同"的企业文化,推动其率先将国密算法植入边缘网关,构建起覆盖"端 - 边 - 云"的全链路加密体系。

这种技术突破的背后是文化基因的支撑。企业秉持"让员工成功就是对员工最大的尊重"的用人观,催生出由 2098 名"制造工匠"主导的边缘计算创新矩阵。其自主研发的轮胎成型边缘控制器,集成 Modbus-TCP 协议深度解析功能,在保证 0.5 mm 级定位精度的同时,通过动态访问控制列表(Access Control Lists, ACL)抵御了 326 次针对 OT 网络的恶意攻击。这种"文化筑基 - 技术攻坚 - 安全兜底"的创新路径,在苏州某汽车工厂复用时,成功将焊接机器人数据泄露风险降低 92%。

随着数字化时代的到来,边缘计算与云计算、人工智能、5G 等技术的深度融合,正推动着各行业的智能化变革。相较于传统云计算将数据集中处理的模式,边缘计算将算力部署在数据产生的终端侧,通过近端实时处理实现低延迟、高响应和安全增强,尤其适用于智能制造、智慧交通等需要即时决策的场景。图 6.1 为边缘计算的一些行业应用场景。

| 交通监测管理 | 工程安监管理 | 智慧楼宇管理 | 无人零售管理 |
| 自动驾驶 | 智慧交通管理 | 智慧仓储 | 智慧校园 |

图 6.1　边缘计算的一些行业应用场景

本项目的目的是通过多个行业案例,展示边缘计算加速向农业、能源等更广泛领域的渗透。通过深入分析,将全面理解边缘计算的技术原理、实施流程以及其在实际应用中解决传统计算架构无法应对的问题。

【学习目标】

1. 认识分析边缘计算在不同行业中的应用方式。
2. 熟悉边缘计算的常用实践方向。

【能力目标】

1. 能够根据行业特性,选择适合的边缘计算架构和部署方案,优化数据流处理和存储,提升工作效率。

2. 通过实践或案例分析,掌握跨领域知识应用能力,能将边缘计算与物联网、云计算、大数据等技术结合,分析并设计出高效的技术解决方案。

3. 能够根据案例实践经验,参与并推进边缘计算项目的规划、设计与实施,提升项目效率和质量。

4. 能够评估边缘计算技术的应用效果,提出创新性建议,推动技术优化和创新在实际中的落地与实施。

任务 6.1　智能工厂

【任务导学】

　　智能工厂的建设是一个持续的过程,边缘计算技术的应用为制造业带来了革命性的变化。通过本节案例的分析,人们可以看到边缘计算在提升生产效率、降低成本和增强产品竞争力方面的潜力。未来,随着技术的进一步发展,智能工厂将更加智能化、自动化,为制造业的可持续发展提供强有力的支持。智能工厂思维导图如图 6.2 所示。

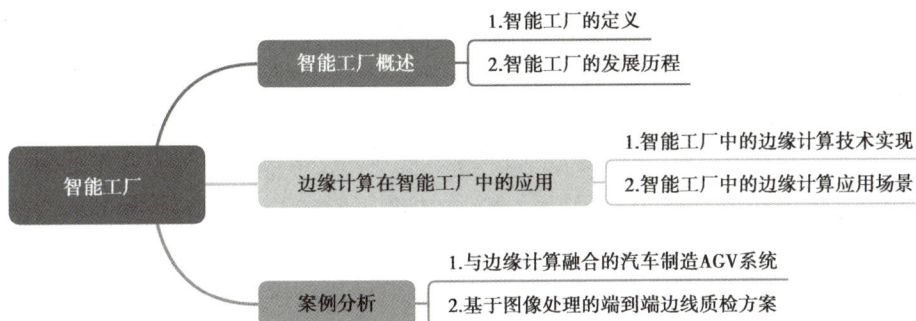

图 6.2　智能工厂思维导图

【知识储备】

面对全球化的市场竞争格局和互联网消费文化的兴起,制造业企业不仅需要对产品、生产技术甚至业务模式进行创新,并用客户和市场需求来推动生产。而且需要提升企业的业务经营和生产管理水平,优化生产运营,提高效率和绩效,降低成本,保障可持续性发展,以应对日新月异的市场变革,包括市场对大规模、小批量、个性定制化生产的需求。在这种背景下,智能制造成为企业必不可少的应对策略和手段。制造生产环境的数字化与信息化,以及在其基础上对生产制造进行进一步的优化升级,则是实现智能制造的必由之路。

6.1.1　智能工厂概述

1)智能工厂的定义

智能工厂是相对于传统工厂而言的概念。它代表着采用了最新科技和创新方法,实现了高度自动化、数字化和智能化的生产中心。与传统工厂相比,智能工厂在生产方式、效率和灵活性上有着显著的区别和优势。传统工厂通常依赖于人工操作和相对简单的机械设备进行生产,生产过程相对固定且难以调整。而智能工厂则利用物联网、人工智能、自动化等先进技术,将生产流程数字化、自动化,能实时获取并分析数据以做出智能决策。因此,智能工厂是一种集成了先进的信息技术、自动化技术和智能系统的生产环境。它能够实现生产过程的实时监控、优化和自动化管理,提高生产效率和产品质量。

智能工厂利用各种现代化的技术,实现工厂的办公、管理及生产自动化,达到加强及规范企业管理、减少工作失误、堵塞各种漏洞、提高工作效率、进行安全生产、提供决策参考、加强外界联系和拓宽国际市场的目的。它是工业技术转型的一部分,也就是人们所说的工业4.0,也称为第四次工业革命。智能工厂的最大特性是智能,它既是一个由机器、通信机制和计算能力构成的互联网络,也是一个信息物理系统。因此,智能工厂是传统工厂转型和现代化的产物,它们代表着未来制造业的发展方向,致力于提高生产效率、降低成本、实现定制化生产,以及更好地适应市场需求和变化。

2)智能工厂的发展历程

智能工厂的发展历程反映了人类制造业不断探索和创新的历史,从机械化、电气化到数字化和智能化的转变,智能工厂不断演进,为生产方式和效率带来了翻天覆地的变化,成为制造业的新里程碑。智能工厂的演进源远流长,其历史可以追溯到工业革命的不同阶段。

（1）第一次工业革命

从第一次工业革命开始,机械化生产方式的兴起,如蒸汽机和生产线的引入,不仅极大地提升了生产效率,也标志着生产方式从手工操作向机械化的转变。这一时期,生产效率和工艺改进成为关注焦点,纺织业机械化使得纺织品生产速度和数量显著提升,满足了市场的需求。蒸汽机的应用为工厂提供了稳定而强大的动力,推动了工业化城市的兴起。生产线的初步形成和工艺标准化的推进简化了生产流程,降低了成本,为大规模生产奠定了基础。同时,劳动力结构的变化,交通运输的发展,以及管理和组织结构的创新,都是这一时期的重要特征。尽管这一革命带来了社会和环境问题,但它无疑为智能工厂的未来发展奠定了坚实的基础。

（2）第二次工业革命

第二次工业革命,也称为技术革命。大约在20世纪初兴起,电力的广泛应用和流水线生产技术的创新成为这一时期的标志性特征。电力的普及使得工厂不再局限于水力或蒸汽动力,可以更灵活地布局,同时为更高效的机器提供了动力,极大地推动了生产自动化。流水线的引入,如亨利·福特在汽车制造业的应用,不仅加快了生产速度,也使生产过程更加连续和标准化,从而实现了大规模生产,降低了成本,提高了效率。这一时期的工厂系统开始集中控制,通过科学管理方法,如弗雷德里克·泰勒的科学管理理论,优化了工作流程和生产组织,进一步促进了生产规模化和标准化的发展。

（3）计算机和自动化技术的兴起

随着20世纪后期和21世纪初计算机技术的普及以及网络技术的飞速发展,智能工厂的概念开始从理论走向现实。计算机辅助设计(CAD)和计算机辅助制造(CAM)系统的应用,使得产品设计和生产流程更加精确和高效。自动化技术的进步,如可编程逻辑控制器(PLC)和机器人技术的广泛应用,为生产过程的自动化和精确控制提供了强大支持。物联网(IoT)技术的发展让工厂中的机器和设备能够相互连接和交流,实现数据的实时收集和监控。人工智能(AI)的融入,使得智能工厂能够通过机器学习算法不断优化生产流程,提高决策的智能化水平。大数据分析技术的应用,帮助企业从海量生产数据中提取有价值的信息,用于产品和流程的持续改进。这些技术的融合和应用,标志着智能工厂在自动化、信息化和智能化方面迈出了坚实的步伐,为制造业的未来发展描绘了宏伟蓝图。

（4）现代智能工厂

进入21世纪,现代智能工厂的轮廓日渐清晰,得益于物联网、云计算、人工智能等技术的融合与进步。边缘计算的引入,作为这一融合的关键,为智能工厂提供了数据处理的低延迟和高效率。在边缘计算的助力下,工厂能够在数据产生的地点即时进行数据的采集、处理和分析,从而实现对生产流程的快速响应和精确控制。这种分布式的计算模型减轻了对中心服务器的依赖,降低了数据传输的带宽需求,同时增强了数据的安全性和隐私性。通过边缘计算,智能工厂能够实现更加精细化的管理和操作,如自动化生产线的自我调节、预测性维护的实施,以及基于实时数据的动态优化决策。这些能力共同推动了生产过程的高度自动化和智能化,使现代智能工厂成为制造业转型和创新的典范。图 6.3 为某工厂已装备上边缘计算辅助 AGV 设备的智能工厂。

图 6.3　某工厂已装备上边缘计算辅助 AGV 设备的智能工厂

6.1.2　边缘计算在智能工厂中的应用

1)智能工厂中的边缘计算技术实现

对于智能工厂而言,设备的连接是基础,数据收集和分析是关键手段,而把分析所得的信息用于做出最佳化的决策,优化生产和运营是最终的目的。因此,实现数据的管理和分析在整个优化过程中至关重要。边缘计算节点的实际部署应是分布性的,把低时延、可靠性高的流式数据分析部署在靠近生产现场的边缘端,也就是把分析功能部署在靠近数据源,靠近决策点的位置,而把计算强度高和储存量大,但对时延和可靠性要求不太严格的批量分析部署在企业机房,从而达到优化数据管理和分析的目的。

边缘计算的技术和架构在智能工厂中的发展一般需要经历三个阶段:

(1)连接未连接的设备

目前,在制造业企业内存在大量独立的棕地设备,这些设备每天产生 TB 级的数据。但由于来自不同的供应商的设备采用互不兼容的协议接口,无法采集并处理这些设备数据,从而不能释放出这些数据的价值,如预防性维护、整体设备利用率分析(OEE)。因此,很重要的一步是要将工厂内大量存在的本地设备通过协议转换为标准的协议和信息模型,以便接入 SCADA、MES 系统,或接入边缘计算节点,进一步进行数据处理或缓存。

小知识:棕地设备(Brownfield Equipment)是指在已有生产设施中,尚未进行数字化或智能化升级的设备。与之对应的是绿地设备(Greenfield Equipment),绿地设备通常指的是从零开始建设的新设施或设备。棕地设备通常存在于已经投入使用的工厂或生产线中,这些设备可能因为技术老化、缺乏智能化支持,或是与其他新技术不兼容,因此没有直接集成到现代化的生产系统中。

(2)智慧边缘计算

通过棕地设备的互联和协议转换,大量制造的数据被释放出来,为引入大数据和机器学习等先进的分析算法提供了充足的来源。这些分析算法运行在边缘计算节点上,为设备带来了智慧。例如,产品缺陷检测的深度学习模型通过大量标注数据训练出来,下发部署在边缘计算节点上。当接收到新的数据时,边缘计算节点会自动运行这个检测算法,准确判断出产品是否有缺陷,在提高生产效率的同时,也降低了人工成本。

（3）自主系统

在这个阶段边缘计算节点不仅具有智慧分析能力,同时能做出决策并实施闭环控制。此外,它还能通过训练自主学习和升级算法,根据数据来源或生产场景,自动调整运行代码或算法。

此外,在智能制造场景下的边缘计算对软件定义系统有很强的需求,在边缘计算节点上一般使用虚拟机或容器技术来运行多项业务,即所谓的负载整合。负载之间的数据和控制信息相互隔离,实时性应用和非实时性应用相互隔离,从而保证各负载之间的安全性和完整性。同时,需支持负载的远程动态调度和编排,从而在可用的硬件资源上达到负载平衡。例如,对于运动控制应用,将软 PLC、HMI、机器视觉应用等通过虚拟机或容器技术运行在同一个边缘计算节点上。在智能工厂边缘计算节点基础架构中,其中的任务或负载既可以运行在同一个节点上,也可以根据实际情况分布在多个不同节点上,通过标准协议总线连接起来。例如,数据管理和数据存储运行在一个节点上,而高级学习和分析功能放在另一个节点上。图 6.4 为某智能工厂边缘计算节点基础架构。

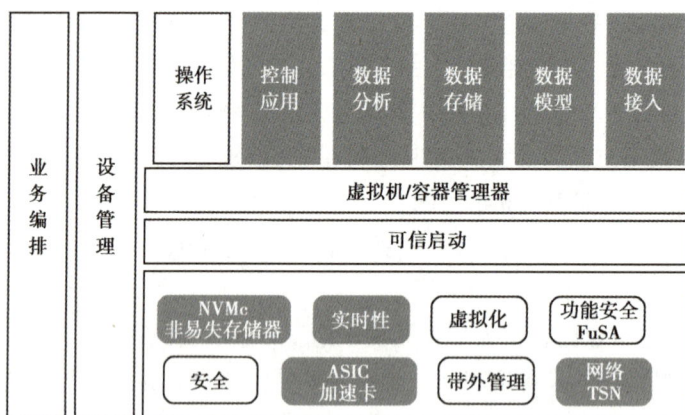

图 6.4　某智能工厂边缘计算节点基础架构

2）智能工厂中的边缘计算应用场景

（1）数据存储与传输速度的优化

在数据存储方面,边缘计算网关的数据存储能力不仅限于临时存储,还包括对数据进行智能分类和优先级排序,确保关键数据得到优先存储和处理。此外,边缘网关可以应用数据压缩和去重技术,以优化存储效率,延长存储周期,为后续的数据分析和挖掘提供更丰富的原始数据。在数据传输方面,边缘计算通过在数据源附近进行数据处理,大幅减少了数据在网络中的传输距离,从而显著降低了延迟。这种速度优势对于需要快速响应的生产环境至关重要,例如,在自动化生产线上,边缘计算可以实现对机械臂动作的即时控制,提高生产效率和减少停机时间。

（2）多接入协议互转的深化

边缘计算支持多种通信协议和接口,能够接入各种类型的设备,包括老旧设备和新型物联网设备。这种广泛的兼容性使得企业能够在不更换现有设备的情况下,逐步实现智能化升级。同时,边缘计算还可以作为不同设备和系统之间的桥梁,实现数据的整合和协同工作。边缘计算在协议转换方面的能力不仅限于基础的翻译工作,还包括对不同协议的数据格式、通信频率和交互模式的深入理解和适配。这使得边缘计算能够更好地服务于工业设备的多样化和个性化需求,实现更广泛的设备互联互通。

（3）及时分析的智能化

边缘计算的及时分析功能可以进一步结合机器学习和人工智能技术,实现对生产数据的深度学习和模式识别。结合人工智能,边缘计算能够实现自适应控制,根据实时分析结果动态调整生产参数。例如,在检测到某个生产环节的效率下降时,边缘计算可以自动调整机器的运行速度或温度设置,以恢复最优的生产状态。这样,边缘计算不仅能够快速响应报警和异常情况,还能够预测潜在的生产问题,提前进行调整,从而提高生产效率和产品质量。

（4）边缘控制的自动化

边缘计算在边缘控制方面的应用可以进一步扩展到自动化生产线的各个环节。例如,边缘计算可以与机器人、自动化导引车（Automated Guided Vehicle，AGV）等设备集成,实现更加精细和灵活的生产流程控制。此外,边缘计算的分布式特性使得在现有架构上进行扩展变得更加灵活和成本效益,使得企业可以根据实时的生产数据动态调整生产计划,逐步增加边缘节点,实现生产资源的最优配置。

6.1.3　案例分析

1）与边缘计算融合的汽车制造 AGV 系统

在汽车制造行业,边缘计算的应用案例之一是实现厂内 AGV 的联网和智能化。AGV 在汽车制造车间内被广泛用于物流传送、仓储管理以及线边上下料等环节。传统上,AGV 主要通过 Wi-Fi 与中央管理平台通信,进行指令下发、回传等信号传输工作。但随着服务面积的扩大,Wi-Fi 技术的局限性,如干扰、数据丢失和切换差等问题逐渐显现,影响了 AGV 的稳定性和效率。现在的车间面积都很大,尤其是商用车的总装车间。在面积较大的区域内工作时,现有 Wi-Fi 技术存在干扰、数据丢失、切换差等问题,无法保证稳定的网络连接环境,易造成指令传输问题,导致生产事故。同时在长时间的连续作业时,AGV 对自身存储空间和计算处理能力都有较高的要求,为此,从降低网络部署复杂度、进一步提升链路稳定性及数据最近处理的角度出发,边缘计算结合 5G 技术被引入 AGV 的管理系统中。借助 5G 通信技术与边缘计算网络架构的结合,可以有效解决车间现有 AGV 应用场景所面临的网络稳定性和存储、计算能力不足等问题。

5G 作为新一代的通信技术,具有低延时、高带宽、广接入的特性,可以解决不同场所对网络速度、稳定性的需求。利用低延时特性提供更加可靠的宽带低时延的网络环境,时延控制在

10 ms 左右、抖动仅 2 ms，有效保障了 AGV 在运行中的精准连续控制，解决非授权频段无线技术在 AGV 应用中存在的信号易干扰、不稳定、丢包等问题。

实现 AGV 管理平台实时下发控制指令，确保生产线上 AGV 机器人按照指令进行货物收货、分拣、入库、搬运、出库等操作。边缘计算网关部署在离 AGV 设备最近的线边或者零部件物流区域，利用分布式计算和存储能力，实现 AGV 数据的本地存储和实时分析。在云端与 AGV 之间建立一道快速处理通道，与云平台协同算力，降低数据处理成本的同时，提升车间及物流区 AGV 的工作效率与稳定性。某 AGV 系统框架如图 6.5 所示。

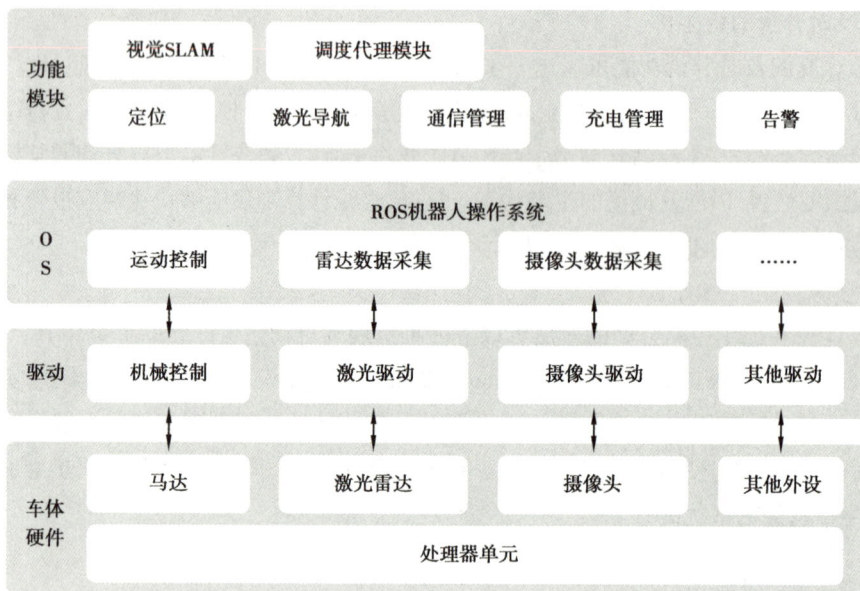

图 6.5　某 AGV 系统框架

2）基于图像处理的端到端边线质检方案

传统物联网设备多采用通用计算架构，受限于指令集和内存带宽，难以高效运行深度神经网络等计算密集型任务。边缘计算通过将计算资源下沉至数据源附近，有效克服了这些瓶颈，提高了 AI 处理能力。它不仅提升了实时性，满足了自动驾驶等毫秒级响应需求，避免了云端处理带来的不可预测时延，还优化了计算资源，减少了数据回传云端的需求，提高了本地设备的计算效率，降低了带宽和存储成本。随着 AI 在边缘计算平台的部署，物联网"云-边-端"协同模式加速普及，边缘智能成为重要发展方向，有力推动了 AI 在实际场景中的落地应用。

边缘计算属于分布式架构，可以很好地在数据最近的线边收集、分析和处理数据，结合深度学习、图形算法及 AI 技术，形成一套行之有效的工业线边侧的智能化图形质检解决方案。利用如英伟达的 EGX 边缘服务器，通过实时读取质检图片、分析图片内容和定位缺陷，判断缺陷类型，进行智能告警，而无须将所有的数据上传到云端进行计算，造成延时过大的问题。这样既满足了就近分析的业务需求，也满足了生产对于网络延时的要求。与此同时，也可以与云平台相结合，将这些历史数据反馈到云端做进一步分析，对后期的边缘计算中的图形算法进行优化。

利用机器视觉进行工业检测是智能制造的重要方向之一，但传统机器视觉方案面临着诸多问题：①复杂的生产环境带来大量非标准化特征识别需求，导致定制化方案周期长、成本高。②检测内容多样化也造成参数标定烦琐，工人使用困难的问题。③传统方案往往需要机械部件配合定位，因此占用生产线空间大，对工艺流程有影响。来自生产一线的海量数据资源，为企业运用 AI 技术解决实际问题奠定了基础。为此，可以构建基于 AI 技术，集数据采集、模型训练、算法部署于一体的工业视觉检测边缘平台。除了具备工件标定、图像定位及校准等功能，还可以通过部署优化的深度学习训练模型和预测模型，缩短开发周期并降低成本，提高设备易用性和通用性。利用边缘计算网络及图形化的 AI 质检方案，可以快速、精准地捕捉质检中常见的缺陷，不会造成大量漏检、错检，提升员工效率的同时提高产品出厂质量。

基于图像处理工业视觉检测云平台以端到端的方式，帮助工业视觉检测边缘平台快速、敏捷地构建从前端数据预处理，到模型训练、推理，再到数据预测、特征提取的深度学习全流程。该工业视觉检测云平台主要由前后端两部分组成，其中工业机器人、工业相机以及工控机等设备构成了图像采集前端，部署在工厂生产线上。而边缘化部署的英特尔架构服务器集群则撑起了该边缘平台的后端系统。某工业视觉检测云平台硬件部署流程如图 6.6 所示。

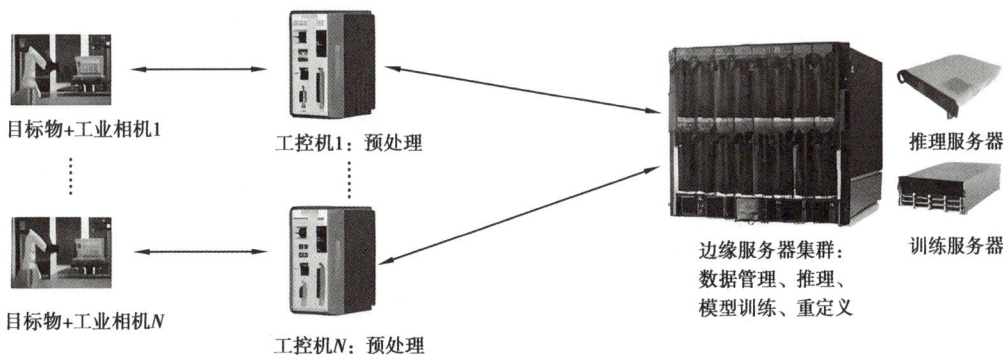

图 6.6　某工业视觉检测云平台硬件部署流程

在前端，执行图像采集的机器人装有 N 套工业相机，每套里又有两台工业相机：一台进行远距离拍摄，用于检测有无目标和定位；另一台进行近距离拍摄，用于 OCR 识别。以微波炉检测为例，当系统开始工作时，通过机器人与旋转台的联动，先使用远距离相机拍摄微波炉待检测面的全局图像，并检测、计算出需要进行 OCR 识别的位置，再驱动近距离相机进行局部拍摄。对于相机采集到的不同图像，会交由基于英特尔酷睿处理器的工控机进行预处理，根据检测要求，确定是否需要传输到边缘服务器端。如果需要，则通过网络传送到后端边缘服务器。在后端边缘服务器，系统会利用 SSD（SingleShotMultiboxDetector）模型对预处理过的图像进行识别，提取出需要进行检测的目标物，如螺钉、牌标贴或型号等。之后，云平台进行海量数据管理、分布式模型训练、模型重定义等一系列操作，通过将深度学习的方法引入工业检测，不仅可以让工业视觉检测云平台快速、敏捷、自动地识别出待测产品的诸多缺陷，例如螺钉漏装、铭牌漏贴、LOGO 丝印缺陷等问题。更重要的是，该云平台能够对非标准变化因素有良好的适应性，即便检测内容和环境发生变化，云平台也能很快地予以适应，省去了冗长的新特征识别和验证时间。同时,这一方案也能有效地提高检测的鲁棒性,克服了传统视觉检测过于依赖图像质量的问题。基于图像处理的端到端边线质检方案如图 6.7 所示。

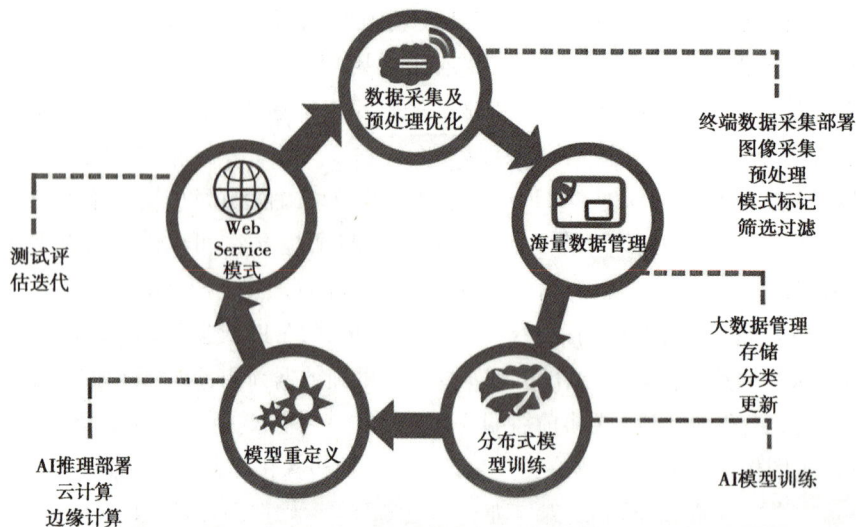

图 6.7　基于图像处理的端到端边线质检方案

任务 6.2　智能家居

【任务导学】

边缘计算未来在智能家居领域的潜在应用广泛而多样。从设备管理到实时数据分析、能源管理、个性化用户体验以及数据隐私与安全性,边缘计算为智能家居带来了新的可能性。然而,应用边缘计算也面临着一些挑战,包括数据处理和隐私保护等方面的问题。随着技术的不断进步和智能家居市场的发展,边缘计算在该领域的作用将不断凸显,为家庭生活带来更多便利和智能化体验。智能家居思维导图如图 6.8 所示。

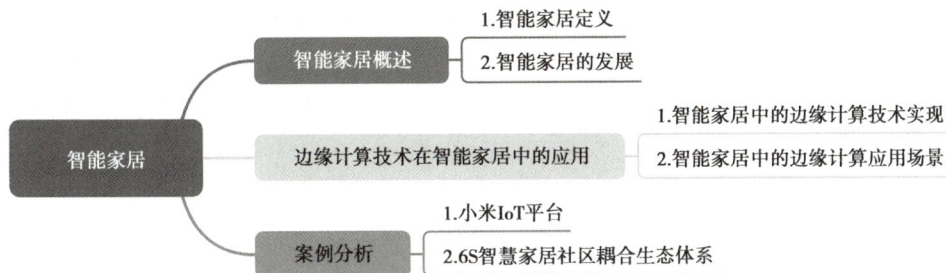

图 6.8　智能家居思维导图

【知识储备】

随着生活水平的提高,人们对于家庭生活的安全性、便捷性以及娱乐性等也提出了更高的要求。传统的家庭生活以模拟数字电视为中心,而现在各种智能化的设备出现在家庭生活中,例如各种无线传感器、智能路由器网关、娱乐游戏主机、4K 数字电视和盒子、智能家电等。这些智能设备满足了人们对于智能家居的部分需求,然而,由于这些智能设备大多源自不同厂商,其协议、服务接口及人机界面等缺乏统一性,导致数据无法相互流通,进而限制了它们的应用场景,并给用户在使用过程中带来了诸多不便,最终可能会促使用户放弃使用。

为了实现真正的智能家居,需要边缘计算。通过边缘计算能够将不同类型的智能设备有机地连接起来,通过数据转换聚合和机器学习等高级分析方法进行自主决策和执行,并对在日常生活中汇集的数据不断分析,从而演进自身的算法和执行策略,使智能家居越来越智能。同时边缘计算也能够统一用户交互界面,以更及时和友好的方式与用户进行交互。

6.2.1　智能家居概述

1)智能家居的定义

智能家居是通过各种感知技术,接收探测信号并予以判断后,给出指令让家庭中各种与信息相关的通信设备、家用电器、家庭安防、照明等装置做出相应的动作,以便更加有效地服务用户且减少用户劳务量。在此基础上,综合利用计算机、网络通信、家电控制等技术,将家庭智能控制、信息交流及消费服务等家居生活有效地结合起来,保持这些家庭设施与住宅环境的和谐与协调,并创造出安全、舒适、节能、高效、便捷的个性化家居生活。未来智能家居可以感知用户在家中做的任何事情,随时能够通过智能化的功能,给予用户生活上的支持,同时针对用户的即时性需求,提供智能化的服务。

2)智能家居的发展趋势

智能家居概念于 1984 年起源于美国联合科技公司,旨在将建筑设备信息化、整合化,与软件和设备结合创造理想居住环境。其主要功能是对家居环境进行全面管理,将人从烦琐劳动中解放出来。现阶段,智能家居技术着重于解决系统设计、用电规划、家庭物联网与通信、图像与语音识别、室内环境控制、数据安全与隐私保护等问题。国内外智能家居技术发展各有特点,国内侧重应用技术,国外侧重基础技术。2018年,科大讯飞发布"AIoT"技术,2019年与德国摩根携手深耕智能家居领域。华为的"全屋智能"技术依靠鸿蒙系统实现智能化互联。国外服务商在设备建模、连接和安防等功能实现方面经验丰富,但在人工智能和大数据应用方面普及度较低,仅亚马逊在AI语音助手方面有所应用。

智能家居的发展经历了三个阶段:以产品为中心的单品智能阶段、以场景为中心的场景智能阶段和以用户为中心的智慧家庭阶段。

（1）单品智能阶段

单品智能中智能音箱、智能门锁、智能摄像头、智能照明是当前最热门的智能家居产品,未来可能包括智能门铃、智能猫眼、智能晾衣机、智能传感器等产品。随着产品的演进,未来大多数所有产品都可以能听、会说、能懂。常见的单品智能设备及描述见表6.1。

表6.1　常见的单品智能设备及描述

单品智能设备	描述
智能音箱	普通音箱升级的产物,是家庭消费者用语音进行上网的一个工具,比如点播歌曲、上网购物,或是了解天气预报,也可以用智能音箱对其他智能家居设备进行控制,比如打开窗帘、设置冰箱温度、提前让热水器升温等
智能门锁	是区别于传统机械锁的基础上进行改进的,在用户安全性、识别、管理性方面更加智能化、简便化的锁具。例如智能指纹锁,常见功能包括指纹、密码、刷卡、机械钥匙四合一开锁方式。增加上联网功能,可实现远程操控
智能摄像头	可主动捕捉异常画面并自动发送警报,大大降低了用户精力的投入,可实现即时且随时随地的监控。摄像头可通过手机App与手机相连,点开便可查看摄像头即时拍摄的画面;同时,当拍摄画面出现异常动态或声响时,摄像头除了可自动捕捉异常并启动云录像自动上传,还可通过短信或手机App向用户发送警报信息,从而实现全天候智能监控
智能照明	利用分布式无线遥测、遥控、遥讯控制系统,实现对家居照明设备甚至家居生活设备的智能化控制,具有灯光亮度的强弱调节、灯光软启动、定时控制、场景设置等功能。随着物联网的崛起,LED照明走向小型联网的数字照明,更进一步融合个人化、以人为本的智能照明正在成为未来产业的发展重点

（2）场景智能阶段

场景智能将智能家居以区域空间进行划分,涉及家庭居住空间的各个角落,如卧室场景、客厅场景、厨房场景、阳台场景、浴室场景,每个不同的空间,都可以与相应的小区域场景匹配。而围绕用户生活需求的场景包括安全场景、健康场景、休息场景、娱乐场景、雨天场景、通风场景等。

例如智能卧室中,床引入多种健康功能,如按摩功能、健康指标检测功能等;灯光可以自动完成调节,如回家模式、离家模式、睡眠模式和阅读模式;窗户下雨天会自动关闭。智能卧室在用户晚上就寝时,所有灯光会自动关闭,窗帘闭合,智能床统计睡眠状态,家庭安防系统自动布防。用户早上起床,柔缓的背景音乐响起,窗帘缓慢打开。

（3）智慧家庭阶段

以用户为中心的智慧家庭是智能家居的终极发展目标，即为人们提供一个更为舒适、安全、方便和高效的生活环境。家居生活中存在的所有智能设备操作都离不开与用户的互动，所有智能设备的运转也离不开为用户服务。人工智能技术将在交互方式与执行决策两个维度对智能家居行业产生深刻影响。

在交互方式上，人工智能对智能家居交互方式产生革命性影响。由按键/遥控的物理控制，延伸到触摸面板与手机 App 控制，再到全面的语音控制，隔空的体感控制与视觉控制，最终实现系统自学习后的无感体验。2020 年是智能语音到智慧视觉的可视化人机交互元年，更多基于视觉的交互将会诞生。视觉交互不仅符合非接触式经济，也是未来的主流趋势。

在执行决策上，人工智能提供了机器自我学习和自主决策的实现路径。这将使得个人身份识别、用户数据收集、产品联动在潜移默化中变成现实，未来家居生活场景将提供千人千面，家庭成员的个性化服务。

6.2.2   边缘计算技术在智能家居中的应用

1）智能家居中的边缘计算技术实现

（1）家居设备

边缘计算在智能家居领域的应用通过将计算能力直接嵌入家居设备中，实现了数据处理和应用运行的本地化，从而显著降低了系统的响应延迟并提高了操作效率。技术实现细节包括采用模块化设计的智能模组，这些模组具备标准化接口和低功耗技术，能够轻松集成到各种家居设备中。同时，边缘设备在数据发送到云端前进行预处理、聚合和安全加密，确保了数据的质量和传输的安全性。此外，边缘计算还采用了容器化部署和微服务架构，使得智能家居应用能够快速部署、灵活扩展，并保持应用的独立性和可维护性。

（2）数据处理

边缘计算允许智能家居中的传感器和控制器在数据产生的位置即时进行数据分析和决策，减少了对中心云的依赖。通过在边缘设备上实现数据的清洗、过滤和格式化，提高了数据的质量，并通过局部分析生成汇总信息，减轻了云端服务器的负担。此外，边缘计算还具备自动化机器学习的能力，能够在设备上运行轻量级的机器学习模型，实现自动化的模式识别和预测，如根据用户行为预测来优化能源消耗。

（3）应用运行

边缘计算通过在边缘设备上运行应用，进一步降低了延迟，提高了用户体验。边缘计算平台的资源调度能力能够智能分配计算、存储和网络资源，以满足应用的资源需求。同时，边缘计算与云端之间的协同工作模式使得边缘设备能够处理时效性要求高的任务，而云端则负责更复杂的数据分析和决策。此外，边缘计算平台还提供设备管理功能和故障容错机制，确保了智能家居设备的稳定运行和系统的高可用性。通过这些技术实现细节，边缘计算为智能家居带来了更加智能化和个性化的居住体验。

2）智能家居中的边缘计算应用场景

边缘计算在智能家居中有许多应用场景从场景感知、设备控制、安全隐私保护、能源管理、设备维护、个性化服务到多模态交互，这些场景中，边缘计算都扮演着至关重要的角色。它不仅能够显著提升系统的响应速度和能效，还能够保障用户数据的隐私安全，为智能家居的未来发展提供了强有力的技术支持。边缘计算常见应用场景见表 6.2。

表 6.2　边缘计算常见应用场景

功能模块	描述
场景感知	依靠传感器和摄像头快速采集数据，经本地边缘计算节点处理分析后触发控制命令，无须上传云端，降低延迟
设备控制	边缘计算节点直接处理采集数据与用户命令，快速反馈至设备，提升响应效率
安全与隐私保护	在本地处理数据，减少云端传输，降低信息泄露风险，同时实施严格访问控制和加密措施，保障数据安全
能源管理	实时监控家庭能源使用情况，通过智能算法优化消耗，根据用电习惯和天气自动调节设备，节能减排
设备维护与故障诊断	实时监控设备，利用边缘节点诊断算法快速发现异常、定位问题并采取维护措施，减少远程服务依赖
个性化服务	收集分析用户行为数据，学习喜好，自动调节室内温度、播放音乐等，提供个性化家庭自动化服务
多模态交互	集成多模态识别技术，支持语音、触摸、手势等自然直观的交互方式，增强用户体验

6.2.3　案例分析

1）小米 IoT 平台

小米 IoT 平台主要面向智能家居领域，涵盖智能家电、健康可穿戴、出行车载等产品，通过小米智能路由器、小米 TV、米家 App、小爱同学智能助理等入口实现开放式控制。平台开放智能硬件接入、控制、自动化场景、AI 技术、新零售渠道等资源，吸引智能硬件企业、方案商、语音 AI 平台及酒店、公寓、地产企业等开发者。智能硬件可经由小米智能模组（MIIO 模组，内置标准设备 SDK）或集成设备 SDK 直接连接平台，简化接入流程。其边缘计算架构包含设备接入与抽象、边缘分析引擎、本地规则引擎、设备管理、安全、云服务本地代理、应用框架等功能模块。小米 IoT 平台边缘计算架构如图 6.9 所示。边缘计算在智能家居接入小米 IoT 平台中的应用场景见表 6.3。

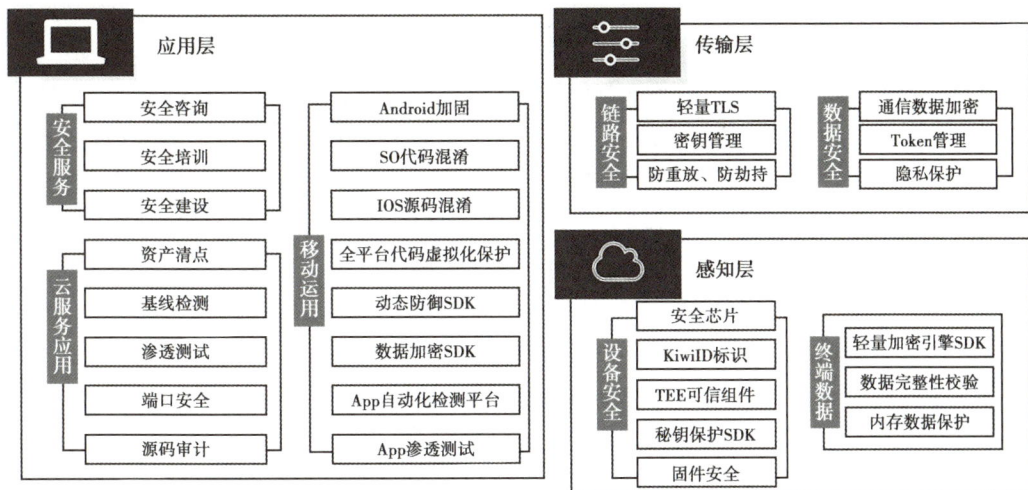

图 6.9　小米 IoT 平台边缘计算架构

表 6.3　边缘计算在智能家居接入小米 IoT 平台中的应用场景

接入方式/技术	应用场景描述	边缘计算应用点
设备直接接入	智能家居制造商的智能灯泡接入小米 IoT 平台,实现远程控制和智能场景联动	本地数据处理,减少云端依赖,降低延迟,离线操作,互联网中断时保持基本控制功能
云对云接入	智能家电制造商的智能冰箱实现食品管理功能,包括存储时间跟踪和过期提醒	数据存储,本地初步处理后存于小米 IoT 平台智能提醒,根据存储时间触发提醒函数
存储和规则引擎服务	同上(智能冰箱食品管理功能)	本地数据存储,提供快速数据访问和处理能力智能提醒服务,如推荐食品或自动下单
AI 技术的边缘计算应用	利用小爱同学智能助理提供语音控制智能家居接口	即时语音识别,快速解析指令并即时控制设备智能场景控制,识别用户意图并触发相应场景

2)6S 智慧家居社区耦合生态体系

对于边缘计算而言,5G 时代的到来意味着可以利用无线接入网络就近提供电信用户 IT 所需服务和云计算功能,而创造出一个具备高性能、低延迟与高带宽的电信级服务环境,称之为移动边缘计算。以移动边缘计算作为技术基础,将智能社区生态融入智能家居生态,形成"智能社区联合—智能社区—智能家居"对应"云计算服务—边缘计算服务—家居终端计算服务"的"6S"智慧家居耦合生态体系。整个生态体系架构如图 6.10 所示。

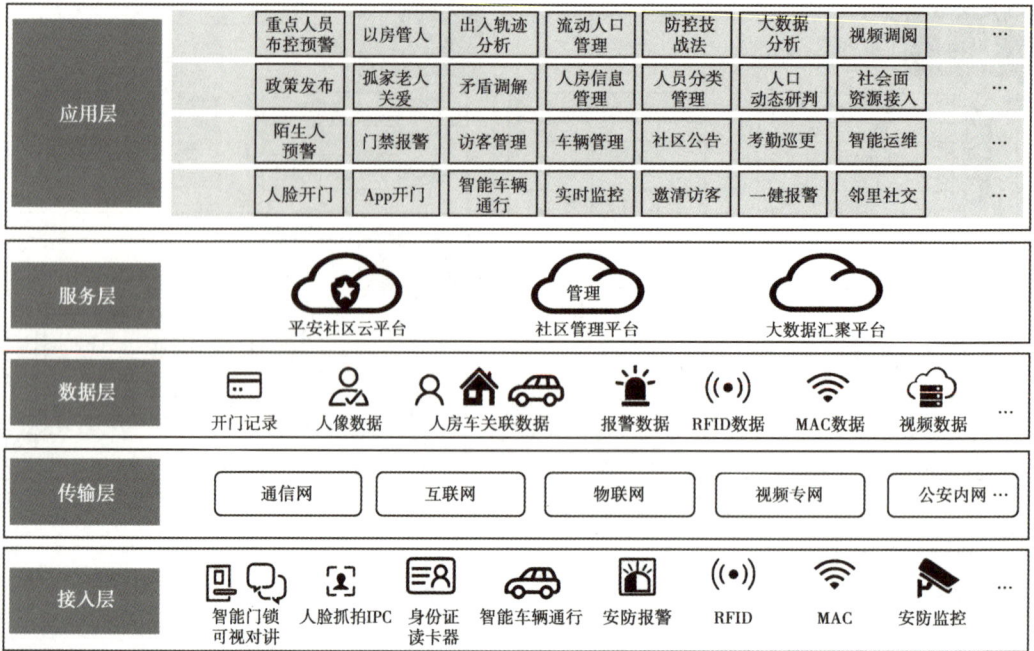

图 6.10 "6S" 智慧家居社区耦合生态架构图

"6S" 智慧家居社区耦合生态体系在物理和虚拟维度相互对应、相辅相成。物理维度产生数据并传递至虚拟维度,虚拟维度分析数据生成决策,以服务形式反馈到物理维度。

家庭端智能家居终端产品负责管理居民的日常生活,收集的个人数据,由住户自主选择上传类型,包括面部图像、语音、社会关系等信息。这些数据对家庭安全至关重要,但直接上传至云端可能存在信息安全风险。

有效解决方案是将数据上传至边缘端加密处理,由社区管理形成局部大数据,再上传至云端构建社区联合大数据。中国社区文化中邻里关系紧密,生活圈和社交网络重叠多,对社区内信息分享敏感度低,更易建立信任。且社区对居民生活有一定管理,多数社区封闭或半封闭,家居安全和社区安全在物理层面重合度高,找到了物理安全和信息安全的平衡点。

社区局部大数据还有两个用途:一是作为智能社区管理与服务平台建设基础,可执行水、电、煤气等多项服务和管理,构建和谐社区环境。二是将部分住户生活数据和社区内数据转化为整体社区管理数据,上传至云端服务器,便于应急控制和资源分配。

任务 6.3 　智慧交通

【任务导学】

智慧交通是智慧城市建设进程中必不可少的一环,能够显著提升城市交通管理服务水平,减少拥堵及事故发生频率,为相关科技产业的发展注入活力。边缘计算技术的应用可以加速智慧交通系统的响应速度,增强系统的可靠性和安全性。智慧交通思维导图如图6.11所示。

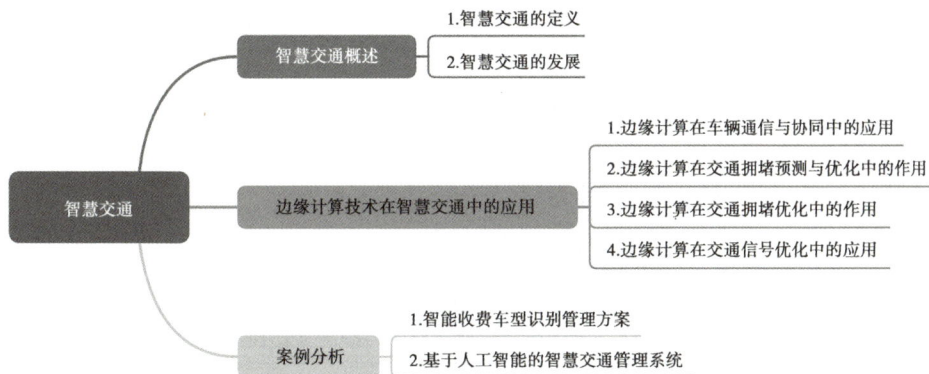

图 6.11 　智慧交通思维导图

【知识储备】

智慧城市倡导以现代物联网、云计算技术为依托,重塑城市管理体系,以提高管理效率和服务质量。智能交通系统便是在此背景下出现的,它借助了诸多新兴科技手段,力图搭建起现代化、智能化、人性化的交通系统,为城市居民提供更舒适的出行体验。

6.3.1 　智慧交通概述

1)智慧交通的定义

智慧交通综合运用信息技术、数据通信、电子传感、控制和计算机等技术于地面交通管理系统。它以交通信息中心为核心,连接公交、出租车、高速监控等系统协同运作,融合人、车、路,为出行者和监管部门提供实时信息,缓解拥堵、快速响应突发状况,为城市交通科学决策提供支持。智慧交通以信息收集等为主线,为交通参与者提供多样服务,如动态导航帮助驾驶员避堵、省时节能环保。

智慧交通系统通过传感器采集、发布、引导交通信息,信息汇聚到交通信息系统中心分析处理。它是依托现代科技的新兴智能化系统,综合多种先进技术,服务能力强、覆盖范围广,满足交通管理需求。其架构分为三层,感知交互层在前端采集、识别交通流信息,常见技术有RFID、视频监控、实时定位等,能高效收集无接触信息;网络层负责将感知层收集到的数据传输到处理和分析中心,同时将处理结果反馈给感知层设备。应用服务层可与GIS协调,为车辆司机、道路运营单位等提供信号控制、交通诱导、信息播报等服务,三个层级相互依托、缺一不可。

2)智慧交通的发展

近年来,世界各国重视智慧交通发展。美国2010年确立推进多模式车联网综合运输一体化战略主题后,2020年发布《智能交通系统(ITS)战略规划2020—2025》,强调从自动驾驶等单点突破到全面创新布局。2019年,中共中央、国务院印发《交通强国建设纲要》,明确大数据等新技术与交通行业深度融合战略。经多年部署发展,智慧交通系统应用广泛,按应用主体与发展重点可分为三类:智慧交通管理、辅助驾驶与自动驾驶、车路协同。智慧交通管理由道路智慧设施支撑,实现智能化,应用于交通信息采集等。辅助驾驶与自动驾驶以单车智能为主,靠多技术协同,辅助或自动安全行驶。车路协同依托智能车辆等协同工作,以车联网为支撑,实现车车等信息交互,保障安全、提高效率。

中国智慧交通的发展经历了三个阶段,具体描述见表6.4。

表6.4 智慧交通的发展经历了三个阶段

阶段	描述
传统交通建设	20世纪90年代中期到2007年的传统交通建设
智慧交通概念的提出	2008年到2011年是智慧交通概念提出的时期
智慧交通建设进入序幕	2012年至今为智慧交通建设序幕; 2017年,中国智慧交通进入全面建设阶段,提出了四大建设方向,包括提升城际交通出行智能化水平、加快城市交通出行智能化发展、推广城乡和农村客运智能化应用、完善智慧出行发展环境

如今智慧交通已成为智慧城市建设的重要突破口,它不仅提升了交通秩序体验,还引领了整个智慧城市的技术潮流和趋势。随着政策的推动和技术的发展,智慧交通正逐步实现更广泛的应用,如电子不停车收费技术、电子客票、智能公交调度、自动驾驶出行服务等。

智慧交通的未来发展将更加注重对交通运输行业问题的解决实效,推动大数据、互联网、人工智能等新技术与交通行业的深度融合,以实现交通强国的目标。同时,智慧交通的发展也对加快构建新发展格局、满足人民日益增长的美好生活需要具有重要意义。智慧高速公路作为智慧交通的重要组成部分,其特征包括全面感知、智能分析、协同运行、自主决策、瞬时响应和精准管控。智慧高速的解决方案总体架构包括基础设施数字化、网络化、智能化和智慧化,以及通过 5G 和 F5G 网络实现车路协同和自动驾驶的支持。华为等企业已在智慧高速领域进行了积极的探索和实践,推动了智慧交通的创新发展。整体智慧交通应用与服务概念如图 6.12 所示。

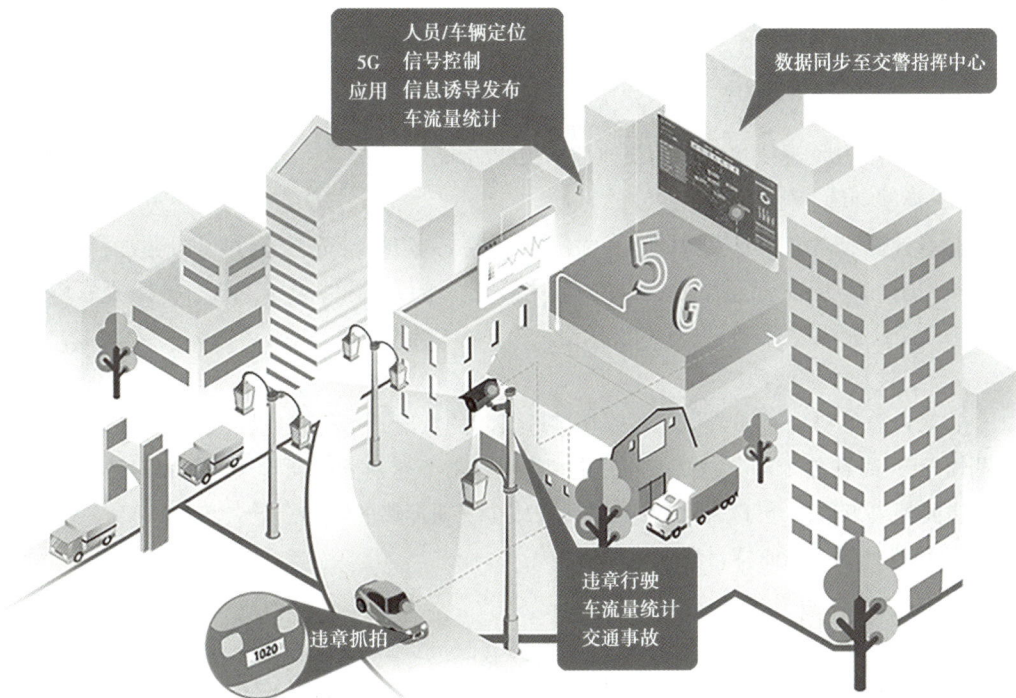

图 6.12　智慧交通应用与服务

6.3.2　边缘计算技术在智慧交通中的应用

1)边缘计算在车辆通信与协同中的应用

边缘计算在智慧交通的车辆通信与协同中发挥着关键作用。它通过在车辆附近的边缘设备上处理数据,避免了传统方式中将数据传输至云端再返回所导致的高延迟问题,从而显著提升了通信的实时性和可靠性。在协同合作方面,边缘计算使车辆能够快速共享信息并进行协同,例如在检测到前方事故时,及时告知附近车辆以调整路线,避免拥堵和事故。此外,边缘计算还支持车辆间的智能决策,如根据实时路况选择最佳路线,进一步提高交通效率和安全性。

综上,边缘计算在车辆通信与协同中体现在实时数据处理、协同合作及智能决策方面。它能提供实时性与可靠性,减少延迟,支持信息共享与协同,实现智能决策,推动智慧交通发展,提升交通效率与安全性,让出行更便利。

2)边缘计算在交通拥堵预测与优化中的作用

交通拥堵不仅给人们的出行带来不便,还会给城市的经济发展和环境保护带来负面影响。因此,精确地预测和优化交通拥堵成为一个重要的研究方向。传统的交通拥堵预测与优化方法往往依赖于中心化的计算和数据处理,但这种方式存在着计算资源不足、延迟高、隐私保护不够等问题。而边缘计算作为一种新兴的计算架构,可以有效地解决这些问题,提供了更高效、实时的交通拥堵预测与优化方案。边缘计算在交通拥堵预测中的作用。

(1)数据收集与处理

边缘计算通过在交通网络的边缘部署智能设备,可以实时地收集大量的交通数据,包括车辆位置、速度、道路状况等。同时,边缘设备具有一定的计算和存储能力,可以进行实时的数据处理和分析,从而提供更精确的交通拥堵预测结果。

(2)模型训练与优化

边缘计算可以将部分模型训练和优化任务下放到边缘设备上进行处理,避免了将所有数据传输到中心服务器进行处理的延迟和带宽消耗。通过在边缘设备上进行模型训练和优化,可以提高交通拥堵预测的实时性和准确性。

(3)实时交通拥堵预测

边缘计算使得交通拥堵预测可以在接近实时的情况下进行,可以根据实时的交通数据和预测模型,及时地预测出交通拥堵的发生和发展趋势。这对于交通管理部门和驾驶员来说,提供了重要的决策依据,可以采取相应的措施,减少交通拥堵的影响。

3)边缘计算在交通拥堵优化中的作用

(1)路径规划与调度

边缘计算可以根据交通拥堵预测结果,为驾驶员提供更优化的路径规划和调度方案,避免拥堵路段,减少行驶时间和能源消耗。同时,边缘计算可以根据不同的交通需求和路况,进行智能的路权分配,提高道路的利用效率,减少交通拥堵的发生。

(2)信号优化与调整

边缘计算可以通过实时的交通数据和预测模型,对交通信号进行优化和调整。通过智能的信号控制算法,可以根据交通拥堵情况,自动调整信号灯的时长和配时方案,提高道路的通行效率,减少交通拥堵的发生。

(3)车辆管理与调度

边缘计算可以通过车辆之间的通信和协同,进行智能的车辆管理和调度。通过实时的交通数据和预测模型,可以对车辆进行智能调度和路径规划,减少车辆之间的冲突和拥堵,提高道路的通行能力。边缘计算在交通拥堵预测与优化中的优势与挑战。

4)边缘计算在交通信号优化中的应用

边缘计算在智慧交通信号优化中作用显著,它通过将任务和逻辑下放至边缘设备,贴近现场实时处理数据,为实时交通监控、智能信号控制和交通数据分析提供支持。在实时交通监控方面,边缘计算借助路口传感器感知车、人数量、速度及拥堵情况,经处理反馈至信号控制系统实现动态优化。在智能信号控制上,它能收集处理实时数据,依据流量预测调整信号灯时序和时长,优化通行能力、减少拥堵。在交通数据分析中,边缘设备实时监测汇总数据并提取关键指标分析,为交管部门提供决策依据,助力优化信号方案、提升通行效率。总之,边缘计算结合现场数据动态优化信号,提高了交通流效率和安全性,为城市交通管理提供有力支持。

6.3.3 案例分析

1）智能收费车型识别管理方案

某智能收费车型识别管理方案采用边缘计算、AI 智能图像识别等技术,集智能相机、边缘计算、智能补光、物联网监控、雷达感知等技术于一体。图 6.13 为该智能收费车型识别系统拓扑架构。

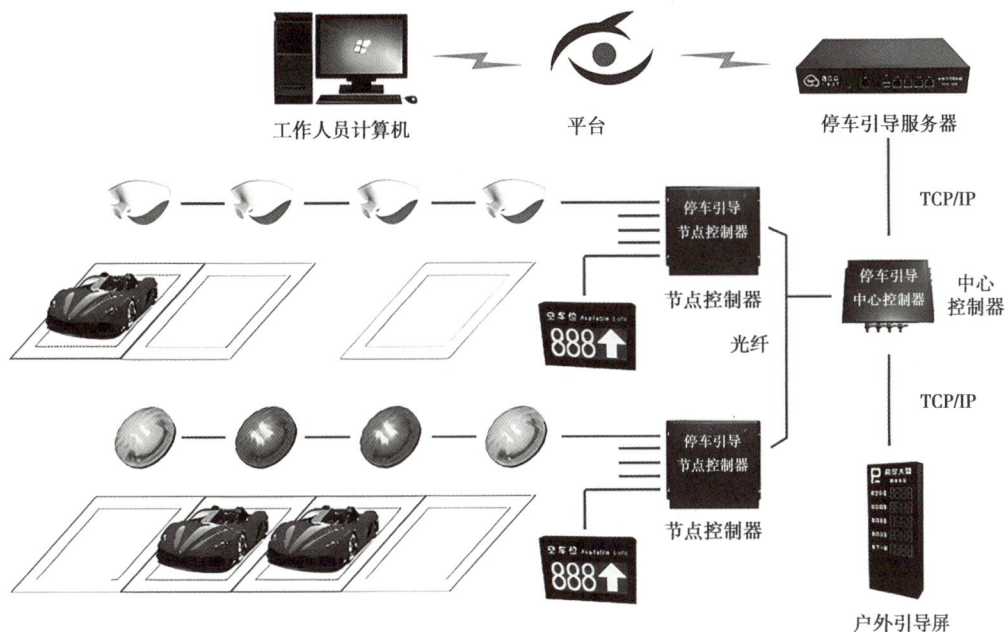

图 6.13 智能收费车型识别系统拓扑架构

系统采用多视频三维车辆识别专利技术,通过正、侧、尾三向视觉融合分析,对车脸、车身、车尾三维特征图像采集和车身图像还原分析,成功实现对车头特征、车身特征(车长、轴数、轴距、轴型、轮数、侧身图像特征等)、车尾特征的实时采集,为车辆根据车身特征进行车辆类型的划分、车身特征的比对分析提供重要数据支撑。而且可在距离车辆不到 1 m 的近距离条件下,采用多帧图像特征融合和深度特征识别技术,对超长车辆车身图像进行采集、还原,并识别车身特征信息。这一方案的识别结果可完美对接高速公路 ETC、MTC 收费系统和收费车型视图大数据稽核平台。

2）基于人工智能的智慧交通管理系统

基于人工智能的智慧交通管理系统是一种创新的解决方案,旨在通过应用先进的技术和算法来提高城市交通的效率、安全性和可持续性。该系统利用边缘计算和人工智能技术,对交通流量、路况、交通事故等数据进行实时监测和分析,并根据分析结果进行智能调度和管理。图 6.14 为某基于人工智能的智慧交通管理方案架构。

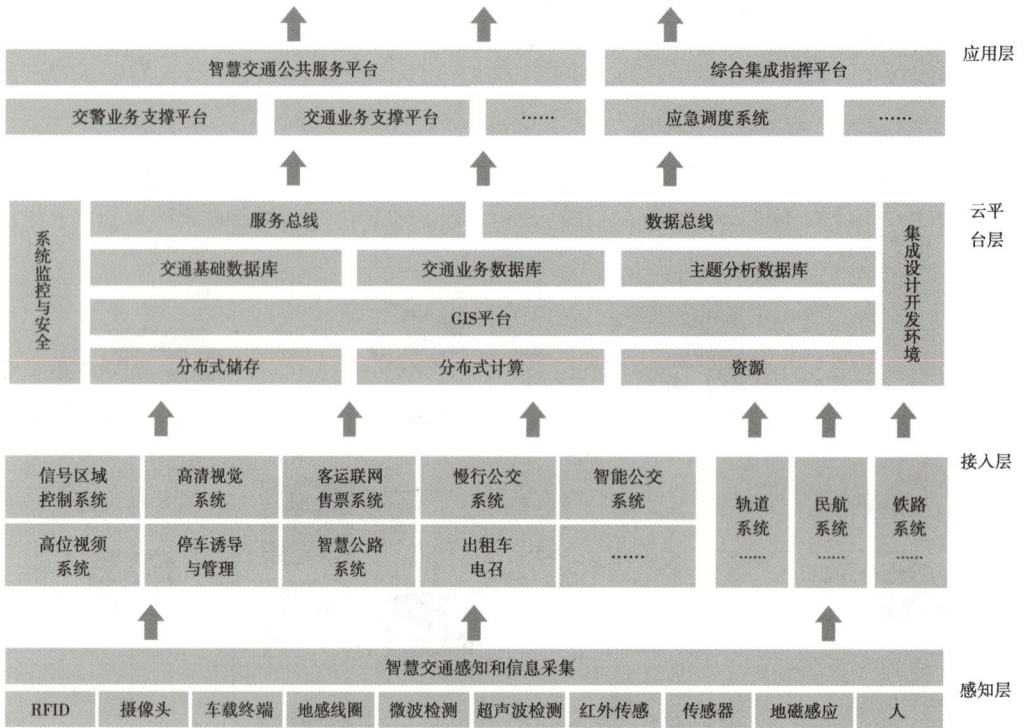

图 6.14 某基于人工智能的智慧交通管理方案架构

智慧交通管理系统的核心是交通数据的采集与处理。在交通节点部署传感器和监控设备,可实时获取交通流量、车速、道路状况等数据,这些数据传至边缘计算节点,经高性能计算和机器学习算法处理分析。相比传统集中式处理,边缘计算响应更快,减少数据传输延迟和网络带宽压力。

智慧交通管理系统能优化城市交通,通过智能路网规划和路径导航,为驾驶员提供最佳路线和交通预警,结合公共交通信息,鼓励绿色出行,降低交通压力和空气污染。它还能提高交通安全,实时监测分析事故数据,预警风险并调度警力和救援资源,利用智能摄像头和车辆识别技术自动识别处罚交通违法行为。总之,基于人工智能的智慧交通管理系统利用边缘计算和人工智能技术,通过实时数据处理分析,智能调度信号灯、优化路网、提供导航和预警,提升城市交通效率、安全性和可持续性。

任务 6.4　新零售

【任务导学】

通过本节案例分析,可以看到新零售与边缘计算的结合为零售行业带来了更多创新和发展机遇。大数据、5G 技术、云计算等技术的结合应用进一步加速了新零售的数字化、智能化进程,为消费者提供更加便捷、个性化的购物体验。相信随着新技术的不断演进和应用,新零售行业将迎来更加美好的未来。新零售思维导图如图 6.15 所示。

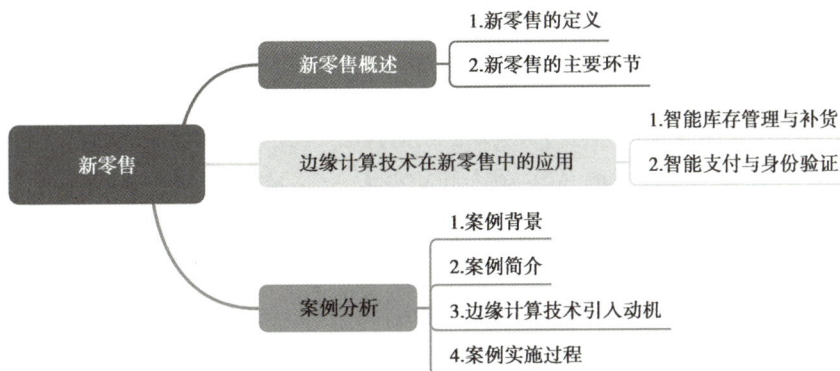

图 6.15　新零售思维导图

【知识储备】

传统零售模式长期以来在商品流通中占据着主导地位,但随着消费者需求的多样化、个性化以及互联网技术的普及,传统零售模式逐渐暴露出成本高、效率低、体验差等问题。新零售作为对传统零售模式的革新与升级,通过线上线下融合、数据驱动、智能物流等手段,为消费者提供更加便捷、高效、个性化的购物体验。

6.4.1　新零售概述

新零售(NewRetail)是阿里巴巴集团提出并推动的概念,旨在运用大数据、人工智能等技术将传统零售业与电子商务有机融合,创造智能、数字化和个性化的零售体验,引领零售业进入数字化时代并重新定义消费者与产品的互动方式。在数字化浪潮下,新零售作为零售行业的革新力量,以前所未有的速度改变着消费者购物方式和企业运营模式,它融合线上线下,深度集成大数据、5G技术、云计算及边缘计算等前沿科技,构建高效、智能、个性化的零售生态系统,以人、货、场为核心,通过创新门店、商品和会员管理方案,让零售业更具智能、高效和个性化特色。若读者尚未了解这一新兴改革和理念,不妨阅读本节跟进其变革动态,本节将深入探讨新零售的应用背景与边缘计算的结合模式,以及这些技术如何共同推动新零售向更高层次发展。新零售概念关系图如图6.16所示。

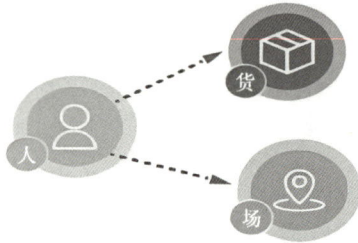

图 6.16　新零售概念关系图

1)新零售的定义

新零售是一种整合传统零售与现代科技的商业模式,旨在提升效率、体验和服务水平。这一概念由中国企业家提出,强调通过科技手段实现线上线下融合、数据驱动和智能化运营,以满足消费者需求。新零售是零售业态的深刻变革,其核心理念在于通过科技创新和数据驱动重新定义传统零售运营模式,整合人、货、场,创造智能、便捷的购物体验。

新零售的发展经历了人找商品、物找人和新零售三个阶段。传统零售时代,消费者需亲自到店购物,渠道多样性是竞争关键。随着互联网的发展,人们开始通过线上平台购物,拓展了购物的可能性。B2C电商崛起后,消费者与商品连接更便捷,虚拟购物场景提供广泛选择,流量成为主导因素。新零售阶段,技术驱动零售效率提升和业态融合,不仅强调线上流量,更注重线上线下协同,通过大数据分析以消费者为中心个性化满足需求,实现双向流量,打破传统零售模式边界。

因此新零售相对于传统销售而言,不同之处见表6.5。

表 6.5　新零售与传统销售的不同之处

不同之处	描述
数字化融合	实现线上线下的高度融合,消除传统零售业的渠道隔阂。利用技术手段,提供更无缝、便捷的购物体验,使得消费者可以在线上线下自由切换
个性化服务	通过大数据分析,深入了解消费者的购物历史、偏好和行为,从而提供个性化的产品推荐、定制服务,使消费者感受到个性化关怀
场地管理	创造多样的销售渠道,使产品能够通过多种途径直接触达消费者;拓展销售渠道,提高品牌在市场中的曝光度和渗透率

因此,在这个过程中,数据驱动带来的个性化服务成为业务决策的核心,企业通过深入分

析大数据,更准确地洞察市场趋势和消费者行为,从而制定更为精准的营销和经营策略。消费者参与度的提升意味着消费者在购物过程中具有更多的话语权和选择权,他们更加参与了产品设计、品牌塑造等环节,形成了一种更为开放和互动的零售生态。

2)新零售的主要环节

新零售主要涵盖人、货、场三个方面,即人员管理、商品管理和场地管理,三方面的详细描述见表 6.6。

表 6.6　新零售的三个主要方面

管理方面	描述
人员管理	新零售注重智能化和数据驱动的人员管理。通过技术手段,如人脸识别、智能客服系统等,提高员工工作效率,实现更高水平的服务。这包括在门店中采用自动化收银系统、智能客户服务机器人等,以提升购物体验
商品管理	新零售借助大数据分析和人工智能技术,实现商品的智能化管理。这包括利用数据分析了解顾客偏好,通过智能补货系统确保货品充足,以及通过电子标签和 RFID 技术实现库存追踪。通过这些方式,新零售实现了更加高效的商品管理流程
场地管理	在新零售领域,场地管理强调创新和数字化。商家可以通过智能化的布局设计、虚拟试衣间技术等手段提升场地的吸引力。同时,利用大数据分析顾客流量,进行智能化的人流管理,提高空间利用率,优化购物环境

6.4.2　边缘计算技术在新零售中的应用

1)智能库存管理与补货

在新零售中,库存管理尤为关键。传统模式依赖人工盘点和预测,误差大、反应慢。边缘计算技术借助仓库和门店的传感器、RFID 标签等设备,实时收集库存与销售数据,在边缘计算设备上初步处理分析后,自动触发补货指令或调整库存策略。借助该技术,新零售企业可实现库存精细化管理,降低成本,提高周转率。

案例分享:某知名新零售企业通过引入边缘计算技术,实现了库存管理的智能化升级。该企业在仓库和门店部署了大量的传感器和 RFID 标签,这些设备实时收集商品的库存信息和销售数据,并通过无线网络传输到边缘计算设备上进行处理。边缘计算设备根据预设的算法和模型,对收集到的数据进行深度挖掘和分析,预测未来的销售趋势和库存需求。当库存低于预设阈值时,边缘计算设备自动触发补货指令,通知供应商或仓库进行补货操作。通过这一流程的优化,该企业显著降低了库存成本,提高了库存周转率和客户满意度。

2)智能支付与身份验证

在新零售中,支付环节会影响顾客购物体验。传统支付方式有排队等待、速度慢等问题。边缘计算技术将支付功能集成到智能终端,实现快速便捷支付,还能利用生物识别技术提高身份验证的准确性和安全性。

案例分享:某新零售超市引入了基于边缘计算的智能支付系统。该系统在超市的收银台和自助结账机上部署了边缘计算设备,这些设备集成了支付功能和生物识别技术。顾客在购物过程中,可以通过手机 App 或支付卡等方式进行支付操作。支付请求被发送到边缘计算设备上进行实时处理,同时利用生物识别技术进行身份验证。由于数据处理在本地完成且传输距离短延迟低,因此支付过程更加快速和安全。此外,该系统还可以根据顾客的购物记录和偏好提供个性化的优惠和推荐服务,提升顾客的购物体验和满意度。

6.4.3 案例分析

1)案例背景

模拟一个新零售业务门店,利用边缘计算技术为新零售业务门店赋能。随着新零售业务的快速发展,某知名零售企业(以下简称"A 企业")面临着数据处理量大、系统响应速度慢等挑战。为了提升顾客购物体验、优化库存管理、提高运营效率,A 企业决定引入边缘计算技术,将其应用于新零售的各个环节。通过构建基于边缘计算的新零售生态系统,A 企业旨在实现数据的实时处理和分析,为消费者提供更加精准的商品推荐和个性化的购物服务。

2)案例简介

A 企业作为多年历史的零售企业,业务覆盖线上线下多渠道,在新零售概念兴起和消费者需求变化下积极探索新零售模式,但发现传统数据处理模式无法满足需求。为突破瓶颈,A 企业引入边缘计算技术,与多家科技公司合作打造基于边缘计算的新零售生态系统。该生态系统以部署在门店、仓库、物流车辆等关键节点的边缘计算设备为核心,实时收集处理商品库存、顾客购物行为、物流运输状态等数据,经内置算法模型初步分析处理后反馈给云端系统或终端设备,云端系统据此优化决策和资源配置,实现全渠道智能化管理和服务。

3)边缘计算技术引入动机

(1)解决数据处理延迟问题

在新零售业务中,数据的实时性至关重要。例如,顾客在门店内的购物行为数据需要被实时收集和分析,以便企业及时调整商品陈列和推荐策略。然而,传统的数据处理模式需要将数据先传输到云端进行处理,再将结果传回终端,这一过程中会产生较大的延迟。而边缘计算技术则可以将数据处理任务下放到离数据源更近的边缘设备上执行,从而减少数据传输延迟,提升数据处理效率。

(2)缓解网络带宽压力

新零售业务涉及大量的数据传输和交换,这对网络带宽提出了很高的要求。特别是在高峰时段,网络带宽可能成为业务发展的瓶颈。通过引入边缘计算技术,可以将部分数据处理任务在边缘设备上完成,从而减少对云计算资源的依赖和网络带宽的占用。这样不仅可以缓解网络带宽压力,还可以降低企业的运营成本。

(3)提升数据安全性

新零售业务涉及大量的敏感数据,如顾客的个人信息、支付信息等。这些数据的安全性和隐私保护至关重要。传统的云计算模式是将数据存储在云端,存在数据泄露和隐私泄露的风险。而边缘计算技术则可以将数据处理和存储功能部署在本地或离数据源更近的边缘设备上,实现数据的本地化处理和存储。这样不仅可以减少数据在传输过程中的泄露风险,还可以提升数据的安全性和隐私保护水平。

（4）优化资源配置和决策

新零售业务需要企业根据实时数据进行快速决策和资源配置。例如,根据库存数据和销售数据预测未来的需求趋势,制订合理的采购计划和销售策略。然而,传统的数据处理模式往往无法及时提供这些数据支持。而边缘计算技术则可以实时收集和处理这些数据,并将处理结果实时反馈给企业决策层,帮助他们快速做出决策并优化资源配置。

4）案例实施过程

（1）基础设施建设

该商业综合体与电信运营商合作,实现了全方位的5G网络覆盖。5G技术具备超高速率、超低时延和超大连接的特性,为大数据获取、AR/VR应用、4K/8K高清直播等提供了坚实的网络基础。通过5G网络,商业综合体能够实时收集和分析海量数据,为精准营销、智慧管理提供有力支持。

在5G网络的基础上,该商业综合体还搭建了多接入边缘计算（Mobile Edge Computing,MEC）平台。MEC平台将内容与服务更靠近用户,满足低时延、本地化等需求。通过部署MEC服务器,商业综合体能够在本地完成数据处理和分析任务,减少数据传输延迟和带宽压力,提高整体运营效率。5G+MEC新零售解决方案框架如图6.17所示。

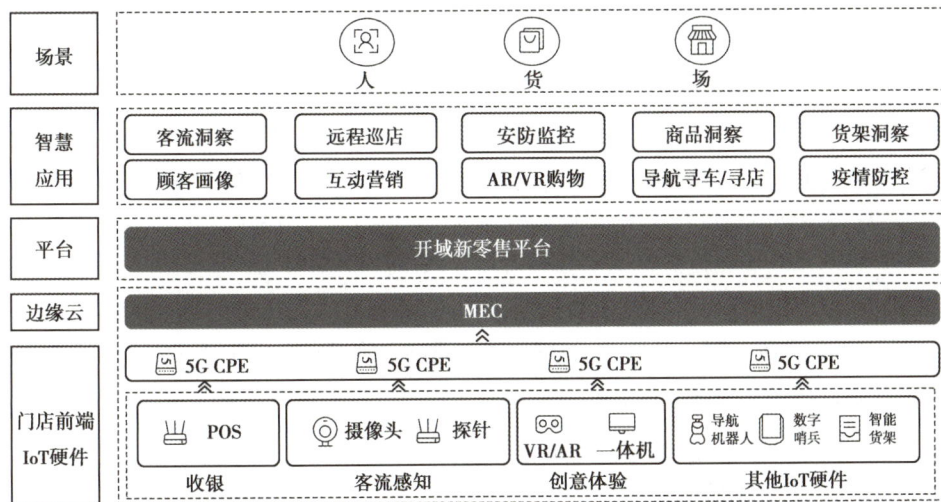

图 6.17　5G+MEC 新零售解决方案框架

（2）数据采集与分析

为了实现精细化管理和个性化服务,该商业综合体在商场内部广泛部署了物联网设备。包括智能传感器、RFID标签、摄像头等,这些设备能够实时采集顾客行为数据、商品销售数据、环境参数等多维度信息。通过物联网技术,商业综合体能够全面感知商场运行状态,为精准营销和智慧管理提供数据支持。

采集到的数据通过边缘计算节点进行初步处理和分析。边缘计算节点部署在商场的各个区域,能够实时处理和分析本地数据,减少数据传输延迟和带宽消耗。同时,边缘计算节点还能根据分析结果触发相应的自动化操作,如自动补货、智能推荐等,提高商场的运营效率和服务质量。数据采集和分析框架如图 6.18 所示。

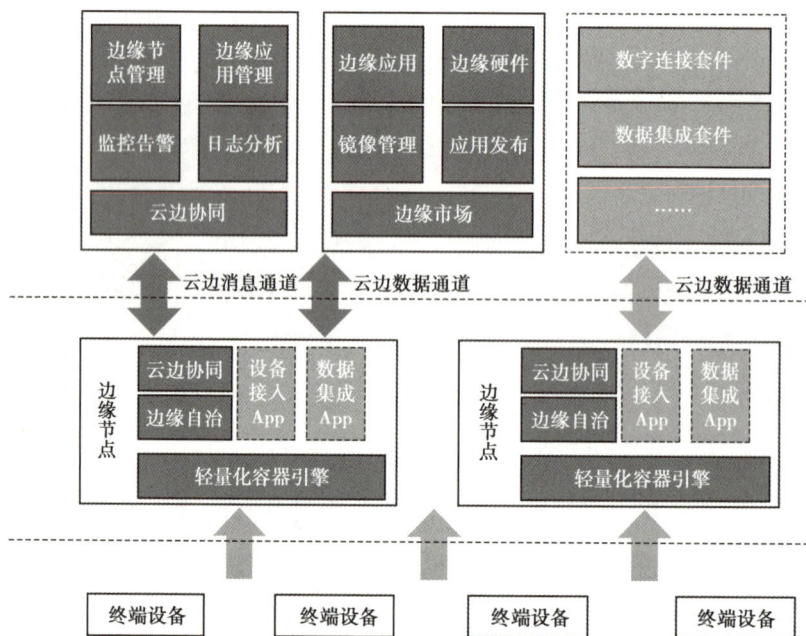

图 6.18　数据采集和分析框架

（3）智慧营销与服务

基于边缘计算处理后的数据,该商业综合体构建了个性化推荐系统,能依据顾客购买历史、浏览行为、位置信息等实时推送个性化商品推荐和优惠券信息,提升购物体验和购买转化率。借助 5G 网络和边缘计算技术,商业综合体推出 AR/VR 购物体验服务,顾客可体验虚拟试衣、装修等场景,系统还能提供智能推荐和搭配建议,增强顾客满意度和购买意愿。在支付环节,商业综合体引入边缘计算技术支持的智慧支付系统,顾客可通过手机 App 或智能穿戴设备完成支付,无须排队。同时部署无感停车系统,通过车牌识别和边缘计算实现快速进出停车场和自动扣费,提升停车体验,5G+MEC 新零售支付流程如图 6.19 所示。

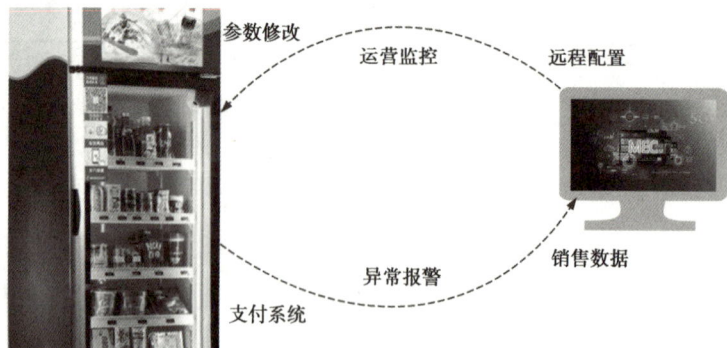

图 6.19　5G+MEC 新零售支付流程

🎯 项目实训

边缘计算综合应用实训

一、实训场景

在智能工厂中,边缘计算技术被广泛应用于实时数据处理、设备监控与故障预测等场景。通过在工厂内部署边缘计算架构,可以实现对生产流水线上的传感器数据进行本地处理,减少数据传输延迟,提高生产效率和设备利用率。同时,智能工厂中的数据安全和隐私保护至关重要,需要防止敏感数据泄露和恶意攻击。

二、实训目标

①理解智能工厂中边缘计算的应用场景和需求。

②掌握如何将边缘计算基础资源架构、网关技术、框架实践以及数据安全与隐私保护技术整合到实际项目中。

③能够设计并实现一个完整的边缘计算解决方案,满足智能工厂的实时性和安全性要求。

三、实训任务

边缘计算综合应用实训	
任务1　智能工厂边缘计算架构设计与部署	
任务要求	1. 根据智能工厂的需求,设计一个包含感知层、边缘计算层和云端服务层的边缘计算架构
	2. 选择合适的硬件设备和软件工具,确保架构的可扩展性和可靠性
	3. 提交一份详细的架构设计方案,包括硬件选型、软件配置和网络拓扑
实训步骤: ①分析智能工厂的业务流程和数据需求,明确边缘计算的应用场景; ②根据需求选择合适的边缘计算设备,如传感器、网关、服务器等; ③设计网络拓扑结构,确保数据传输的高效性和安全性; ④部署边缘计算架构,包括设备安装、网络配置和软件安装; ⑤测试架构的性能和稳定性,优化配置以满足智能工厂的要求。	
考核要求: ①学生需要根据智能工厂具体需求,自主选择硬件设备并 justify 选择理由; ②学生需要设计网络拓扑结构,并解释其设计思路; ③学生需要在测试过程中发现问题并提出优化方案。	

续表

任务 2	边缘计算网关在智能工厂中的应用
任务要求	1. 配置边缘计算网关,实现对生产线上传感器数据的采集和预处理
	2. 确保网关支持多种工业通信协议,如 Modbus、Profibus 等
	3. 实现数据的实时传输和异常报警功能,提交网关配置和测试报告

实训步骤:

①了解智能工厂中常用的工业通信协议及其特点;

②选择合适的边缘计算网关设备,考虑性能、兼容性和成本等因素;

③连接传感器和网关,配置通信参数,实现数据采集;

④在网关上部署数据预处理脚本,如数据清洗、格式转换等;

⑤测试数据传输的准确性和及时性,确保系统稳定运行。

考核要求:

①学生需要自主研究不同工业通信协议,并选择适合的协议进行配置;

②学生需要编写数据预处理脚本,并测试其效果;

③学生需要分析测试结果,提出改进措施。

任务 3	基于 Kubernetes 的智能工厂容器化应用管理
任务要求	1. 使用 Kubernetes 搭建容器编排平台,部署智能工厂中的应用服务
	2. 实现应用的自动化部署、扩展和滚动更新,确保服务的高可用性
	3. 提交 Kubernetes 配置文件和部署指南,展示容器化应用管理能力

实训步骤:

①安装和配置 Kubernetes 集群,包括 Master 节点和 Worker 节点;

②编写 Dockerfile,将智能工厂的应用服务容器化;

③使用 Kubernetes 部署容器化应用,配置服务暴露和持久化存储;

④实现应用的自动扩缩容,并根据负载情况动态调整资源分配;

⑤进行故障模拟和恢复测试,验证系统的高可用性。

考核要求:

①学生需要自主完成 Dockerfile 的编写和容器化应用的构建;

②学生需要设计 Kubernetes 的部署策略,包括副本数量、资源限制等;

③学生需要编写故障恢复计划,并进行实际测试。

任务 4	智能工厂边缘计算安全与隐私保护方案设计
任务要求	1. 分析智能工厂中的安全需求,设计全面的安全与隐私保护方案
	2. 应用数据加密、身份认证、访问控制和区块链等技术,确保数据的安全性
	3. 提交安全方案设计文档,包括技术选型、实现细节和测试结果

实训步骤:
①确定智能工厂中的敏感数据类型和安全威胁来源; ②选择合适的数据加密算法,对敏感数据进行加密处理; ③实现身份认证和访问控制机制,限制对数据和资源的非法访问; ④部署区块链技术,增强数据的完整性和不可篡改性; ⑤测试安全方案的有效性,验证其对数据保护的能力。
考核要求: ①学生需要自主选择加密算法,并解释其选择依据; ②学生需要设计身份认证和访问控制的具体实现方案; ③学生需要对安全方案进行测试,并分析测试结果。

边缘计算综合应用实训评价表				
任务编号	评价维度	评价标准	分值/分	得分
任务1	硬件选型合理性	根据智能工厂需求选择合适的硬件设备,并能justify选择理由	10	
	网络拓扑设计	设计合理的网络拓扑结构,并能解释设计思路	10	
	配置优化能力	在测试过程中发现问题并提出优化方案	5	
任务2	协议配置能力	自主研究不同工业通信协议,并选择适合的协议进行配置	10	
	数据预处理脚本	编写数据预处理脚本,并测试其效果	10	
	测试与优化	分析测试结果,提出改进措施	5	
任务3	容器化应用构建	自主完成Dockerfile的编写和容器化应用的构建	10	
	部署策略设计	设计Kubernetes的部署策略,包括副本数量、资源限制等	10	
	故障恢复计划	编写故障恢复计划,并进行实际测试	5	
任务4	加密算法选择	自主选择加密算法,并解释其选择依据	10	
	认证与访问控制	设计身份认证和访问控制具体实现方案	10	
	安全方案测试	对安全方案进行测试,并分析测试结果	5	
总分			100	

【课后习题】

1. 边缘计算在智能工厂中的主要应用场景有哪些？

2. 在设计智能工厂的边缘计算架构时,需要考虑哪些因素？

3. 边缘计算网关在智能工厂中有哪些功能？ 如何实现不同设备间的数据采集和传输？

4. 使用 Kubernetes 管理智能工厂中的容器化应用有哪些优势？

5. 在智能工厂的边缘计算环境中,如何确保数据的安全性和隐私性？ 可以采用哪些具体的安全技术？

参考文献

[1] 赵志为,闵革勇.边缘计算:原理、技术与实践 [M].北京:机械工业出版社,2021.

[2] 滕少华.边缘计算及应用 [M].北京:清华大学出版社,2024.

[3] 郭松涛,余红宴.智能边缘计算 [M].北京:清华大学出版社,2023.

[4] 吴英.边缘计算技术与应用 [M].北京:机械工业出版社,2022.

[5] 施巍松,刘芳,孙辉,等.边缘计算 [M].北京:科学出版社,2018.